后浪出版公司

Das große Praxishandbuch
HUNDE

育狗全书

[德] 海克·施密特-罗格◎著　魏萍◎译

四川人民出版社

4　让狗狗保持健康　　　　　　147

5　正确地教育狗狗　　　　　　195

6 狗狗的游戏和乐趣　235

7 附录　269

狗狗充满信任地看着自己主人的真挚目光触动了我们的心灵。狗狗是四条腿的"人"，它们像人类一样，也有需求和感情。它们的适应能力使得它们可以和人类成为朋友。它们对生活有不同的计划和要求。在一只家庭犬的生活中，经常需要这种能力，而且主人经常会对它们的要求过高。产生这种情况的原因有很多，例如拟人化或者无知。

　　您的狗狗想要和您成为朋友，但是为了达到这一目标，需要适合狗狗的引导和一个框架，在这个框架内它可以做那些狗狗必须做的事。没有标准方法，因为每一只狗狗都是独立的个体。这本书可以帮助您成为您的狗狗所需要的人。为了防止出现误解，本书经过专家检验，为您提供以实践为导向的信息和解决问题的办法、基础知识，帮助您了解如何建立和狗狗的关系，让您和它的生活都能变得更加丰富多彩。请您为您的狗狗多付出一些，它值得您这样做，而且它也会感谢您——以它对您的无尽的爱。

海克·施密特－罗格

1

狗狗
的魅力

没有任何一种动物拥有像狗狗一样繁多的品种——它们有大的、有小的，有柔弱纤细的、有短粗结实的，有纯种的、有杂交的。它们的感知能力让观察者瞠目结舌。然而，狗狗真正的魅力和所有狗狗的共性只有这些人才能了解：他们亲身经历和狗狗的共同生活，体验过那种可以相互感染的快乐和人与狗之间清晰的、公平的互动。狗狗的这种天赋来自它们野生的祖先——狼。很久之前，狼就为现在狗狗与人相处的特殊关系奠定了基础。

从狼到狗

几千年来，狗狗一直陪伴在人类的身边。这种亲密的关系在人类和动物的关系史上是独一无二的。

人类驯养了很多动物：6000年前驯养了马，9000年前驯养了猫，1万年前驯养了绵羊和山羊，更早的时候则驯养了牛。但是，第一个作为宠物和人生活在一起的动物是狗，并且是比以上几种动物都早得多。是什么使得狗狗如此特别，在所有动物中脱颖而出？又是什么让它们能够和人类共同生活？

在路边闻来闻去，追逐球类，挖坑捉老鼠，冲着陌生人吠叫，和同类玩耍，享受和人类的亲热，这些都是典型的狗狗行为。然而，这些行为也是典型的狼的行为。这些让狗之所以为狗的能力和特征都来源于它们野生的祖先——狼。在漫长的岁月中，狗狗通过适应环境和人类的驯养，或多或少地发生了一些改变。

一个成功的模式

我们驯养的动物中，许多野生品种都是

群居的。它们融入集体，互相交流，承担一定的任务。在社会共同体中所有成员都互相依赖，每个成员都要为共同生活做出自己的贡献。

为什么是狼？

狼复杂的社会行为和完善的交流能力为它们与其他物种共同生活提供了最好的前提条件。很长时间以来，人们认为除了狼以外，亚洲胡狼和北美西部的丛林狼都有可能是狗的祖先。而现在人们毫无疑虑地确认了一个事实：狼才是狗的祖先。

一个可信的理由就是狼所具有的空前的适应能力，让它们在所有哺乳动物中脱颖而出，它们在全世界范围内广泛分布，几乎整个北半球都有它们的踪影：从北极地区到今天的墨西哥、印度和中国。狼具有适应新情况的灵活性，能够适应不同生活环境带来的挑战，在那里找到自己的位置。这种特性对于狗来说也是必要的。

一些已出土的骨头证明，在40万年前，狼就生活在人类的附近。在大约10万年前，现代人类从非洲大陆出发，向全世界进发，首先到达了近东地区，大约5万年之后到了地球上剩余的地区。在整个北半球，不管人们在哪里安营扎寨，狼都会接踵而至。然而，狼是什么时候踏上向狗转变的道路的呢？

人类和狗：几千年来就是一个团队

很长时间以来，法国南部肖维岩洞出土

的具有2.5万年历史的爪印以及德国波恩附近一座坟墓出土的具有1.4万年历史的狗骨头被认为是最古老的可以证明狗和人类的伙伴关系的考古学证据。直到2011年，研究者在西伯利亚南部地区的一个洞穴中发现一个保存完好的狗的头骨，将这个时间提前到了3.3万前。

对这个头骨进行修复后人们得出结论：这个动物和大约1000年前生活在格陵兰的维京人养的狗类似。基因研究者则更进了一步。自从破译生物的全部基因组成为可能，科学家们便找到了一条重建出物种起源的全新道路，对于狗甚至可以重建不同的品种。通过对比不同的基因组，找出变化，可以确定动物的年龄和血缘关系。2010年，美国科学家罗伯特·韦恩（Robert Wayne）确定了狗和狼的基因从13万年前开始不同。但是这个结果是存在争议的。对狗的驯养可能已经发生了很多次。我们还可以期待未来出现不同的研究结果。

复杂的社会行为和完善的交流能力是狼成功的秘诀

从野生动物到家犬

2010年，罗伯特·韦恩为了深入了解狗的起源，开始了一项庞大的研究。这项研究收集了全世界900只狗和200多只狼的基因，对它们进行了分析和对比。

狗的起源

结果发现 和狗关系最近的狼亲戚是中东灰狼。在第一个高度发展的文明产生的地方，狼第一次和人类有了关系——这发生在几万年前。不管这个时间是13万年前还是3.3万年前，或者是在它们之间，事实是：现代狗的祖先在那时已经和人类生活在一起了。那个时候，人类还以打猎和采集为生，狗的祖先就已经在人类前往未知领域定居和创造文明的道路上陪伴着他们了。

一段漫长友谊的开端

是人类驯养了狼，还是由狼发起了这段史无前例的成功的友谊？关于人类与狗相处的历史上这个极为有趣的时期，流传着许多设想。根据目前的研究，下面这种设想是最可信的。

利用所有资源 40万年前，狼就开始在人类营地附近生活了。这持续了很长一段时间，人类和狼得以互相认识和了解。原因肯定是非常实际的：人类附近有许许多多可以作为食物的资源，例如垃圾和粪便等。这种对食物清单的补充，在今天仍然受到很多狗的欢迎，而它们的主人也可以很痛苦地证明这一点。

对双方都有好处 狼就是用这种方式保持人类营地的干净清洁的。由于狼住在人类附近，其他食肉动物就会远离这里，如果它们试图靠近，就会遭遇狼的驱逐。在这种共处的模式中，狼和人类都得到了好处：狼创造了一个小环境，获得了额外的食物；人类的营地变干净了，也更安全了。

近距离创造信任 这种关系的起点是人类只能容忍狼生活在他们附近，这样它们不仅不会对人类的安全造成威胁，还会为人类驱逐其他有攻击性的动物。那些对人类展现出安全性，甚至频繁寻求与人类亲近的狼，在这个由人类和狼构成的生活环境中可以得到繁衍后代的机会。就这样，人类和狼越来越近，也许不久后就开始在狩猎和其他生活领域开始合作。或许还有一些狼的幼崽是由人类养大的。这种情况直到今天还可以在一些原始部落看到，那里的妇女们甚至会用自己的乳汁喂养狼的幼崽，成年狗则会"清除"掉婴儿和小孩子的排泄物。尽管人类和狗之间已经发展出这样的社会关系，但在这段关系的早期，狗还是会被人当作食物——一些经过明显加工的狗骨头证明了这一点。甚至今天，在地球上的一些地区还有这种现象。

合作带来进步 越来越多的科学家赞同这个观点：人类和狼的关系是人类文明发展进程中一个非常重要的因素。为了能够驯养狼，人类必须对它们进行细致的观察，理解它们的行为。而且，人类要慢慢培养自己的自控力：不可以杀掉自己想要利用的动物。相反，人类还要关心照料这种动物。这一切都导致人类行为上的变化，而这种变化又对人与人之间的关系产生了影响。通过这个过程，狗不仅成为人类最好的朋友，还把人类变得更"人性化"了。

狼和乌鸦　狼和乌鸦也建立了社会关系。贝尔恩德·海因里希（Bernd Heinrich）和君特·布洛赫（Günther Bloch）在加拿大提出了这个观点。乌鸦在狼群附近筑巢，在它们狩猎的时候互相配合，不受约束地穿梭于狼群中间，甚至和这些四条腿的动物一起玩耍。这种关系对它们双方都有利。

狗改变了自己

对性格的选择——例如温顺，对狼的外表也会产生影响：皮毛的颜色和花纹、体形的大小和尾巴的形状都发生了改变，还出现了下垂的耳朵。如果具有某种特征的动物得到优先繁殖的机会，出现这种情况的概率就会增大。在最初选择优秀者的时候，人更倾向于优先选择那些具有某种特性的动物，这些特性会对人与动物共同生活或者某种任务有用处，例如狩猎的能力或者警惕性。有出

土的骨头表明，在石器时代就已经有不同品种的狗了。

早期狗的品种　早在距今4000到6000年就有了关于狗的插画，这些狗和现代的品种有相似之处，例如视觉型狩猎犬、獒犬和短腿的狗。有目的性地选择培育出了更多专业的品种。人类在选择驯养的动物时，比起它们的外表，更注重它们的能力。狗的外表引起人们的重视是不久之前的事，20世纪开始才有了如此多品种的狗。

实用信息

犬科动物

- ➜ 目前世界上有35种犬科动物，除了狼以外，还有郊狼、胡狼、狐、鬃狼、非洲野犬和薮犬（又名丛林犬）。
- ➜ 狼（Canis lupus）是犬属（Canis）动物。狗作为它的家畜形式，被称为 Canis lupus forma familiaris（狼的家养形式）。
- ➜ 19世纪中叶，狼在西欧灭绝之后，赤狐成为唯一的野生犬属动物，但是又有一些狼从波兰和意大利来到西欧，成功地繁衍成狼群。新迁入的品种主要是东亚的貉子和金胡狼。

解剖学构造和感觉器官

不管是城市中小型的"社交名犬"，还是北极地区强壮的雪橇犬，这些四条腿的动物虽然外表各异，但也有相同点，那就是它们令人惊讶的性格和才能。

世界上没有一种物种像狼的家养形式——狗一样拥有如此多的品种。有身材魁梧的品种，例如爱尔兰猎狼犬，它的肩膀的高度可以达100厘米；有体重比较重的品种，例如那不勒斯獒犬，它的体重可以达80公斤。和上述两种犬相反的是产自墨西哥的吉娃娃（见99页），它是不折不扣的"小矮人"，有些吉娃娃的肩膀高度只有13厘米，体重只有1公斤。一只狗不管是大还是小，身材苗条还是粗壮，都拥有其祖先狼的遗传基因——

喜欢运动，喜欢接受任务。它对周围的世界有非常独特的体验。您对您的狗狗和它的感觉了解得越多，就越能理解它的世界。

为了奔跑而生

当您带着狗狗去散步的时候，您正惬意地漫步，它却跑到您前面去了，然后折返回来，它在右边草地上闻来闻去，又到左边的斜坡上探索一番。它非常轻松地就走了您所走的路程的3倍，并且没有表现出任何吃力的样子，因为狗狗生来就是善于奔跑的动物，它们的身体构造使得它们可以持久地奔跑。

善于奔跑的动物

对于一些身材矮壮的狗狗，人们根本不相信它们有善于奔跑的能力。然而，如果不考虑人类培育上的失误，一只健康的训练得当的狗狗完全有能力一口气跑好几千米而不感到费力。大自然给了狗狗有利于奔跑的最好条件。

狗狗的身体由坚固的骨架支撑，它们的关节通过强有力的肌肉的绷紧和放松来完成运动。

人类属于跖行哺乳动物，每走一步，人类的脚趾、足跖骨和跗骨都会和地面有接触。和人类不同，狗狗行走的时候只有脚趾会接触到地面。这使得狗狗奔跑时的速度非常快。

狗狗的锁骨萎缩，肩部关节仅仅由肌肉和脊柱连接。这使得狗狗的前腿有极好的灵活性和弹性，可以在奔跑的过程中支撑住身体。狗狗的后腿与躯干之间由骨盆连接，这种连接非常稳固，可以在奔跑中给它增加强大的推动力。

狗狗的心脏相对比较大，大概是它身体重量的1%，这就为狗狗的奔跑提供了优秀的前提条件，因为强有力的心脏可以为狗狗提供持久的动力。

专门人才的适应能力

很早以前人类就按照自己对狗狗的需求来培育它们。大多数狗狗的解剖学构造和生理学构造都已经完美地适应了人类给它们的任务和生活环境。

耐力　雪橇犬是耐力的代名词，它们常年拉着雪橇奔跑的事实以及阿拉斯加艾迪塔罗德的狗拉雪橇比赛证明了它们的耐力。目前的最高纪录保持者在9天里跑了1800多千米。雪橇犬杰出的耐力要归功于它们优秀的新陈代谢能力。

速度　异常深的胸腔，超出平常体积的肺，名副其实的大心脏，大量的肌肉，少量的脂肪，轻盈灵活的骨骼，流线型的身材，腿部活动的高自由度，这一切都使得视觉型狩猎犬从所有品种的狗中脱颖而出，成为奔

身轻如燕，并且耐力十足：雪橇犬是四只脚的马拉松选手

跑速度最快的品种。格雷伊猎犬奔跑速度最快：平均每小时可以奔跑65千米。

力量　从外表上看，身材短粗的英国斗牛犬、拳师犬、斯塔福郡斗牛梗都是力量的同义词。结实的身体，强健的骨骼，发达的肌肉，身体的大部分重量都由前腿支撑，这些构成了狗狗奔跑时强大的牵引力。

特殊天赋　特殊的任务需要特殊的狗狗。给人印象最深刻的例子就是挪威伦德猎犬，它具有独一无二的身体构造。它的工作是猎捕隐藏在挪威海边的岩石缝隙和洞穴中孵卵的海鹦。这个工作需要攀岩的技能。挪威伦德猎犬每只爪子上有6个脚趾，它的前腿可以弯曲成90度角，这就为它在陡峭的岩石上提供了稳固的支撑。它的脊柱非常灵活，头部可以弯到背上，这种天赋可以让它在海鹦生活的小小的巢穴中行动自如。虽然挪威伦德猎犬是个特例，但也是狗狗多样性的一个很好的例子。

没有什么能逃过灵敏的狗鼻子：不论是兔子留下的痕迹还是狗狗同类留下的信息

灵敏的感官

狗狗的鼻子、眼睛和耳朵像猎人一样，可以感知距离很远的信息并跟踪猎物，即使在黑暗的条件下也能找到正确的路。这也是群居动物的一项本领，它们靠这个本领，以多种方式和同伴取得联系（见19页）。

狗鼻子——侦探行动中的顶级武器

狗狗最杰出的感觉器官就是它们的嗅觉器官，跟我们相比简直是具有惊人的嗅觉能力。它们可以觉察到几千米以外的猎物；通过在草地上闻一闻，就可以知道几个小时之前哪只狗狗曾经从这里经过；您回家以后，它只要闻一闻您的手，就知道您是否曾经摸过别的狗狗。虽然我们也可以识别明显的气味，但是狗狗却可以识别已经淡化消逝了的气味。它们能在10亿立方厘米的空气中闻出1毫克丁酸的味道。

应用于实践　听起来比较理论的一些事实，可以被应用到实践中：狗狗的鼻子不仅在狩猎中很有用，在寻找炸弹、地雷和失踪人口的过程中也能发挥很重要的作用。它们可以帮助海关工作人员检查毒品、非法入境的现金、走私的烟草以及违反物种保护法的入境动物和产品。

为了健康　狗狗可以找到霉菌，对低血糖症提出警示。科学家们看到了狗狗巨大的潜力：让狗狗来发现早期的某种癌症。狗狗们不停地得到新的任务，例如已经出现了第一只可以预警心脏疾病的狗狗，它可以觉察到它的主人在什么时候需要额外的氧气。

嗅觉训练

狗狗的嗅觉之所以如此惊人，是因为它们的鼻黏膜有非常多的褶皱，嗅觉细胞的数量比人类嗅觉细胞数量多得多，大脑中10%以上的细胞都用于识别气味。这使得狗狗能够通过辨识空气中弥漫的皮肤蒸发物或排泄物的不同化学组成来识别出不同的个体。狗狗的两个鼻孔都能单独工作，这一点在方向定位的时候非常有用。

训练　虽然狗狗在每天的生活中都会使用它灵敏的嗅觉，但是这种能力还是需要专门进行训练的。我们要训练狗狗把它的嗅觉注意力集中到人类给它们的物品上。如果训练得当，狗狗可以识别出所有我们能够想到的气味。对于狗狗来说，让它去寻找什么并不重要，重要的是在它找到这种东西以后能得到相应的鼓励。因为到处闻一闻对于它们来说也是一种乐趣，与此同时也很耗费体力，因此给狗狗提供一些有意义的活动，是比较合理的。

竖起耳朵

老鼠在地下洞穴里发出的吱吱的叫声，小姑娘裤兜里零食袋子发出的沙沙声，三条

实用信息

狗狗被驯养的典型结果：

驯养在以下几方面改变了狗狗

- ➲ 在适应生活环境的过程中，狗狗的颅骨大小和脑容量都比狼小了。
- ➲ 母狼每年有一次交配期，大多数品种的母狗每年有两次交配期（发情，见179页）。公狼在发情期交配，公狗全年都可以交配。
- ➲ 按照人类对狗狗的要求进行驯养，它们会拥有一些特征，这些特征比狼身上的特征要明显，例如寻血猎犬的嗅觉和格雷伊猎犬的速度。
- ➲ 社会伙伴的特征形成的时间段长短不同，狗狗的（大约12周）更长，狼的短一些（21天）。

街区以外汽车的声音，狗狗都能轻松地听到。

它们的两只耳朵互不影响，可以各自转动，像是竖起来的扩音器。通过对比左耳朵和右耳朵接收到的声音的不同，就可以确定发声物体的方位。有些狗狗的耳朵是下垂的，但这对它们的听力影响很小，它们的听力明显比我们的好。人类和狗狗的低频听阈是一样的，但是狗狗能比人类听到更高频率的声音（见21页实用信息），甚至可以听到超声波范围内的声音。狗哨子正是利用了这个原理。

一眼望到地平线

如果一只兔子正在草地上蹦蹦跳跳，狗狗马上就会看到。但长耳朵兔子安静地蹲在一个地方不动，还是有可能躲过狗狗的眼睛

的。狗狗的身体构造可以使它轻松地觉察出运动中的物体。由于它们的视敏度只有人类的20%～40%，因此只能模糊地感知比较远的物体的轮廓。狗狗的晶状体不像人类的晶状体那样可以随意调节，因此只能清晰地看到距离它们40厘米以内的物体。

远视 狗狗两只眼睛（双目的）的可视范围平均可以达240度，人类大概是180度。不转动头部，狗狗可以看到的范围比人类看到的范围要大。鼻子扁宽的狗狗比鼻子细长的狗狗的可视范围要小。在狗狗两只眼睛的视野重叠区域能形成立体图像，可以判断出物体的距离，人类双眼的视野重叠区域大概是140度，而狗狗的只有30～50度。

幻灯片放映 狗狗每秒最多可以感知到大约80幅图像，人类最多可以感知到60幅。狗狗入迷地盯着电视机看时，看到的不是一部电影，更多的是一幅幅单独画面的快速切换。

颜色 狗狗的世界不是黑白的，但是也不像我们人类看到的那样五光十色。这与视细胞有关：负责识别颜色的视锥细胞和负责识别明暗的杆状细胞。人类有三种不同的视锥细胞，可以识别三种基础色：红、绿、蓝。狗狗只有两种视锥细胞，只能识别蓝色和黄色。因此，狗狗对这个世界的感知和人类的红绿色盲差不多：红色在它们的眼中是黄色的，红色系边缘的颜色在狗狗的眼中是橘黄

眺望远方是视觉型狩猎犬的典型行为，它们更多的是靠视力而不是嗅觉来捕猎。地平线上的任何风吹草动都可以引起它们的兴趣，让它们紧张起来

色的。绿色在它们的眼中是非常浅的灰色，浅蓝色在它们的眼中非常浅，深蓝色在它们的眼中是浅浅的紫罗兰色。

应用于实践　对于狗狗来说，要找到绿色草地上的一个黄色的球，它们更多的是通过球和草地颜色的深浅程度来区分二者，但如果是一个蓝色的球，它们则会更容易辨认出。

狗狗的眼睛对色彩的感知能力较弱，但是这种缺陷也得到了弥补：狗狗眼睛中的杆状细胞比较多，因此在昏暗的环境下可以看得很清楚。通过视网膜后面的反射层可以让进入眼睛的光线两次被利用。所以，黑暗的环境中，在汽车前灯的照射下，狗狗的眼睛会发光。

触觉和味觉

狗狗的皮肤上有很多感觉细胞和神经，可以感知触摸、震动、温度和疼痛。狗狗脸上长长的触须（感觉毛）可以保护它们的鼻子和眼睛。触须和皮肤内部敏感的神经相连接，对轻微的空气流动都会有感觉，因此不能被剪短。

狗狗明确知道自己喜欢吃什么，也有自己的偏好，因为狗狗舌头上有大约2000个味觉神经，可以感知食物是甜的还是酸的，咸的还是苦的，吃起来是不是肉味儿。

实用信息

和狗狗有关的数据和事实

- 呼吸频率：每秒 15 ～ 30 次。
- 双眼的可视范围：平均约 240 度。狮子狗 200 度，视觉型狩猎犬 270 度。
- 牙齿：大约在 3 ～ 7 个月大的时候，狗狗的 28 颗乳牙会脱落，长出 42 颗恒牙。上颚左右分别有：3 颗切牙、1 颗犬齿，4 颗前白齿和 2 颗后白齿。下颚左右分别有：3 颗切牙、1 颗犬齿，4 颗前白齿和 3 颗后白齿。
- 出生时的体重：不同品种的狗狗体重不同，大约在 70 ～ 600 克之间。
- 体温：在 37.5 ～ 39 摄氏度之间，年幼的狗狗和体形小的狗狗的体温有可能会达到 39.5 摄氏度。年幼的狗狗和体形小的狗狗的体温普遍比年长的狗狗和体形大的狗狗的体温要高一些。
- 对比人类的鼻子和狗狗的鼻子：
  鼻黏膜的大小：
  人类：2 ～ 4 平方厘米，猎獾狗：75 平方厘米，牧羊犬：150 平方厘米，寻血猎犬：250 平方厘米。
  嗅觉细胞（以百万计）：
  人类：5 ～ 10，猎獾狗：125，牧羊犬：220，寻血猎犬：超过 300。
- 听力：15 ～ 60 000 赫兹。年轻狗：20 ～ 20 000 赫兹，老年狗：最大到 13 000 赫兹。
- 脉搏：平均每分钟 80 ～ 120 次。
- 骨骼：不管狗的体型是大而强壮还是比较瘦弱，它们全身都是由 321 块骨头组成。

狗狗的行为举止和它们之间的交流方式

依偎在一起、玩耍、打闹，这些都属于狗狗的日常生活。狗狗是一种非常合群的动物，它们的行为多种多样，相互交流的方式也是丰富多彩。

我们约好了要一起去散步，短毛柯利犬德斯蒂、杜宾犬丽萨和腊肠犬保罗，它们三个是玩得很好的小伙伴。它们会为了赛跑而狂奔，会一起组队抓老鼠，还会合伙向主人请求美食。在一片草地上，突然有一只陌生的狗狗朝着保罗冲了过来。丽萨马上反应过来，冲到两者之间，显示出它的果敢。仅仅是它的肢体语言和它的出现已经让那只陌生的狗狗不敢靠近了，都不需要它发出呼噜声或者露出牙齿。直到这只陌生的狗狗转身离

开，丽萨才放松下来，小跑着回到团队中，好像什么都没有发生一样。

在一起——为彼此

类似这样的例子，每一个养狗的人肯定都非常熟悉。我总是惊讶于社会化了的狗狗们在相互交往过程中所表现出的个体性和独立性。我们的雌性格雷伊猎犬莉兹也是这样，

尽管它的年纪已经很大了，它还是可以教给那些强壮的公狗应有的礼貌。而当一只矮小的狗向它扑过来，把它的脸抓伤时，它却可以保持冷静，完全"忽视"这一切。狗狗之所以表现出这样的社会性，可以根据不同的情境做出反应，应该归功于它们祖先的遗传。为了更好地理解您的狗狗，您应该了解一下它们的根。

阿尔法狼的传说

通过浴血奋战赢得首领的宝座，使用铁腕政策管理属下——这样的阿尔法狼的形象已经是明日黄花了。始于君特·布洛赫（Günther Bloch）和其他研究狼的专家发表的对狼的观察结果表明，狗狗的野生亲戚在人们心中以往的形象改变了。

团队领导　狼在行动的时候会通力合作，而不是由一个以自我为中心、眼中只有它的权力的首领专制。它们非常有耐心，并且尊老爱幼，关心伤员，也会尝试用和平的方式解决群体内部的矛盾。

适应环境作为生存的策略　不存在一种固定类型的狼或者狼群。生存环境和生存条件千变万化，每个狼群的结构也各有不同。每个领地的食物多少、面积大小决定了生活在这片区域的狼群的大小，以及只有首领才可以生育幼崽还是其他母狼也可以有自己的孩子。专家经过观察发现，更多时候是几个狼妈妈一起养育它们的孩子。还有许多狼一直在到处寻找新的领地，想要在那里建立自己的家庭。

狼群中的每只狼都有自己的任务

大多数情况下，一个狼群是由一对狼夫妻来领导。和早期人类一样，不少的狼群都是由一只母狼来管理。优秀的首领会通过日常生活来领导它的属下，在危险的时候站在最前面，给伙伴以信心，将整个群体团结起来。能够做到这些，不一定要求狼群的首领必须是最高大、最强壮的那只狼。有魅力，能够随机应变，有执行力和生活经验，才是首领必须具备的素质。领导一个狼群并不是一件简单的事，而是一项需要承担许多责任和义务的工作。

只有少数的动物喜欢当首领，大多数都对自己在集体中所扮演的角色和承担的任务

报告陌生生物的到来是狼群中每个成员的工作，但是注意力能集中到什么程度就和每一只狼的天赋有关系了

很满意。这些任务包括寻找食物，照看领地或者作为保姆照顾幼崽。如果一个狼群中所有成员都有足够的食物，并且可以把后代抚育长大，那么这个群体就算是一个成功的群体。如果大家不停地为得到首领的位置而发生矛盾，只会阻碍群体的发展，并且隐藏着受伤的危险。不能融入群体中的狼，只能离开群体或者被驱赶。偶尔也会有一些狼群的首领试图靠暴政来维护自己的位置，这样就会出现反抗的情况。在黄石国家公园发现一只作为狼群首领的母狼，因为它残暴的领导方式而被它的家人杀死。

保持公正　狼是有正义感的，我们的狗狗也有。它们都想要得到一些任务。在一个它们和它们的需求都能得到尊重的环境中，每个个体都能活跃起来，展现出自己最好的一面。如果它们的需求被忽视，它们就会失去活力或者开始反抗。狗狗的许多问题（见224页）都是由于它们不能得到狗狗应有的

狼和狗都一样：父母教导自己的孩子，教给它们生活的技能，为以后的生活做好准备。兄弟姐妹和其他家庭成员通常会承担保姆的责任

权利而造成的。

从狗到狗：互相理解，取得一致

和谐相处的前提是交流和沟通。只有所有成员都清楚、明确地表达自己的想法，才可以避免误会的产生，进而避免发生矛盾。狗狗具有优秀的沟通能力，并且能够应用到各个领域。

通过气味信号来进行沟通

个体的气味可以透露很多信息。人类也会利用这一点——即使我们并没有意识到——甚至在寻找伴侣的时候。"我闻不到你的气味"这句话有了一种新的意义。每一个养了公狗的人肯定都有过这种想法：邻居家肯定有发情的母狗，因为他家的公狗在马路边闻来闻去，好像在寻找某种气味。

交换信息　如果一只狗闻到了它的同类留在路灯柱或者草地上的尿，它就可以获得很多信息，例如这个同类的性别和荷尔蒙状态。通过这样的方式就可以描绘出一幅在它周围活动的狗狗的图画。它一般会在这个信号上面或者旁边留下自己的气味信息。狗狗之间不用见面就可以通过这样的方式认识对方。用尿做标记的原因很多，例如宣示对某物的所有权，这不仅仅局限于领地的所有权，还包括一些物体，例如主人不

允许狗狗吃马路边变质了的黄油面包，狗狗就会用尿尿的方式向其他同类表明："把爪拿开，这是我的！"

你是谁？ 狗狗有许多可以发出气味的腺体，例如在耳朵上、爪子上和嘴角。两只狗见面时互相闻一闻对方的脸部、肛门和生殖器，都是它们通过气味信号在进行交流。通过识别个体的气味，可以了解到有关它们的地位、性别、发情周期、健康状态和饮食的信息。地位高的动物闻别的动物的时候要多于它被闻的时候。地位低的动物通常不会忍受很长时间，而地位较高的动物则表现得更沉着冷静。狗狗的嗅觉世界中发生的一切，人类只能猜测，永远都不可能亲身经历。尽管如此，人类还是不应妨碍狗狗这种形式的感官交流，而是应该让它们充分发挥这方面的才能。

声音语言

狼的嗥叫还有一个作用就是团结族群，还可以为距离较远的动物指示方向或者向其他动物宣示对某一区域的所有权。狗拥有多种多样的声音语言体系，例如汪汪叫、尖细的叫声、呼噜声，当然还有吠叫。

会叫的狗 狗狗的祖先其实很少叫，大多数情况下它们的叫声是为了拉开自己和对手之间的距离。在狗狗这儿，这种情况则更加明显，也许是为了协调面部表情和手势的减少以及因此而造成的表达方式不再多种多样。吠叫是狗和狗之间交流的方式，同样对

实用信息

"我不理解你！"

品种的不同点和互相沟通

➡ 脸上的褶皱、耷拉的耳朵、卷到背上的尾巴以及遮盖住脸部的长毛，会限制狗狗的表达或给出错误的信号。

➡ 同一品种的狗狗之间没有什么问题，但是不同种类的狗狗之间就会产生误会。

➡ 例如：皱皱的鼻子可能被误会成威胁对方的信号，卷起的尾巴可能会被误认为献媚的行为。

➡ 为了预防误解，可以让小狗尽可能多地熟悉不同外貌的同类以及它们的表达方式。

狗和人之间的交流也有很大的帮助——终究还是要靠声音来告诉这些两条腿的动物事情是怎么样的，因为它们早就不能理解肢体语言所给出的细微的信号了。

根据狗的品种的不同 声音的发出方式在一些品种的狗狗身上留下了饲养者的痕迹。例如，尖嘴狗作为经典的看门狗，当看到有人来时，它的任务就是让主人知道有人来访；猎獾狗要通过发出声音来告诉主人它发现了兔子的痕迹；短毛大猎犬在确定了猎物方位之后则会马上立定，举起前爪向主人示意。

个性化 尽管狗狗的叫声与它的品种有关，但也是有个体差异的，可以通过训练进行控制。狗狗吠叫的形式多种多样，不管是对同类，还是对人类。游戏玩耍中的叫声，

两只狗遇见之后会发生什么事，取决于许多因素。这只白色的狗狗表现出一副等待的样子：也许它俩马上就要开始游戏玩耍了

小心翼翼地嗅一嗅：每一只狗都有自己独特的身体气味，这种气味包含着许多信息。互相嗅一嗅也属于认识对方的一种方式

开始吧，继续玩！这只拉布拉多猎犬（右）前半身下压，后半身上抬，表现出一种典型的要求对方跟它一起玩耍的信号

问候时充满欣喜或失望的叫声，攻击、防守或挑战的叫声，这些都是可以区分开的。几乎每一个养狗的人都明确知道他的狗狗叫是因为有人在按门铃，还是它在玩耍，抑或是因为它想让你知道到了出去散步的时间了。

表达内心需求的行为

　　肢体语言比通过叫声沟通还要重要。狗狗懂得如何通过精细的面部表情、姿态以及有目的的接触来表达自己，在这个过程中每个个体不同的外貌也要被考虑进去（见25页实用信息）。接下来将要描述的是某些情绪下狗狗的行为。狗狗的生活不是非黑即白，它们的行为也不是那么简单。狗狗的很多姿势和面部表情存在着非常细微的差别，这些差别连专家都不能够轻易区分开。一种姿态可以有很多种意义，例如用爪子轻轻地按摩，既可以表示它想要缓和双方的关系，又可以表示想要引起对方的注意。想要判断狗狗的行为是什么意思，必须考虑到当时的整个情况。狗狗摇尾巴表示它激动，但是这种激动是由于它开心还是具有攻击性，只有通过具体情况才能知道。因此您要利用每一个机会锻炼自己，看清楚您的狗狗的状态和行为。

从心情一般到充满期待

　　一只心情一般的狗狗，它的身体是放松的：尾巴不紧绷或者微微下垂，耳朵直立。

如果有什么事情引起了它的注意，它的身体会紧张起来，尾巴翘起，耳朵略微探向前方。而有所期待的狗狗身体会略显紧张，尾巴水平方向摇晃，嘴巴略微张开，面部表情聚精会神。

害怕、不安和屈从

狗狗在感到害怕或者不安时，它们的眼神是躲闪的，同时表现得非常卑微：低着头，弯曲着腿，尾巴耷拉着或者夹在两条腿中间，耳朵耷拉着。应该避免一切会增加狗狗不安的事情。

被动的臣服　狗狗在被动地臣服于其他狗狗的时候，会仰面躺下，把自己最脆弱的地方展现给对方。同时，它还会保持等待的姿态，嘴角拉得很长，有时候还会尿尿。

主动的臣服　主动的屈从也被称为缓和关系。如果狗狗想要缓和它们之间紧张的气氛，它会舔自己的嘴巴和鼻子，或者尝试着去舔对方的嘴角。这种行为来源于它们的孩提时代：通过舔成年狗狗的嘴角，小狗可以得到它们想要的食物。在这个过程中经常出现的用爪子轻轻按摩也来源于狗狗小的时候用爪子按摩妈妈的乳头促使乳汁流出。屈从的姿态也会出现在狗狗问候人类的时候，人类应该给予狗狗积极的回应。

攻击性行为

攻击性行为是很正常的狗狗行为。社会化的狗狗（见34页）利用这种行为和他人保

被动的臣服：小狗通过仰面躺下承认了大狗的优势地位，而大狗身体紧绷，体现出自信

创造距离：露出牙齿（左边的狗狗）是一种明显的威胁信号，让对方和自己保持一定距离，聪明的同类可以理解相应的警告

狗狗全身紧绷，翘起尾巴，想要向对方显示出自己的强大

充满热情：挖老鼠洞可以给狗狗带来乐趣，这个活动本身就是对自己的犒赏，老鼠从后面逃跑了也没关系

狗狗最喜欢怎么睡觉和个体偏好有关系。所有狗狗都喜欢舒服的地方，不管是纯种狗还是杂交狗

飞快地跑过水坑，和挖洞、打滚一样，都是狗狗典型的行为，没有这些经历的狗狗是非常可怜的

持距离，减少冲突。这种行为也是和具体情况相适应的。有时候一个强烈的眼神就可以达到告诫同类的目的。如果这还不够，那么还有其他各种各样的方法。

威胁　一只想要威胁对方的狗会一直盯着对方，皱起鼻子周围的皮肤，抬起上嘴唇下垂的部分，露出牙齿。根据激烈程度的不同，它背上的毛竖起来的程度也不同。它还会发出呼噜声或者朝对方吠叫。

进攻性的威胁　一只非常自信地威胁别人的狗，会昂首挺胸，身体挺直，向前倾斜，竖起尾巴，耳朵向前探，嘴角短而圆。

防御性的威胁　如果一只狗是为了防御而威胁对方，它的嘴角会拉长，耳朵缩紧。如果它做好了逃跑的准备，它会蜷缩起来，夹紧尾巴，表现出躲避的体态。如果它准备进攻，就会翘起尾巴，竖起耳朵。

社会化不完全或者有过一些让它惊慌失措的经历的狗狗也会表现出一些和情况不符的攻击性行为（见230页）。

行动限制

行动表明意图。狗狗有许多策略，可以向同类展示自己的优势，进而澄清两者的地位问题。这些是否有利于双方的和睦融洽，取决于同类的反应：只有对方对此表现出屈从，它才算是承认了另外一只狗的支配地位。

绕圈　这种行为一般发生在同性的狗狗相遇的时候，尤其是它们想要给对方留下深刻印象的时候。狗狗走路的时候腿是僵直的，尾巴上翘，身体高度紧绷。围着对方转圈意味着它想要闻一闻对方。

把头凑过来　在两只狗相遇，想要给对方留下深刻印象的时候，它们围着对方转圈是想要限制对方的行动自由，以此来显示自己的主导地位。当然，这只有在对方允许的情况下才可行。

T型姿势　一只狗横着站在另外一只狗前面，这两只狗的位置好像是字母"T"。这种行为也是为了限制对方的行动自由，显示自己的主导地位。

个体的偏好

狗狗不仅外表有差别，行为方式上也各有不同。每一只狗狗都有自己特有的性格、可爱的小习惯，有时候甚至有自己的兴趣爱好。有些狗狗——大多数是短毛狗和体形较瘦的狗狗——特别不喜欢坐在湿湿的草地上。还有一些狗狗会狂热地盯着每一个小水坑看，甚至会腹部朝下趴在小水坑里。

舒适的行为

狗狗的许多偏好体现在可以让它感到舒适的行为上：它们最喜欢在哪里打滚，它们是喜欢晒太阳还是喜欢凉爽的地方，它们喜欢哪种卧姿，睡觉的时候是喜欢盖被子还是喜欢舒服地趴在垫子上。这些偏好往往和温度有关：短毛、皮毛比较薄的狗狗当然更容易感到寒冷，小狗相比大狗对温度的变化反应更敏感。

友好的姿态　舒适的行为不仅仅是为了让自己舒服，也是为了让其他狗感到更加舒适，例如两只狗狗互相舔对方，或者用牙齿温柔地咬对方。这种相互的身体护理不仅可以拉近双方的距离，还可以确定双方的伙伴关系。狗狗不仅在同类之间会这样做，对人类也会这样做。

⁹⁹ 采访

向狼学习

君特·布洛赫和其他研究狼的专家一同颠覆了有关邪恶的狼的传说。他在采访中向大家解释了为什么我们该向狗的祖先学习。

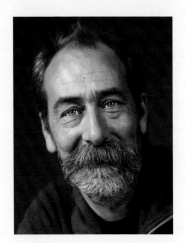

君特·布洛赫，犬科动物专家

1977年，君特·布洛赫建立了狗狗膳宿公寓"狗狗农场"，他也是德国第一个成群饲养宠物狗并系统观察其行为的人。1992年开始，他在加拿大从事全世界耗时最长的狼的行为观察研究。他撰写了10本与狼和狗的行为有关的专业书籍，并且发表了许多这方面的报告。

狗的身上还隐藏着多少狼的天性？

君特·布洛赫：狗和狼在基因上有99.96%的相同之处，狗只不过是另外一种形式、颜色和行为方式的狼。它们之间存在着非常亲密的关系。狗适应了家庭的生活环境，在基因上发生了一些改变。不同品种的狗狗有着较大的区别。例如，北方的牧羊犬的放牧行为不过是狩猎行为的变异，它们和狼的相似之处要比哈巴狗和狼的相似之处多。再举个例子，狗可以在没有人类帮助的情况下生存和繁衍后代吗？格陵兰犬可以，哈巴狗就不行。

狗狗的每种行为都可以用狼的例子来解释吗？

君特·布洛赫：狼在十二个月到十四月大的时候达到性成熟，从出生到性成熟，它们的行为和狗狗非常相似。但是在这之后，狼的行为发展到一个比狗更高的层次。狗狗达不到那个层次，也不需要达到，因为有人类帮助它们解决"温饱问题"。

您在观察狼的时候，它们的哪种行为最能让您感到兴奋？

君特·布洛赫：它们的家庭和社会观念，以及它们在极其恶劣的条件下长时间保持社

亲密性是在人和狗狗之间建立稳固的关系中所不可缺少的

会稳定的能力。

此外，狼是模范父母，它们对自己的孩子非常温柔，关怀备至。

一个优秀的狼群首领必备的要素是什么？

君特·布洛赫：首先是独特的魅力。集体中的成员可以感受到它的魅力、意志力和自信心，它应该知道自己想要什么，并且有生活计划。它要通过克服生活中的困难——至少是大多数时候——来说服集体中的其他成员，给它们做出榜样。它要有洞悉全局并做出判断的能力。这个集体要有"跟着它很值得"的感觉。

养狗的人可以从中学习什么？

君特·布洛赫：不管是领导一群狼，还是领导家里的一群狗，要求是一样的。如果人类不能满足这些要求，那么那种"坐下站起来的练习"也没什么用。养狗的人应该是一个优秀的观察者：先要仔细观察，然后做出判断，而不是着急处理。

您对养狗的人最重要的建议是什么？

君特·布洛赫：首先要考虑清楚，是否真的要养一只狗。不是每一个爱狗的人都有上面提到过的素质，可以承担养狗的责任。

在家庭里面要制定一个养狗的计划，并以书面形式明确：谁该承担什么样的责任，拥有什么样的权利？该如何执行？什么是允许的？家庭成员应该就领导者的作用达成一致意见，因为狗狗需要约束力。

狗狗的生活

从不知所措的小家伙到独自追着兔子跑——多亏了它们的适应能力，狗狗在主人的帮助下学会了在生活中寻找自己的位置。

看着它们从笨拙的小狗崽成长为我们可靠的伴侣，是一种非常神奇的经历。在这个过程中给予它们支持，跟它们共享宝贵的经历，是一件让养狗的人感到很骄傲的事情。

狗狗生命中的每个阶段都会给它的主人提出新的要求：有很多需要学习的小狗，希望"有正事可做"的成年了的狗，以及到了需要更多照顾的上了年纪的狗。但是，不同年龄的狗狗都有属于自己的特殊魅力，例如小狗的笨拙和无心的滑稽，壮年时期狗狗的精力充沛、活泼好动，以及同年老狗狗在一起时自然流露的亲密感。所以，请您尽情享受和狗狗在一起的每个时刻。

幼犬 & 小狗

狗狗的性格中隐藏着什么？什么是写在基因中无法改变的？什么是可以被影响的？这些问题不仅对于狗狗的饲养者很重要，对于想要养狗的人也很重要。明白了这些问题，可以帮助您找到适合您的狗狗，并且尽可能地把它养好。

都是遗传的吗？

外表和大小是由基因决定的，其实基因中还隐藏着更多信息。狗狗的性格类型有30%左右是先天决定的，这仅仅是性格的基础。幼犬的性格如何发展，取决于它出生前及出生后受到的影响、之后的经历，以及主人对它的指导和教育。幼犬的性格基础是它还在饲养者那里时形成的，狗妈妈起了很大的作用。

发展阶段

狗狗成年之前会经历若干阶段，这些就是它慢慢积累经验的学习阶段。这些发展阶段的时间长短（见33页右侧实用信息）并不是固定的，不同品种、不同个体的狗狗发展阶段不同。

新生儿阶段　刚出生的幼犬非常依赖它的妈妈。虽然它既不能看，也不能听，但已经能够感知气味和温度的变化，同时受第一本能的推动，开始寻找妈妈的乳头（见122页）。

狗妈妈通过舔舐幼犬的肚子和肛门，促使它排尿、排便，因为这时候的幼犬还不能自己控制大小便。这时的幼犬也不能控制自己的体温，它必须紧紧依偎在妈妈和兄弟姐妹的周围才能取暖。半圆形的运动区域可以防止它远离自己的小窝。如果它还是感到孤单或者不舒服，就会发出"吱吱"的叫声来引起别的狗狗的注意。

虽然这时候的幼犬看上去没有什么感觉能力，但外界的刺激对它并不是毫无影响：它可以感受到味道、疼痛和压力（见21页）。

这个阶段，幼犬也开始认识人类的气味了，这就使得以后它们和人类的交流变得容易了。在寻找妈妈的乳头以及和兄弟姐妹的竞争中，它已经开始学习如何面对失望了。

过渡阶段　在狗狗出生后的第三周，它们就开始长乳牙了，眼睛也在这个时候睁开了，耳朵有了听力，幼犬可以越来越多地感知它周围的世界。能够比以前离开妈妈和兄弟姐妹的距离更远一些了，也可以自己排便、

实用信息

狗狗的发展阶段

➡ **新生儿阶段**：出生后的第一周和第二周。幼犬完全依赖妈妈，吃奶、睡觉、寻找温暖。

➡ **过渡阶段**：第三周。眼睛睁开了，耳朵也有了听力。对周围环境的感知越来越多，和妈妈以及兄弟姐妹之间的互动越来越多，运动更有目的性。

➡ **社会化阶段**：第四周到青春期（性成熟期，大约第六个月到第十个月）。它玩耍的时间增多，慢慢适应了周围环境的刺激，开始吃固体食物，运动机能得到改善。这个阶段也是它学习社会行为、探索周围环境的时期。换牙（第四个月到第七个月）。

➡ **青春期**：性成熟到思想成熟，成长为成年的狗狗。

排尿了，这些排泄物还是会被妈妈吃下去。

这一周以及接下来的两周内狗狗会对一些给它带来舒服感觉的东西产生依赖。在这段时间内，狗狗不再有害怕的感觉，这应该是它一生中最放松的一段时间。那些对它产生积极影响的事物，在以后的生活中也会给它提供安全感。

这些可以是人，可以是其他动物、气味、或者特定的环、物体，比如在这三周内陪伴它的一只泰迪熊毛绒玩具或者一条暖和的被子，在之后它到一个新的家庭时也能为它提供舒适和安全的感觉。

狗狗的饲养者可以为每一只幼犬准备这样一套行李，在把狗狗卖出去或者送人的时候把它的行李也一起带走。

实用信息

在狗狗出生之前就可以对它产生影响的一些事

母狗的孕期是63天（±5天）。最初的一些影响是狗狗还在妈妈子宫里的时候就产生作用了：

- ➡ 如果狗妈妈压力过大，例如由饲养条件、疾病或者麻醉造成的压力，不仅会危害到狗妈妈，还会对未出生的狗狗的抗压能力、学习能力、免疫系统和身体构造产生负面的影响。
- ➡ 狗妈妈的饮食习惯会对它还没出生的孩子的食物偏好产生影响。
- ➡ 在妈妈的子宫里时，狗宝宝的兄弟姐妹是同性还是异性，会影响它的荷尔蒙状态。

社会化阶段

社会性行为和熟悉周边环境——这些基本的经历发生在狗狗出生后最初的几个月中（见33页实用信息）。虽然狗狗在任何年龄阶段都可以学习，但是不会再像这个阶段这样容易了，现在学到的东西一辈子都不会忘记。

有计划地学习　现在，游戏和玩耍提上了日程。它可以和兄弟姐妹比比谁力气大，举行一些狩猎比赛，练习一下交流的方式，也可以通过游戏初步形成兄弟姐妹间的级别顺序。小狗在这个时候要通过尝试和犯错学习控制在打闹中啃咬的轻重程度。游戏中学习到的东西对于小家伙以后的生活非常重要。此外，游戏还可以促进它的运动机能，增强身体素质。

实践：积极的经历

请为您的狗狗提供一些积极的经历，这些会让它终身受用。尽量让它熟悉那些对它今后的生活非常有用的事。幼犬小组活动和小狗课程可以在这些方面给您提供帮助。重要的是不要对小狗要求过高。要让它在您家能够感到舒适，有安全感。

避免消极的经历　请记得消极的经历也会被狗狗记住，要避免所有会给狗狗造成消极影响的事件。例如，它可以被同类责备，但是不能被刁难。

研究与实践

对幼犬来说重要的事

一般来说，压力会对狗狗的状态产生消极影响。但如果压力的形式比较温和，强度适中，则可以产生刺激作用。

幼犬在新生儿阶段就已经开始受益于此了。当它被人类举高、抱着或者短暂地放到陌生的地方，就会感到比较温和的压力，这会训练它的由荷尔蒙控制的压力体系，让它找到正确的平衡点。一个好的饲养者从狗狗出生后的第一天开始就会为它提供一个好的环境，给予它关心和照顾，这些将是它成长的基础。

当小狗可以独立了，就会变得谨慎。

在野外长大的小狗从四个月大开始，就能跟着大狗到比较远的地方去了。由于这项活动会遇到很多危险，所以自然规律使得狗狗在这个阶段变得更加谨慎。这个阶段的小狗在看到它不认识的东西时，也会努力去探索了。

在"敏感阶段"，大脑中的神经细胞与其他事物之间会建立一些牢固的联系，还有一些不重要的联系会被割断。

这些既包括和人类、动物的联系，也包括同周围环境的联系。一件事情做的次数越多，就会越牢固地与大脑中相应的反应联系在一起，也会更难被改变。在这个阶段大量的学习可以让小狗具备各种能力，在今后的生活中也能处理新的事物。但是过分的要求会对它产生相反的作用，会让它失去安全感，导致一些问题产生，这和错误的学习以及学习过少导致的后果一样。

实践：榜样很重要

为了学习社会行为以及与环境相适应的

行为方式，狗狗需要学习的榜样。通过观察大狗，小狗能够学到很多。

引导　父母和兄弟姐妹会引导小狗，在必要的时候纠正它。小狗必须学会正确的行为、做事有教养，并且经得住挫折。并不是所有它们想要的东西都能得到，也并不是所有的事情都能做。这些引导大多数都是在游戏中进行的。必要的时候，要身体力行地为小狗做出示范（见208页）。

自己的经历　尽管如此，小狗还是要有很多的自由空间，自己去历练。而大狗要看着它们，不要让它们陷入困境，永远为它们提供一个安全的港湾。

主人的榜样　如果您以上述内容为榜样，就能承担起狗妈妈和狗爸爸的责任，代替它们教育好小狗。

激情燃烧的岁月——青春期

进入性成熟期，标志着狗狗又踏入了生命中一个新的阶段（见33页实用信息）。公狗根据大小和品种不同，长到4～7个月大时会抬起腿来撒尿，对母狗的兴趣增加，对母狗的猜疑也会增加，这些行为表明它进入了青春期。母狗进入青春期的标志是它的第一次发情，大多数是在6～10个月大的时候，也有可能更晚。品种不同，狗狗进入青春期时间也不同。这个阶段的狗狗体重不断增加，身体有了"核心"。

所有事都变得不一样了。有些狗狗好像突然得了失忆症，忘记了它已经学会的指令，变得非常反叛。青春期的狗狗对所有事情都表示质疑，一次次考验主人的承受能力。如果您保持镇定，这些也就这么过去了。此时狗狗的大脑中正在进行一系列的重建，在这个过程中有时候会出现"中断"。实验和试探界限也属于成长的一部分，您必须要承受住。请您继续耐心地向它指出它在您家庭中的位置，温柔地教育它，但是要前后一致，目标明确。

终于成年了

体形小的狗狗在15～18个月大的时候可以达到心理上的成熟；体形较大、比较强壮的狗狗在3岁大或者更晚才可以达到心理上的成熟——这时它们才算是成年了。请您继续为狗狗提供与同类交流的机会，给予它关心和适量的活动。

为所有事做好准备　狗狗在这个时候达到了能力的顶峰，应该已经融入家庭生活，也会听您的指令了。简而言之：希望它能成为您引以为荣的好伙伴。

保持前后一致，目标明确　在日常生活中，许多狗狗的主人开始漫不经心地对待已经成年的狗狗，不再坚定地要求狗狗服从自己的命令了。这样狗狗有可能做出一些您不想看到的行为，导致一些问题（见224页）。请您注意，不要让这种情况持续发展。

衰老的开始

如果一只狗到了8岁，它就算是步入老

年了。当然，不同品种的狗狗进入老年阶段的时间也不同：大型犬衰老得快，有些大型犬6岁的时候就算是进入老年了。小型犬则不同，许多品种直到10岁或者12岁的时候才显示出老年的状态。除此之外还有个体的差异，这些不同之处对它们的活跃性和身体状态都有影响（见182页）。

伴随衰老而来的

年纪大了的狗狗更依赖它的主人，会经常地向主人寻求亲近。它们睡觉的时间越来越多，睡得也越来越沉。如果它们在睡觉的时候被打扰了，很容易受到惊吓，因此，在叫醒一只正在安静地打盹的老狗时一定要小心。一些小的缺点和怪癖会在狗狗年老以后变得更加明显，例如，固执地坚持只在某一个地方睡觉。这种现象也可能是由于主人越来越纵容它了。

狗狗变得越来越懒惰，越来越不安。这多是由于年龄变大导致荷尔蒙发生了变化：压力使荷尔蒙皮质醇增加了，有积极作用的荷尔蒙多巴胺和5–羟色胺减少了。

可爱的老狗

年纪大了的狗狗变得更冷静了，它们会更多地避开斗争，也不像以前那么容易激动了。它们也会和同类相处融洽，展现自己的生活经验。

年纪大了的狗狗希望自己可以为集体做出贡献。让它感到它对您来说很重要，这样

实用信息

当狗狗衰老的时候，典型的衰老症状：

➔ 身体的活力下降，狗狗活动起来变慢了，更加从容不迫。

➔ 感觉器官衰弱了，尤其是视力和听力。

➔ 运动能力受限（关节炎，见173页），休息后站起来这件事对于它们来说也很困难了，它们的耐力也减弱了。这时的它们需要经常性的短距离的散步。

➔ 狗狗的新陈代谢变慢了，消化系统的承受能力变弱了。许多狗狗都会增重，年龄非常大的狗狗可能会有超重的问题。这个阶段合适的饮食非常重要。

它就会活跃起来。请给它一些它可以完成的任务，在它完成之后给予表扬，让它尽可能多地参与到您的生活中。有了您温柔的照料及动物医生的帮助，它定会长保健康、快乐地陪伴在您身边。

我们家的狗狗特别喜欢在粪便污泥中打滚。这对于它来说是一种行为障碍吗？

让年纪大的狗狗做一些和它的体力相适应的活动，可以让它保持精神，提高生活质量

? 提问和回答

成长 & 行为

不是的，在一些我们人类看来非常恶心的东西里面打滚，对许多狗狗来说是一种正常的行为。它们为什么这么做还不得而知，也许它们想以此来掩盖自己身上的气味，也许仅仅是因为这样做非常好玩。如果它的做法真的让您觉得恶心，您可以试着阻止它。如果您的鼻子还可以忍受，那么您应该对它们的做法睁一只眼闭一只眼，因为这也是狗狗生活的一部分。

狗狗的嗅觉比人类的嗅觉灵敏 40～100 倍

我们家的小母狗半岁了，最近一段时间变得特别胆小。这是怎么回事呢？

由于我不了解您家的狗狗以及它的生活环境，我就只能靠推测了。根据它的年龄判断，它应该是进入性成熟期了。在这个阶段，狗狗对那些给它带来压力和恐惧的外界刺激尤其敏感。现在最重要的是，通过独立自主的引导，给它依靠和安全感，让它消除恐惧。最好是向专业人士寻求帮助（见226页）。如果耽误了治疗，它的不安会越来越深，变成棘手的问题。一些行为上的问题，例如害怕和不适当的攻击性，正是在性成熟期变得严重的。

为什么专心地闻东西对于狗狗来说很耗费体力？

狗狗专心闻东西时呼吸比平时快10倍，体温也会上升，因为它的大脑必须把所有信息都存储下来。

一只狗狗露出牙齿的时候，一定表示它具有攻击性了吗？

不是的，还要看它的其他肢体语言。有些狗狗在表达友好的时候也露出牙齿。牙齿是它们表达友好的一种工具，例如在温柔地啃咬的时候。在游戏玩耍的时候狗狗的肢体语言会更夸张一些。

狗狗多大的时候就算是成年了？

不同品种的狗狗成年的时间不同，甚至每一只狗成年的年龄都各不相同。由于公狗和母狗在性发育方面的速度相似，动物学家乌多·甘思洛瑟（Udo Gansloßer）和犬类训练专家佩特拉·科瑞威（Petra Krivy）提出了以年龄作为界限的简单的判断标准，即某个品种的母狗通常已经结束了第三次发情期以及假孕症状。这个时间点对于不同品种的狗狗是两岁到四岁之间。

我们家的拉布拉多犬是雄性的，三个月大了，它经常骑到别的小狗身上。它已经达到性成熟了吗？

不用担心，您家的小狗还没有性的概念。一只狗骑到另一只狗身上有很多原因，可能是为了向其他同类显示自己的强大，宣示对另一只狗的所有权，对它的惩罚或者只是激动的表现。对于年纪稍微大一些的狗狗来说，这种行为当然也有可能是性成熟的表现。您家狗狗的这种行为或者纯粹只是在玩耍。

我们家的公狗在大小便之后经常会用爪子挠一挠。它为什么会这样做呢？

抓挠是对大小便形成的标记的强调。一方面，抓挠对于旁观的狗狗来说是一种信号，因为抓的痕迹是进一步的视觉信号。除此之外，在抓挠的过程中有可能通过爪子上的气味腺产生额外的气味信号。

什么叫作替代行为？

狗狗同时面对两件事，这两件事它都想做，例如，它遇到一个不认识的东西，既想走近，又想为了自己的安全而走开。在这种情况下，就会出现替代行为。替代行为从表面上看和它面对的情景没有任何关系，例如，它会舔一舔自己、打呵欠、吃草或者抖一抖。

我家的狗狗站在我面前或者把它的头放到我的膝盖上的时候，它是在试图征服我吗？

不是的，并非狗狗的每一个行为都是用来限制对方的行动自由，要把整个情景联系起来看。如果您的狗狗想要征服您，它的身体会非常紧张，也会表现得很果敢。它把头放到您的膝盖上有可能是一个非常友好的举动。有些时候狗狗站在您的面前并没有什么意图。

2

适合
我的狗狗

狗狗是多层次的：外貌、需求和行为。和狗狗共同生活要做的最重要的决定就是选择一只适合自己的狗狗。这将决定你们共同生活的日子是否和睦。狗狗会给予您很多，它每天都会以不同的形式让主人的生活变得丰富多彩。要想达到这种状态，只有人和狗和谐相处才可以。选择一只适合自己的狗狗，是您和狗狗幸福的基础。

狗狗——人类忠实的伙伴

狗狗已经陪伴人类几千年了，它们看家护院，是完成困难工作的专家和人类忠实的伙伴。在当今社会，狗狗比以往更加重要。

狗狗是人类忠诚的朋友和伙伴。在这个问题上，狗狗不同的品种没有带来任何不同。狗狗极佳的社会能力使得它们可以胜任这样的角色。与它们的社会能力同样重要的是它们的适应能力。正因为它们超强的适应能力，狗狗可以与人类分享它们生活的每个方面。只有很少的狗狗今天还在做着帮助人类狩猎或者保护家禽的工作。尽管如此，它们并没有失业。作为主人舒适的伙伴，和主人分享它们的每一天，给高度科技化的世界带来一些自然的东西，这也许是狗狗最重要的工作。简而言之：狗狗让生活变得更美好。

今天的狗狗

数以百万计的狗狗仅是友好的家庭犬，但其实狗狗能做的远比陪主人散步、玩耍和"坐下"多得多。

家庭犬

狗狗在我们的社会中的定位是非常清晰的。人类在对狗狗的职位描述中希望拥有一个万能博士，可以胜任家庭生活的所有挑战——从看家护院到孩子们的好伙伴。

它应该简单、友好、易于相处，遇到危险可以保护主人。

它应该有良好的社会行为，如果孩子们让它生气了，它也不可以恐吓孩子们。

它应该滑稽有趣，可以和主人愉快地玩耍，但是当主人没有时间陪它时，也能保持安静。

它应该时刻保持警惕，见到陌生人到来就发出警告，但是叫声不能扰民。

它应该身体健康，和主人做运动的时候可以跟得上他，但是也要懂得适度，不要让自己的体力透支。

它应该喜欢和人亲近，但是如果把它单独留在家里，也不能有怨言。

不管在城市还是在乡村，它都可以适应，能在饭店里表现良好，需要它坐车的时候就乖乖地坐车。

它应该听话，不能追逐跑来跑去的兔子和猫。

投入 我总是会吃惊，这些职位描述即使去掉一两条，也是几乎不可能实现的，但竟然还是有这么多狗狗可以胜任这项要求如此之高的工作。但是大多数时候我们忽视了一点，就是教会狗狗这些要付出必要的努力。想要让狗狗和人的共同生活自然而顺利地进行，需要付出大量的时间和精力。所有和谐的人狗关系都可以证明，这些付出是值得的，在德国有超过500万人和狗狗共同生活。

反面 很可惜，有关与狗狗的幸福生活的美梦并不总是有一个团圆的大结局，看看那些生活在动物保护协会中的狗狗吧。人们把自己家的狗狗送到动物收容所时，说得最多的两个理由是养狗对于他们来说不能胜任或者他们没有时间照顾狗狗。许多狗狗被忽视、被驱逐或者被遗弃——每年有超过10万只狗狗在寻找新的家庭。您在打算养一只宠物之前，一定要好好思考，因为养一只宠物意味着您将承担起让它幸福安康的责任。

社会伴侣

对许多人来说，狗狗是他们最重要的或者

实用信息

想让您的狗狗成为家庭中一名优秀的伴侣，需要做到以下几点：

→ 选择（见 56 页）。某些品种的狗狗特有的才能和个体的天赋应该与人类以及他们的生活相适应。

→ 社会化（见 34 页）。狗狗适应不同的外界刺激，行为举止与社会环境相适应，并且有能力适应新的情况。

→ 教育（见 212 页）。狗狗学会接受一些限制和基本的命令。

→ 引导（见 195 页）。设定一个框架，待在里面狗狗可以感到安全和自由。

→ 活动（见 235 页）。对狗狗的培养和要求都要根据其自身的特点，这样它才能均衡发展。

如果孩子们在成长过程中有了狗狗的陪伴，他们可以多方面获益。前提条件是：父母给予孩子和狗狗正确的引导

现如今，到处都能看到狗狗陪伴在人类的身边。在城市里看到这种景象也是很自然的，狗狗给城市增添了一些接近大自然的因素

和狗狗在一起，人类可以克服内心的懒惰，一起做运动，收获更多的乐趣

唯一的社会伙伴。身边有一只狗狗意味着要照顾它、关心它，对它负责。这种"被需要"的感觉不仅对于独居的老人来说是一种基础需求，对于很多年轻人来说也一样。是狗狗填补了他们社会生活中的一个空白。只要一直注意这一点就不会出问题：不要把狗狗人类化，不要强迫它们去做它们不可能完成的事。孩子们觉得狗狗会无条件地接受他们，但是想要让狗狗对孩子们用心，孩子们就必须学会尊重狗狗。在这个过程中孩子们也学会了生活中有用的社会能力。

业余时间伴侣

和狗狗一起散步、漫游、慢跑或者骑自行车，有了陪伴者，这些活动就更有乐趣了。如果身边有一只狗狗等着你，和你一起出去散步运动，人们能很容易战胜内心的懒惰。

狗狗甚至可以成为您的兴趣爱好，唤起新的活动的乐趣。狗狗运动（见246页）越来越受欢迎：不管是主人和狗狗一起完成的需要注意力高度集中的跨越障碍赛跑，还是向别人展示主人对狗狗的训练成果，甚至是杂耍。越来越多的人追捧的一项活动是狗狗的"鼻子工作"（见253页），例如让狗狗叼来小的猎物，以及不同形式的根据足迹追逐猎物。

要求更高的活动是训练狗狗做救援工作（见258页）。通过训练，狗狗可以完成拯救人类生命的任务。狗狗一旦接受了这个工作，就没有时间发展其他的兴趣爱好了。这项工作需要每周抽出很多时间进行训练。除此之外，还要有搜寻的训练。

朋友·小帮手

许多狗狗的工作要求都很高，它们每天在工作岗位上向人们展示自己的能力和成就。在警察局，狗狗帮助警察逮捕罪犯；在海关，狗狗帮助海关工作人员寻找毒品；狗狗还会代替人类进入建筑物寻找炸弹。它们帮助残障人士正常生活，在治疗中给予病人继续活下去的勇气，狗狗能够寻找霉菌改善人类的居住环境，有些狗狗还可以比医疗设备更精准地发现一些疾病（见19页）。

仅仅是它们的出现就可以帮助学校里的孩子们更好地学习，还可以帮助患有痴呆症的人与周围的世界进行交流。这些只是狗狗为这个社会所做的贡献中的几个小例子——它们还在持续地为社会做着贡献。

狗狗做了好事

狗狗已经走进了职场。越来越多的老板同意下属把狗狗带到办公室、商店或者车间。这不仅让狗狗的主人非常开心，也让他的同事和上司很高兴（见46页实用信息）。研究证明，带狗狗上班不仅可以传播好心情，提高团队工作能力，还能让同事们少生病，减少压力，提高工作效率和解决问题的能力。而且狗狗做这

社会和友谊：狗狗给予人类爱和亲密，它们需要人类的关怀，和它们在一起让生活变得丰富多彩，和它们进行交流非常简单

工作岗位上的成功：狗狗同事虽然很少见，但是在很多公司里，狗狗已经成为重要成员，所有人都很喜欢它们

救援犬投入使用：为了让狗狗能够胜任救援中的工作，必须对它进行强化训练。许多得到狗狗救助的人都非常感谢它们

些都是免费的，不需要付给它们工资。

科学的焦点

许多研究都是关于动物——尤其是狗狗——对人的积极影响。相关人士进行了测量血压、分析荷尔蒙、问卷调查、观察和测试等研究工作。简而言之，研究结果是这样的：狗狗做了好事。

带来舒适感的狗狗

在和狗狗一起散步的过程中，运动和新鲜的空气对心脏循环系统、免疫系统和体重都有积极的影响。在爱抚狗狗的时候，您的血压和心跳频率已经下降了，有时候它们仅仅陪在您身边就可以达到这样的效果。原因

实用信息

狗狗同事：让工作更有乐趣

➡ 老板不同意是不行的。也要问问您的团队，并且要顾及害怕狗狗或者对狗狗过敏的同事。

➡ 狗狗必须受过训练，不随地大小便，身体护理得当，开朗友好，主人不在的时候也能耐心地等待。

➡ 狗狗需要一个安静的地方，可以不受打扰地趴在那里。

➡ 工作地点不能对狗狗有害（例如噪音、有毒物质），要注意卫生条例。

➡ 要有遛狗的时间。

➡ 对于人和狗来说什么是可以做的，什么是不能做的，所有人都要清楚。

是催产素的分泌增多了，这种荷尔蒙也被称为"舒适荷尔蒙"，可以促使人们心情放松。

罗斯托克大学的亨利·朱利叶斯博士研究了狗狗对孩子们的心理状态产生的影响，结果表明，如果人们在感到压力的时候向狗狗寻求帮助，血液中的压力荷尔蒙皮质醇含量就会下降。

在所有领域都是积极的

狗狗能够为它的主人提供依靠，关心主人的幸福和健康，为主人制订一天的行程安排。对于失业者和离婚人士来说，狗狗的陪伴还有保持社会稳定的作用。养狗的人生活比较快乐，很少生病，即使生病了，也很快就能痊愈。而且家里养宠物的老人预估寿命更长。还有很多狗狗对我们的生活产生积极影响的事例。

科学家们想要研究狗狗对人类产生积极影响的原因，可以肯定的是，这种积极的影响确实存在。但是只有狗狗在这个家庭中得到所有成员的喜爱，得到他们正确的对待，它才能发挥这样的作用。如果对狗狗和人的要求过高，这就会成为双方的负担。每一个养狗的人都有过把自家的狗狗捧到月亮上去的想法，因为这个调皮鬼在散步的时候自己走了另一条路，把垃圾桶里的东西都刨了出来或者偷拿了主人的新鞋。但是只要看一眼这张可爱的脸，您心中的怒气就消失了，也清楚地知道，即使给您100万欧元，您也不会把这个捣蛋鬼卖掉的，因为没有它，您的生活将会变得索然无味。

狗狗是这样起作用的

养狗的人有更多的社交活动，看上去也更值得信任。

带着狗狗出门的人，能更多地得到路人的微笑和搭讪（Wells, 2004）。那些带着一只友好的狗狗出门的男性，得到女性路人的电话号码的概率更高（Guegen & Ciccotti, 2008）。狗狗能帮助主人调情也已经得到了科学证明。

狗狗不仅可以预防心肌梗死，而且在主人患了心肌梗死之后，还可以帮助主人延长生命。

芬兰的研究者已经证实，和狗狗快速散步的过程中人的毛细血管会扩张，血液流动更顺畅，因此降低了心肌梗死的发病率。那么在人患了心肌梗死以后呢？纽约的生物学教授艾瑞卡·弗里德曼在研究中得出结论：在病人因为心绞痛或者心肌梗死被送进医院之后一年，那些没有养宠物的病人中有50%去世了，而养宠物的病人中只有6%去世。

狗狗可以明显降低孩子患过敏症和哮喘的危险。

在德国慕尼黑的亥姆霍兹中心，以约阿希姆·海因里希为首的研究团队在对近一万名儿童进行研究之后得出这样的结论：孩子从一出生就和狗狗生活在一起，在以后的生活中患过敏症或者哮喘的概率比那些没有和狗狗一起成长的孩子要低50%。偶尔和狗狗接触是不够的。不莱梅预防研究和社会医学研究所的一项研究不推荐有过敏遗传史的家庭养狗，因为养狗会增加孩子患哮喘、花粉热或者神经性皮肤炎的概率。

狗狗需要这些

狗狗没有很高的要求：一个舒适的睡觉的地方，规律的吃饭时间以及身体健康。最重要的一点是，它们被当作狗来对待。

当然，基本条件也要具备，这样狗狗才能健康地生活。

这涉及的不仅仅是房子和花园，还有周围环境。不是所有的狗狗都来自田野、草地和树林之间，换句话说，不是所有狗狗都必须生活在这样的环境中。许多狗狗在城市里也能生活得很幸福，只要它们有足够的活动空间，可以接触到大自然。有些狗狗对声音非常敏感，例如牧羊犬一类，城市太吵了，狗狗生活在这种环境中会感到压力很大，就

好比人类生活在机场附近。那些从小在远离尘嚣的田园中长大的狗狗，一旦来到城市里，过不了多久就会受不了城市的喧嚣了。

居住环境

一想到和狗狗生活在一起，人们心目中最理想的居所一定是一所漂亮的房子，再加上一个美丽的大花园。

我的房子，我的花园

事实上，养某些狗狗确实需要拥有自己的房子，例如牲畜护卫犬，它们的使命就是守卫。北方犬通常喜欢在室外活动，皮毛比较厚的狗狗，例如纽芬兰犬，它们喜欢在凉爽的海风中趴着，再如活泼好动的牧羊犬，待在四面是墙的房子里对于它们来说等同于囚禁。

拥有的美好　拥有一块可以玩耍的草坪，小狗会感到非常开心，它们可以在那里随心所欲地嬉戏。那些曾经养过狗狗的人，完全了解这种情景：当狗狗在晚上突然有紧急需求的时候，它能马上跑到花园里去，这对于它来说是多么的舒服。

不是借口　有一件事可不是花园可以满足的：主人可能会拿花园当借口，不带狗狗外出散步。没有任何一个花园可以代替每天的遛狗。

公寓房

在公寓房里生活的狗狗也可以很幸福。前提是选择适合生活在室内的狗狗，除此之外还要有靠谱的主人，为狗狗提供除了散步以外的其他活动来平衡减少的室外活动。您是生活在宫殿里还是一居室里，对于狗狗来说都无所谓，它需要的是获得了身体和精神所需的活动。

预防矛盾　一栋房子里生活着很多人的时候就容易发生矛盾。楼梯间里的湿爪子印还算是小事，更多时候引起争吵的是狗狗的叫声。因此，如果您周围邻居很多，就不适合养一只警惕性高、喜欢吠叫的狗狗，不管您是住在租的房子里，还是自己的房子或者联排住宅里。

环境

生活在乡下的狗狗出门就是可以散步的漂亮的小路，而在城市里就没这么简单了。不是随便在哪里都能打开门就看到一个公园，可以自由奔跑的区域也非常稀有。但是没有一只狗狗喜欢一直踩在柏油马路上。为了让狗狗可以在草地上嬉戏玩耍，主人必须经常开车带它去郊外——这需要花费很多钱。

人类的付出

让自己精疲力尽，让自己天生的和后天习得的才能得到应用，生活在一个可以为自

不是每只狗狗都需要一个花园，但是打开房门就能看到一片绿地会让很多事变得容易

一定要抽出时间和狗狗亲密互动，这种亲近对狗狗和人都是有好处的，只有这样狗狗才能建立起对主人的信任

教育需要时间，想养狗的人必须将这部分时间计划进去

和狗狗一起玩耍、工作，要注意劳逸结合。狗主人抽时间做这些事是在为建立一段良好的关系做投资，并且会从中得到快乐

己提供稳定的外部条件和安全感的社会结构中，这些都属于狗狗的生活。人类可能犯的最大的错误就是把狗狗人类化，把自己的需求转移到狗狗身上。

对于一只狗狗来说，得到宠爱并不意味着主人给它买很多玩具。当它的主人肯抽出时间跟它一起散步、玩耍、工作，让它依偎在自己身边，这时的狗狗才算是幸福的。您能给予狗狗的最宝贵的东西就是您的关心。您的狗狗会因此而感谢您信任您、对您发出的命令无条件服从。

时间要素

这些本身很简单的需求让狗狗成为主角，它不只是家里可有可无的成员，而是需要大家多多关注的。

基础常识。狗狗需要食物，根据狗狗的年龄和饮食习惯的不同，每天要给它喂食一到四次。食物必须是适合狗狗吃的。

除此之外还有身体护理（见148页）。给某些品种的狗狗刷毛和梳理皮毛是举手之劳的事，但是有些狗狗毛发蓬乱，就需要主人每周花费很多时间来为它梳理了。

还有在家里进行的定期的身体检查（见154页）。如果有必要，还要给狗狗刷牙，清理耳朵、皮肤褶皱，在散步之后要给它清洗弄脏了的爪子。

健康预防措施有除虫（见152页）、疫苗注射（见161页）和动物医生检查。

引导和信任

以游戏的方式认识世界、锻炼身体、学习社会交际的规则，这些是小狗最重要的任务。为了完成这些任务，狗狗需要人的引导。如果您把一只小狗带回了家，那么您就是它的家人了，要承担起相应的责任。请给小狗设定一个框架，也要给它一些自由发展的空间。

有些事是永远不会改变的 这个框架，成年的狗狗也需要，不管它是从小在您身边长大还是来您家不久。您要赢得它的信任（见197页），这是你们相处的基础。视觉和听觉信号（见215页实用信息）可以帮助您在日常生活中对它进行管理。当狗狗相信您，对您有正面评价时，就对您产生了信赖。它必须相信，遇到困难的时候，您会站在它这一边，不会抛弃它不管。

举个例子：当您的狗狗受到同类威胁的时候，请不要让它独自面对。对危险的防御是一家之主的任务！在这种情况下您需要自信，不能表现得慌里慌张。有些人自豪地说自家的狗狗是条"硬汉"，面对挑衅毫不犹豫冲上前，他们这样说只能显示出自己缺乏勇气和自主能力。

共同成长 在散步的时候，在训练的时候，或者在日常生活中，狗狗和它们的主人作为一个团队，共同迎接挑战，在这个过程中，人和狗的关系日益稳固。

例行公事 规律的日程安排听起来很无聊，实则不然，它可以给狗狗带来安全感，同时也可以更好地利用零碎时间。

允许亲密

对于狗狗来说，和主人间的亲密是一种基本需求。当您读书或者舒服地看电影时，狗狗依偎在您的身边或者趴在您的身上，这种行为可以使您和狗狗的关系变得更亲密。

不能毫无限制地亲近 您和狗狗身体上的亲密对于它来说是一种资源，您需要和狗狗保持亲密的关系，但是也不能让它每次索要时都能得到。这并不是冷酷无情，而是一种正常的行为。狗狗之间也并不是只要一只狗狗向另一只狗狗要求亲近，另只狗狗就马上放下自己的事情，满足它的需求。它们也是只有自己想要亲近的时候，才会和对方亲近。

运动和活动

两者都是狗狗的基本需求 当一只狗狗身体和精神的能力都得到最大程度的发挥时，它才能成为您所希望的伴侣。散步的距离对狗狗来说是否足够，狗狗是否需要去俱乐部或狗狗学校进行训练，是否要一起做运动或者做一些要求很高的工作以及花费多少时间，取决于狗狗的品种及个体的特征。

暂停 休息时间和活动一样重要，活动过量会使狗狗陷入持续的压力之中，从而做出一些您所不愿意看到的行为。

购买之前重要的决定

狗狗是非常棒的伴侣，它们会一直陪伴在主人身边，和主人做游戏，相互依偎，一切看起来都很和谐。但是，事情真的这么简单吗?

电影和广告中展现的是美化后的人与狗的共同生活：狗狗姿态优美地趴在沙发上等待主人下班回家，期待着吃完饭后的公园散步。这种光鲜亮丽的生活背后可能完全是另一种景象：主人不得不打扫房间，因为他的狗狗拉肚子了。这虽然是个例，但是在真实的生活中确实存在。那些平时很忙又想养狗的人，在做决定之前一定要好好考虑一下。如果您能充分了解养狗意味着什么，那么它将会让您的生活变得丰富多彩。

家庭会议

养狗这个决定将会改变您的生活。您要做出妥协，改变生活规律，甚至要放弃固有的生活习惯。

狗狗会给您的家带来欢乐，也会带来麻烦。

有了狗狗，您每天都要带它出门散步，天气不好也一样。

全家人的日程安排都要按照狗狗的生活

进行调整，您的活动也要按照它的需求进行调整，帮助它融入您的生活。

当然，给予它适当的训练，就可以把它单独留在家里几个小时了。

狗狗可以从您的眼神中看出您的所有愿望，前提是您要把它当作狗狗来对待，给它相应的训练。

当您能够让它对您产生信任，它就会跟着您到处跑。

它可以帮助人远离日常生活的压力，但是要完成这个任务，狗狗自身必须要保持健康。而这需要您给予它适度的关心和照料。

足够的运动和良好的饮食是狗狗保持健康的基础，尽管如此，狗狗还是会生病。这时候它也许需要您全天候的照顾，治病的花费也会很高。

如果您的狗狗受到过适宜的教育，它就会听您的话。即便如此，它也不会像一台机器一样按照您的命令运转，有时候它也会让人非常生气。

只要它的身体状况和健康状况良好，它就会是一个优秀的运动健将。

您读了上面的话，是不是觉得我在说服您放弃养狗计划？如果您决定养狗，那么请一定要坚定信念，始终如一，全心全意。因为和狗狗生活在一起并不像广告里那样光鲜亮丽。

共同做决定

您要为狗狗付出很多时间、精力以及金钱。一只中等大小的狗狗，在饮食和身体护理方面没有特殊的要求，一个月也要花费150欧元（没有上限），还不包括购买各种设备、装置和给狗狗看病的钱。您最好和其他家庭成员一起讨论一下，共同做出决定：是否做好了准备？现在是不是接收新的家庭成员的合适时机？如果答案是肯定的，还有其他几个问题需要说明。

必须要说明以下几点

成年人要对狗狗的教育和健康负责任。孩子们也可以参与到照顾狗狗的工作中来，承担一定的任务，但是要考虑到孩子的年龄和能力（见116页）。

过敏症　您家里有人患过敏症吗？在养狗之前，请向动物医生询问清楚：家里有人患有过敏症可以养狗吗？某些品种的狗狗

在做出养狗的决定之前，要好好考虑，和全体家庭成员一起商量

（见97页拉戈托罗马阁挪露犬，以及100页贵宾犬由于皮毛结构比较特殊，可以成为那些过敏症患者的选择。

居住情况 您是生活在自己家的房子里吗？如果是，就没有什么能妨碍您养狗了。如果您是住在租的房子或者公寓里（见49页），那么情况就不一样了，因为不是所有地方都允许养狗。

谁能帮您照顾您的狗狗?

尽管您计划得很好，还是会出现需要别人替您照顾狗狗的情况，例如您生病了，有公事要处理或者要出门度假（见262页）。如果您在亲戚朋友中找不到合适的人，那么您应该向为狗狗服务的托管机构（见265页）寻求帮助。

✖ 小测试: 我适合养狗吗?

在决定养狗之前要先做个测试，看看您是否准备好了，有能力和狗狗分享您的生活，满足它的各种需要。

	是	否
1. 如果有必要，您可以把狗狗的幸福放在您的利益之上吗?	□	□
2. 您能做到不管天气怎样每天都去遛狗吗?	□	□
3. 您愿意为狗狗的教育和活动抽出时间吗?	□	□
4. 您能接受狗狗把家里弄得很脏，甚至有难闻的气味吗?	□	□
5. 当教育狗狗遇到困难的时候，您能保持耐心吗?	□	□
6. 您会为生病的狗狗或者年纪较大的狗狗付出额外的精力吗?	□	□
7. 狗狗会花费很多钱，您有把狗狗生病的花费计划进去吗?	□	□

答案：只有当您对以上问题的回答都是"是"的时候，您才算是适合养狗的人。每出现一个回答"否"的问题，您都要好好思考一下，目前您是否适合养狗。

找到合适的狗狗

拥有一个四条腿的小伙伴，忠诚地陪在您的身边，和您同甘共苦——找到合适的狗狗，您就可以实现这个愿望了。

不同的人对狗狗有不同的要求。单身贵族的生活和有孩子或者退休老人的家庭是完全不同的。生活在城市里和乡村以及郊区也有所不同。这些因素在您选择狗狗的时候都要考虑到。养狗的过程中出现的问题多是因为狗狗的品种、个性和它们的主人及生活环境合不来。选择狗狗这件事将会对您未来10年、12年或者更长时间的生活产生影响。请您选择一只合适的狗狗，让它在您家舒适地

生活，同时它也可以丰富所有人的生活。

应该是什么样的？

共同生活的关键是真诚。请您和家人一起讨论，您对于养狗是如何设想的，您对此将做出怎样的付出？

找到共同点

不论是电脑、电视还是汽车，人们在购买新的设备之前都要对它的性能进行了解。

狗狗不是物品，和科技设备不同，它们是有感觉的生物。如果它在您家感到不自在，不仅它的生活质量会下降，您的生活质量也会下降。正因如此，在选择狗狗的时候一定要花足够的时间，考虑周到，只有这样，狗狗才能和主人幸福地生活在一起。

选择的标准　当您为电脑购买软件的时候，您会考虑需要哪些应用，是操作简单一些的，还是专业人员使用的版本。接下来要考虑的是这个程序能不能在您的电脑上运行，也就是说软件和硬件是否兼容。您可以把这套标准应用到选择狗狗上来。您要选择合适的品种，以及考虑狗狗的个性是否适合您。

狗狗不同品种的特性、个体天赋以及学习经历限制了它们的应用领域。例如，有极高的狩猎热情的狗狗、可以放牧的狗狗或者警惕性高、适合看门的狗狗。

还有一些拥有特殊技能的狗狗，能做很多专业性很强的工作。如果仅仅让它们作为家庭宠物，它们和它们的主人都不会幸福的。

硬件包括居住情况和周围环境。有些狗狗需要大房子和花园才能生活得幸福，有些狗狗则不需要。

里面藏着什么？狗狗的天性少被人知

实用信息

适合不同群体的狗狗的性格

- ➡ 养狗新手：喜欢学习，学习起来比较容易，没有保护性行为，区域性不强，合适的活动需求，独立性不强，没有明显的狩猎行为。
- ➡ 一家人：适应能力强，喜欢玩耍，适度的活动需求，没有保护性行为，区域性不强，身体健壮。
- ➡ 单身贵族：适应能力强，可以单独在家，其他要根据经验、生活方式和环境来定。
- ➡ 老年人：中小体形，适度的活动需求，没有保护性行为，区域性不强，适应能力强，注重和主人的交流。

操作系统就是您和其他的家庭成员。您有多少时间可以用来照顾狗狗？您愿意花时间和狗狗一起散步、运动或者工作吗？您的领导能力如何？

如果您不确定这只狗狗是否适合您，可以向专业的狗狗训练师咨询。

纯种狗

把某些狗狗统一成一个品种的标准，除了外表特征，还有它们完成原始任务的能力。

变种　狗狗典型的外貌特征和行为特征都被写进了品种标准。大多数品种都有明显不同的变种，它们的皮毛颜色或者毛发的结构不同，极少数品种内部可以根据体形大小划分为不同的变种。

标准化的狗狗　狗狗的有些性格特征是天生的。例如杰克拉西尔梗非常强壮，格雷伊猎犬喜欢奔跑，边境牧羊犬热爱追赶其他

尽管纯种狗的性格可以事先预知，但是请记得每只狗狗都是独一无二的个体

动物。尽管如此，在同一品种的狗狗之间也存在着个体差异。不是每一只拉布拉多猎犬都是天生的猎手，不是每一只杜宾犬都能抓老鼠，也不是每一只爱尔兰赛特犬都能在主人打猎的时候发现猎物就警觉地立定。尽管同一品种的狗狗外表看起来是一样的，但它们都是独立的个体，有着不同的才能和个性。

获取广泛的信息　您从本书的70页开始可以找到一些纯种狗的信息和它们的照片。您可以联系狗狗的品种标准来调整您对狗狗特点的设想。如果您觉得某个品种可能适合您，就多了解一些关于它的信息，再做最终确定。

您可以向纯种狗饲养协会和饲养者（见64页）了解情况。如果有多个饲养协会，您应该和每一个都进行联系。也建议您不要仅仅局限于和一个饲养者联系。

您认识饲养这个品种的狗的人吗？您可以直接向他们请教养狗的经验，以及真实的养狗生活是什么样的。

您可以向动物医生询问这个品种的狗狗最容易患的疾病是什么，以及在选择的过程中应该注意些什么。

杂种狗

杂种狗并不是养狗者退而求其次的选择，许多人更愿意选择杂种狗。它们的优秀甚至可以超越它们的纯种同类。

里面藏着什么　为了找到适合您的杂种

狗，您必须了解纯种狗的典型特征，因为每一只杂种狗身体里都藏着至少两个品种狗狗的特征。

一只边境牧羊犬的杂交品种多会有较高的活动需求，一只枪猎犬的杂交品种会有一个灵敏的鼻子，一只霍夫瓦尔特犬的杂交品种可能是一个杰出的领地看守者。

如果无法确定一只杂交狗的父母，那么和它有关的品种也就只能通过猜测才能知道了。虽然狗狗的外貌可以提供一些线索，但是只凭它的外貌就推测和它有关的品种容易误入歧途。如果您有机会认识狗狗的父母最好，这样就可以更好地了解它们的特征和性格。

保障健康　一只杂种狗的基因来源非常多，如果它被照顾得非常仔细，可能它的健康状况要比一只纯种狗的健康状况更好。尽管如此，并不意味着这只杂种狗就不会生病了，没有什么能保障狗狗永远都健康不生病。

人工干预杂交的狗狗　这种狗狗是有目的地将两种狗狗进行交配得出的杂交品种。这种操作有时候很有意义，可以尽可能降低纯种狗易得的典型疾病的发病率。但是也经常引起质疑和讨论，尤其是当两个本身就很高贵的品种进行杂交的时候，例如威玛猎犬和英国哈巴狗或者澳大利亚牧羊犬和西伯利亚雪橇犬。这些狗狗的杂交品种的价格并不比纯种狗低。

公狗还是母狗

一般公狗的体形更高大魁梧，母狗性格

注意事项

对于您来说什么最重要？

请选择您比较看重的狗狗的特性，这可以简化您对纯种狗典型特征的认识。

○ 可爱的伙伴，听话温顺的伴侣，可以放松地自由活动

○ 长时间运动的好搭档

○ 身体强壮，喜欢玩耍，对孩子有足够的耐心

○ 一些要求较高的工作专家

○ 会看家护院

○ 适度的活动需求

更温柔。一只狗对主人的依赖程度更多地取决于它的性格，而不是性别。

受荷尔蒙分泌的影响，有些公狗倾向于在遇到同性同类时向它们展示自己的"大男子气概"，这种情况就需要主人具有良好的引导能力。一些品种的狗狗表现得尤其明显，例如威玛猎犬、罗德西亚脊背犬，以及具有突出的保护性行为的犬类。

公狗比母狗更喜欢做记号，有些公狗在这方面非常勤奋。这属于一种自然的行为，但是如果这种行为让人觉得困扰，也可以通过人为训练改变这种行为。

大多数情况下，母狗一年发情（见179页）两次。母狗发情期会有分泌物和血从

阴道流出。荷尔蒙的改变会让狗狗的感情产生混乱，这对于它们和它们的主人来说都不是件容易的事。在这个"狂热"时期，会有很多公狗不请自来，因此要时刻注意，也许会出现意外怀孕。

在每次发情期结束以后都会出现假孕现象（见178页），这种现象大多不会很明显，但是也有特例。

阉割手术（见181页）经常可以作为让狗狗适应人类需求的一种手段，但是不能毫无缘由地给狗狗做阉割手术。是否需要做手术，取决于每只狗狗的个体情况。

小狗，还是年龄比较大的狗狗

小狗用它们充满稚气的大眼睛和扁平的小鼻子俘获了主人的芳心。第一眼看到小狗，许多人就立马决定，必须养一只小狗。但有时候养一只已经成年的狗狗其实是更好的选择。两者都需要主人的付出和关怀，才能尽快融入新的家庭。

小狗　小狗满怀对世界的探索欲望，开始了它们的生活。谁不想参与进来呢？从一只狗狗小的时候就开始陪伴着它，是一件非常快乐的事，但这同时也是一项重要任务。您要在它成长的过程中引导它，陪伴它的成长。仅仅偶尔和小狗玩耍一下并不够，因为狗狗的社会化（见34页）不是按照人类的时间进行的，教育它们是一项很复杂的工作。

家里有小孩子或者每天生活很忙碌、吵闹的家庭养小狗很容易感到疲惫，因为在刚开始养小狗的时候需要很多时间去照顾它，像养个小孩儿似的。

小狗脑袋里总是有些乱七八糟的想法，人们经常小看了它们的活力。对于年龄比较大的人或者身体有缺陷的人来说，养一只已经成年的、比较安静的狗狗是个更好的选择。

此外，体形比较大的狗狗的幼犬在饮食和运动方面的要求非常高。

已经成年的狗狗　对于老年人或者没时间教育小狗的饲养者来说，养一只已经成年的狗狗是个很好的选择。对于那些第一次养狗的人来说，购买一只已经成年的狗狗也是一个正确的选择。

在动物保护协会和狗狗饲养者那里有许多非常友好的、成长环境简单的成年狗狗。

如果您能够了解狗狗的成长史，那么它的性格和行为习惯也就更好掌握了。

成年狗狗也需要时间来适应新的家庭和接受适当的教育，不同的成长背景和性格所需要的时间多少也不同。如果您遇到了比较难养的狗狗，最好一开始就要和狗狗训练者取得联系获取帮助。

狗狗的年龄越大，越容易生病，也就意味着您和它告别的时间越早。这一点您必须要考虑到。尽管如此，陪狗狗安度晚年，也将成为您的一段美好的经历。

一开始就养两只

您在两只狗狗之间选择，不知道该选哪一只，还是考虑要两只一起养？如果这个决定非常困难，那么您可以先养一只。其实养一只小狗就够您忙的了！如果这只调皮的小狗能够健康长大，您可以考虑再让第二只小狗进家。这时候，第一只狗狗就成了第二只小狗的榜样了，第二只在很多事情上会向第一只学习。

如果您更想一开始就养两只狗，在动物保护协会有很多"捆绑销售"的成年狗狗，要两只一起养才可以。它们两个可以互相依靠，适应新家的过程也会变得简单一些。尽管如此，主人还是需要认真对待每一只狗狗，这样才能同它们建立起良好的关系。

实用信息

书面的购买合同可以提供保障

➡ 在合同中不要让狗狗的饲养者免除一切责任。

➡ 请您仔细检查狗狗。如果它很健康，要在合同中注明，如果有缺陷，也要注明。

➡ 如果在购买之后狗狗出现了合同中没有的缺陷（例如某种疾病），而这种缺陷是购买的时候已经存在的，那么可以要求解约或者赔偿损失。

➡ 如果狗狗有缺陷，而狗狗的原饲养者并不配合，您可以向律师寻求帮助。

为什么不接受一只年龄比较大的狗狗呢？大多数的成年狗狗也能很好地融入您的家庭。对于第一次养狗的人来说，养一只年龄比较大的狗狗是个比养小狗崽更好的选择

我的新伙伴从哪里来

想要找到一只适合您的狗狗，您可以通过杂志、报纸和网络获取信息。狗狗饲养者、动物保护者等可以提供各个品种、各个年龄段的纯种狗和杂种狗。您要认真选择，找到一个可靠的提供者（见右侧实用信息），他应该更看重是否能为您提供适合您的狗狗，而不是他的利益。

动物保护协会

不管您想要一只什么样的狗狗，在各类动物保护组织那里总能找到想要的那一只：那里有杂种狗、纯种狗、年龄小的狗狗、成年狗狗以及上了年纪的狗狗，还有适合第一次养狗的人的狗狗，适合养狗经验丰富的人的狗狗，以及适合有特殊需求的人

养的狗狗。

可靠的动物保护者应具有以下特点：

透明度：目标、结构、工作方法公开，如果客户要求公开财政，也会满足客户要求。网站主页要公布负责人和联系人。

组织性：狗狗们寄养在自己的动物收容所或者托管机构。您可以直接向护理员了解狗狗的具体信息。

准备充分：工作人员和助手在他们力所

实用信息

不论是动物保护协会、狗狗饲养者还是其他组织，只有满足以下几点才是正规机构：

- ➡ 他们会详细询问您的生活状况和过往的养狗经验，会和您讨论这只狗狗是否适合您，也许会为您推荐一只最适合您的狗狗。
- ➡ 他们不会给您施加压力，不管是时间上的还是情感上的。
- ➡ 根据德国动物保护法犬类管理条例，小狗只有超过八周大才可以跟狗妈妈分开。
- ➡ 狗狗住的地方干净、整洁，它们有足够的空间、被褥和狗篮。
- ➡ 他们会提供狗狗所需要的所有证件，至少要有疫苗注射证。
- ➡ 有可信任的医学证明。
- ➡ 所有狗狗都有除虫和接种疫苗。
- ➡ 他们会告知您狗狗的成长背景。对于每一只狗狗的性格和行为特点，您也有知情权。如果狗狗有特殊之处，他们应该告诉您这种特殊之处对于养狗来说有什么意义。
- ➡ 在您把狗狗带回家以后，如果遇到问题还是可以向他们寻求帮助。

能及的范围内努力做好对狗狗的教育和社会行为的培养。

提供咨询：好的动物保护者在推销自己的狗狗时不会打同情牌。在公开、坦率的对话中您可以了解到狗狗的真实信息，他们会就狗狗饲养的各个方面为您提供真实、全面的信息。咨询谈话的质量直接关系到介绍狗狗的成败：您对狗狗本身、它的成长背景以及性格知道得越多，您就越好做决

定。尽管如此，这仍不是一件能瞬间完成的事。

认识狗狗：您可以在做出决定之前和狗狗相处，跟它出去散步。

进行调查：在把狗狗移交给您之前，他们会到您家里进行调查。

签订合同：在移交合同签订以后，您就可以把狗狗带回家了，大多数情况下您需要交一定的保护费用。如果您和狗狗的共同生

✕ 小测试：优秀的饲养者

您和饲养者以及他们的狗狗之间的"化学反应"要正确才行。请您测试一下，他对自己的狗狗能不能找到好的买家是否足够重视。

	是	否
1. 即使您没有购买他家狗狗的计划，他也欢迎您的来访，并且肯抽出时间为您提供有关狗狗的品种以及他家狗狗的权威的咨询。	□	□
2. 他向您展示他家的狗狗，并且可以描述狗狗的性格。他家的狗狗身体健康，保养得当，开朗友好，不胆小怕生或者有攻击性。	□	□
3. 狗狗的价格合适，不太高也不太低。	□	□
4. 狗狗和他的家庭成员有交流。除了外出散步，他还为狗狗准备可以玩耍、游戏的不同设施。	□	□
5. 饲养者在决定把狗狗卖给您之前，他会想要认识、了解您，也会让您经常来拜访小狗。	□	□

答案：以上问题的答案都要是肯定的才行。上述问题中只要有一个问题的答案是否定的，您就不要在这里买狗。

活不是那么令人满意，这个组织可能会重新把狗狗带走。

带有同情的买卖

动物保护是值得尊重的工作，每一位从事这项工作的人都值得我们敬佩。但是很可惜，总有那么一些人打着动物保护的旗号从事牟利的营生。有一些国外的动物保护组织收养的狗狗被这些商人出于纯粹的利益考虑进口到国内，甚至有些狗狗被有目的地"生产"出来，被冠以"动物保护组织的狗狗"卖掉。请您不要上当，也不要支持这些人。如果您想从动物保护组织那里买狗，请去正规的组织。

从狗狗饲养者那里买狗

有一些狗狗饲养者真的很好，他们献身于狗狗的饲养工作，全心全意地把自己的时间和爱心奉献给他们四条腿的朋友们。这些饲养者没有什么好隐藏的，他们会非常高兴地为您提供机会深入到他们与狗狗的生活中，即使您只是有兴趣了解一些信息，他们也会非常乐意帮助您。他们的目标是培育一些健康的、适应社会的狗狗，让它们能更好地适应今后的生活。您要找的正是这样的饲养者，做不到这些的饲养者也不会让您满意的。

满怀责任心地养狗

狗狗的饲养者如果加入了纯种狗饲养协会，就应该遵照协会针对每个品种的狗狗的外貌和行为所制定的标准。在德国主管这项工作的是德国犬类联合会，它下属的纯种狗饲养协会有一百五十多个。这些饲养协会为狗狗的饲养制定一些准则，例如空间条件等。饲养的狗狗必须保持健康，接受疫苗接种，在狗狗的展览会上至少要拿到最低分数。根据狗狗种类的不同，有些种类的狗狗还需要有额外的证明，例如狩猎证明、某些健康检查证明，或者性格测试等，有了这些证明才可以饲养这些狗狗。管理员负责对每一只小狗进行鉴定和检查，检查它们是否接受了除虫、疫苗接种、添加标识，信息是否准确无误等。

小贴士：请您咨询尽可能多的饲养协会，向他们询问您想要购买的那个品种的狗狗的饲养条件、健康证明以及市场价格。

养狗

怎样才是正确的养狗方式？先来回答一个问题吧：您想要一只狗吗？狗狗必须要保持干净，合理养护。理想的情况是这样的：狗狗可以在房子里自由行动，在一个安全的区域内拥有布置得很好的花园，可以在里面放纵地玩耍。除此之外，还要和人类以及它们的同类进行交流。

饲养者的目标

您可以问问饲养者，他养狗的目的是什么，因为他会对小狗的父母进行选择。他养狗是走工作系还是表演系（见72页），不同品种的狗狗用途不同。最重要的是，您一定要能感受到狗狗饲养者对他所养的狗狗的热情。他也会为您提供所有您应该注意的信息，例如喂食建议，以及以后遇到问题可以随时找他的保证。

各种证明　狗狗的饲养者要给您出示狗的疫苗接种证。您在和他签订购买合同之后，他应该马上把这些证明给您。纯种狗的血统证明也许会在之后才寄给您。

警惕

听起来很正规的狗舍的名字或者各种证明并不保证这里养的狗狗就很好。因为除了那些优秀的饲养者，还有一些严重损害了狗狗饲养行业名声的人。大规模饲养、倒卖狗狗的人养出来的小狗从小在条件非常恶劣的地方长大，很早就和自己的妈妈分开了，它们的妈妈也早已经沦为了生育机器，这些小狗没有接种足够的疫苗，大多数身体和情感上都有问题。

请您不要支持这种毫无廉耻心的生意，哪怕他们的价格很低或者您很同情这些狗狗。如果您购买了这样的狗狗，后果通常是狗狗的行为异常以及高昂的医药费，这对于

从众多小家伙中选择一只，并不是件容易的事。一个好的动物保护协会的饲养员或者小狗的饲养者会为您提供对这些小狗的评价，并且在选择的时候为您提供建议

您的家庭来说会是一个非常沉重的负担。除此之外，您的购买又促使那些无良的商人生产出更多这样的狗狗。这类商人在为他们的"商品狗"做广告的时候会使用华丽的辞藻，提供一些看起来很规范的证明，说消费者喜欢听的话。诚信、靠谱的饲养者并不是随时都有"潮狗"可以卖给您的。

小贴士： 您在购买狗狗之前应该仔细调查一下这个饲养者，尤其是当他在报纸或者网上发布卖狗信息的时候。您想在宠物店里买狗吗？

选择一只小狗

您已经找到了适合您的品种，也找到了一个好的饲养者。您也许需要几个月，才能等到合适的狗狗，因为一个好的狗狗饲养者并不是随时都有可以卖出去的狗狗，小狗要到一定的年龄才能离开自己的妈妈。现在您面前有一群小狗，每一只都很可爱、招人喜欢，怎样才能找到属于您的那一只呢？

每只小狗都是一个独立的个体

请您尽可能多地去看望这些小家伙，这样才能对它们了解得更多。如果您仔细观察，不久就会发现，每一只小狗都是一个独立的个体。请您倾听自己内心的想法，不一定非得要第一次见到您就疯狂地冲过来叼住您裤腿的那只小狗，它也许不是最合适的那一只。

小冒失鬼　它们遇到新情况会充满活力地冲过去，表现出更多的自主行动力。小狗崽一般会首先冲向陌生的来访者，瞄准他们的裤腿。年龄比小狗崽稍微大一些的狗狗和成年狗狗更倾向于先检验一下它们可以行动的范围。小狗不喜欢自己的探索行为受到限制，但是它们的行为必须受到限制，因为它们的行动会先于思考。这些小冒失鬼对于那些目标坚定、有养狗经验、可以理解狗狗的心理、拥有优秀领导力的人来说是最合适的。

比较合群，容易接受新事物　对于它们来说，没有什么比和兄弟姐妹一起玩、依偎在一起更美好的事了。它们对周围的环境很感兴趣，容易被引导，在游戏中经常互换角色。合群的狗狗适应能力更强，对于刚开始养狗的人和一家人来说是最合适的选择，这些小家伙对所有形式的游戏、运动和活动都很感兴趣。

谨慎、节制　内向的狗狗更喜欢默默地待在背景处。它们遇到新情况时会采取比较有礼貌的态度和保持一定的安全距离来进行探索。它们表现出的自主行动力一般，对外界更敏感一些，很少处于喧嚣、混乱之中。这类狗狗更适合那种能够理解和体会狗狗的心理、有养狗经验的人。这样的主人可以理解它们，不会溺爱它们，可以给予它们所需要的安全感。

选择适合您的狗狗

请您咨询狗狗的饲养者或者动物保护组织的负责人。他是如何评价狗狗的性格的？他建议您养哪只小狗？他给出的理由是什么？

小狗在长大

一只狗的基础性格早就形成了，但是对它的教育和引导对小狗依然有很大的影响，这种影响在狗狗的行为和发展方面都会有所体现。如果一只比较内向的狗狗受到主人的溺爱，且主人没有给它立规矩，那么它会像其他用错误的教育和引导方式养大的狗狗一样，变得倔强不听话，甚至会具有攻击性。而正确的引导方式会让一只冒失的小狗变成令人愉快的好伴侣。如果您选对了适合您的狗狗，那么，您和狗狗的共同生活将会是非常简单的。

✔ 注意事项

好好挑选

您在选择狗狗的时候不要匆忙做决定，要多花些时间，因为这会影响您今后许多年。

○ 狗狗的饲养者非常受欢迎，不向您隐瞒任何事情，为您提供有权威性的建议，对您的生活情况充分了解。

○ 他不催促您购买他的狗狗。

○ 他的所有狗狗都保养得很好，身体健康。

○ 您可以查看狗狗父母的必要的健康证明和饲养许可证，以及小狗售出情况记录。

○ 您可以查看小狗和它的妈妈。

○ 小狗最早要到八周大的时候才可以离开妈妈。

○ 小狗接受了除虫，在出售的时候接受动物医生的检查，接种疫苗，并且用微芯片做标记。

○ 小狗活泼健康，没有以下表现：肛门附近的毛粘在一起，腹部鼓起或者跛行。

○ 小狗表现得生机勃勃，喜欢玩耍，对周围环境很感兴趣。

○ 小狗愉快大方地和您互动，对于您的游戏要求很乐意接受。

提问和回答

选择一只狗

选择一只什么样的狗，是一个将会影响您今后多年生活的决定。动物行为研究家乌多·甘斯罗瑟（Udo Ganslosser）博士为我们提供了一些答案以及实用的建议。

乌多·甘斯罗瑟博士，动物学家

乌多·甘斯罗瑟是格赖夫斯瓦尔德大学的编外讲师，同时在耶拿大学任教，还是欧洲动物园协会（EAZA）成员，为有关野生的宠物狗的研究项目担任顾问，主要涉及的问题是动物的社会关系和社会机制。他为动物园提供咨询服务，开设以动物行为生物学为主题的讨论课程，和网站合作一起为养狗的人提供行为医学的咨询服务，同时出版了多部书籍并为杂志撰写了大量文章。

有没有一些品种的狗狗特别适合有孩子的家庭养？

乌多·甘斯罗瑟：狗狗是否对孩子们友好和它的品种没有关系，这种对孩子非常友好的行为不是遗传而来的。比狗狗的品种更重要的是它的社会化程度，它应该能够承受各种压力。一些工作狂一样的看家狗通常会保护这个家庭，专门看守院子和羊群的狗狗通常具有非常强烈的领地意识，这就有可能在涉及孩子的事情上产生问题。

狗妈妈的行为对小狗有多大影响？

乌多·甘斯罗瑟：小狗还在妈妈肚子里的时候，妈妈的行为、抗压能力已经通过子官分泌的荷尔蒙对小狗产生影响了。小狗出生之后，狗妈妈的行为同样会对它们产生影响。小狗会通过观察从妈妈那里学到很多，狗妈妈的情绪也会直接影响到小狗的心情。因此，一个模范狗妈妈对于小狗来说非常重要。

有些家庭在选择狗狗的时候会选择一窝里最积极主动的狗狗，这样做有意义吗？

乌多·甘斯罗瑟：没有，更应该选择的是看到有人来并不关心，而是继续和它的兄弟姐妹一起玩耍的小狗。

在买狗的时候应该注意狗狗饲养者的哪

每一只小狗都很可爱。在选择狗狗的时候也要考虑它的性格。那些活泼好动的小狗，更容易融入群体中、适应能力也更好

些行为？您有什么建议吗？

乌多·甘斯罗瑟：在书中已经提到很多了。在危机情况下，狗狗的饲养者应该能够收回他卖出的狗狗。最好是有机会看一看他和曾经卖出的狗狗见面的场景——狗狗见到他有多开心和激动？

第一次养狗的人如果想要从动物保护协会选择狗狗，他应该注意些什么？

乌多·甘斯罗瑟：那些有着移民背景的狗狗，它们的出生国、进口的原因等非常重要。一只流浪狗有的问题和一只当地动物收容所里的狗狗有的问题是不一样的，它们可能因为主人离异而成为没人要的狗狗，或者被猎人、牧羊人出于各种原因而抛弃。

有许多品种的狗狗出生在实验室里面，这种狗狗也是不错的选择。人们为动物保护做出一些贡献，得到一些按照人类计划而培育出的狗狗，它们有完整的资料，医学上也没有什么不足，大多数还是可以很好地和狗狗以及人类相处。

动物保护协会里出来的狗狗会在新的家庭里改变它的一些行为吗？

乌多·甘斯罗瑟：狗狗的荷尔蒙和压力系统在几周之后才能适应新环境，因此许多养狗的人在大约三周到四周之后才能描述狗狗出现的问题。领土性的地点联系也在这个时间段或者更晚的时候才形成。狗狗形成稳固的社会关系需要几个月的时间，那些过去有较多问题的狗狗则需要更长的时间。

狗狗品种概况

全世界的狗狗有几百种，您可以在不同的品种之中做出选择。有太多的选择也就有了难以抉择的痛苦。在做决定的时候多给自己一些时间，多了解一些信息。

当您的目光落在狗狗身上，它很快就知道您喜不喜欢它。重要的一点是，您觉得您被这只狗吸引了吗？更重要的是这个品种特有的以及它自己所有的特征和行为方式。

根据狗狗最初的工作，规定了每个品种应该具有的才能，这些才能构成了属于这个品种的狗狗的需求和行为的基础。您对此了解得越多，您和狗狗的共同生活就会越和谐。在选择某一品种或者类型的狗狗时，您不仅要问狗狗可以给您带来什么，还要问您能为

狗狗做些什么。

正确的伙伴

从纯粹的工作犬到家庭成员，是一段很长的路程。通过对某种特性的选择，产生了一些在各自领域可以成为专家的狗狗。今天，许多狗狗还有属于自己的工作，每天都在向人们证明它们能达到什么样的成就。但是每

一只狗狗的身体里面都沉睡着它从祖先那里遗传来的特征，只是这些特征的明显程度不同。仅仅在国际犬业联盟（FCI）注册的狗狗就有三百四十多种，如果再算上那些没有得到官方认可的品种，就超过四百种了。这些狗狗中哪一种是适合您的呢？

有最适合的品种吗

每一个品种都是正确的，没有错误的品种，但是有不在正确位置的狗狗。想要让一只狗狗展现它最好的一面，需要能够正确对待它的才能、性格的人和环境。特别的品种也有特别的要求。

社会犬原则上来说是不那么复杂的狗狗。几百年来人类驯养这些狗狗就是为了让它们成为人类好的陪伴者。

仅仅因为一只狗很小，就觉得它没什么要求，很好驯服，这是不对的。最好的例子就是经常被人们轻视的梗犬。这一点也跟狗狗的品种以及最初的用途有关。

有保护行为（经常也被称为保护欲望）的品种必须受到坚定不移的教育训导。有些狗狗对此非常敏感——这些狗狗是真正的专家才能养的。

许多猎犬的狩猎热情和工作欲望特别高涨，以至于人们不仅不可能为它们安排适合的活动，而且在散步的时候放开遛狗绳让它自己走都成为不可能的事情。

对于一只工作能力很强的牧羊犬，人们饲养它就是为了让它每天几小时地运动。在这个过程中还要它拥有聪明才智，才能控制羊群的行动或者精确地执行主人发出的命令。散步和每周两到三次运动并不能满足它们。

一个品种的狗狗在看守土地的时候越是尽心尽力（领土性），就越是容易和邻居家的狗狗发生冲突。

许多原始的品种或者那些更愿意独立工作的狗狗，经常有自己的见解，知道自己应该做什么。它们会独立地做决定，在接受教育的过程中要求也很高。

实用信息

在购买流行的品种、极端的品种以及便宜的狗狗时要擦亮眼睛

- 在购买流行的品种时，一定要找一个好的饲养者。
- 狗狗的每一个和所属品种特征相差太远的特点，例如过多的褶皱、过分圆的脑袋、太平的鼻子、体形太大或者超级小，都会增加它患病的概率。
- 请您不要购买以下狗狗：异域的、过度杂交的品种，体形太大的、体形太小的（茶杯犬）或者特别便宜出售的。
- 好的饲养者不会低价出售自己的狗狗，他们会很客观地为您提供信息，而且希望为自己的狗狗找到合适的主人。

工作犬和家庭犬

其区别不仅体现在不同的品种之间，还体现在同一品种内部不同的血统之间。从生物学角度看，在同一品种内部，基因的可操控空间并不大，但是从实践的角度看，即使是很小的区别也会有很大的影响。

家庭的事

许多品种的狗狗都可以分成"展览系"和"工作系"。您在选择狗狗的时候，不要仅仅注意它的品种，还要注意它的特点，也就是它的祖先在被选择的时候所注重的那些特点。这样您就能更好地评估和提出要求。第一次养狗的人最好在驯狗师的陪同下去拜访狗狗的饲养者，以便能从他那里知道应该注意什么。

工作系 有些狗狗的父母、祖父母，甚至好几代都是人类按照最高工作效率的标准进行驯养的，因此这些狗狗通常会在工作方面表现突出。这样就不适合做家庭犬，因为它们必须坚持工作才能保持一个好的状态。这些品种所拥有的显著特点，就是需要主人拥有一些专业的知识或者超出平均水平的训导能力。甚至是那些由于自身缺陷不适合工作的狗狗，都比一般狗狗有更高的要求。

展览系 一些狗狗被选择的标准仅仅是它们的外貌和参加展览时获奖的机会，在工作效率方面就没那么突出了。但是通过这样的选择，狗狗产生压力和感到害怕的概率增加了，可驯性和好奇心则降低了。展览系的狗狗并不一定是很好的家庭犬，但这一类狗狗中也会有例外，它们和工作系的狗狗相比也不落下风。所有的狗狗都希望可以做和它们的才能相匹配的工作，不过是这只狗狗可以做得多一些、那一只狗狗做得少一些。

家庭犬 理想情况下，如果饲养者把自己的狗狗作为家庭犬出售，那么他必须按照适合家庭的行为标准来选择狗狗，而不是按照工作能力或者外貌来选择。

品种概况

FCI按照狗狗最初的用途把它们的品种分为10类。在接下来的几页中您可以找到这10类狗狗的典型品种，以及它们的大小、体重、历史沿革、典型特征和行为等方面的信息。

几乎每一个品种都会有一些成堆出现的疾病。这并不意味着每一只狗都会生病，一个好的狗狗饲养者会付出很多精力来保证自己的狗狗健康成长。在品种概况中有些疾病使用的是简称。对疾病的描述从第170页开始（MDR1基因缺陷见273页）。

很多狗狗都适合第一次养狗的人，有些狗狗则需要有养狗经验和精力充足的主人。如果狗狗的某种性格让您冥思苦想它到底适不适合您，那么您更应该选择另外一个品种的狗狗。

一个品种的狗狗是为了什么样的目的而被饲养的？如果狗狗可能遗传的才能经常被忽视，这就会导致一些问题的出现。及时了解相关信息可以预防问题的发生。

牧羊犬和牧牛犬

让羊群聚拢在一起，控制它们，看管它们，是大多数牧羊犬的工作。牧羊犬是牧羊人的小帮手，牧牛犬是牧牛人的好帮手，不同的工作任务对狗狗的要求也不同。

在牧场中，牧羊犬的工作是把羊群从一片草地赶到另一片草地上去。训练有素的牧羊犬在羊群漫步的时候陪在它们身边，通过巡查羊群注意它们是否在禁区吃草。牧牛犬则要把家畜赶到很远的目的地。牧牛犬经常和牛一起工作，在把牛群赶到目的地的过程中用铁链拴着它们。牧羊犬学习能力强，对很细小的信号也能做出反应。它们和牧牛犬一样，有一些保护行为。同时它们拥有强烈的工作欲望和耐力，也就是说需要许多活动。不是所有的品种都适合作为家庭犬。牧羊犬可以独立看管家畜。只要牧羊犬在场，大多数情况下猛兽都不敢靠近羊群。它们非常独立，并且不好训导。养这种狗狗需要特殊的知识和合适的环境。

澳大利亚牧羊犬

身高：理想型公狗51～58厘米，母狗46～53厘米。

体重：15～30公斤。

皮毛：中等长度，浓密，可以防风雨，不受天气的影响。毛色为蓝色陨石色、红色陨石色、黑色、红色，有或没有白色斑纹（白色斑纹或许有褐色过渡）。

历史沿革：尽管它的名字叫作澳大利亚牧羊犬，但是它的起源地是美国，是由移民到美国的牧羊人的狗演变而来。尽管是在牧场使用的工作犬，但作为家庭犬越来越受到喜爱。

性格特征：面向家庭，警惕性高，有保护行为，有些狗狗会保护家里所有东西，从孩子到汽车。非常热情、活泼、聪明，但如果它旺盛的精力无处消耗，就有可能会出现问题。

健康：眼部疾病，甲状腺疾病，ED（肘关节发育不良），HD（髋部发育不良），羊痫风，MDR1缺陷，陨石色的澳大利亚牧羊犬容易耳聋。

预期寿命：12年或者更长。

特点：有可能出现天生的尾巴残疾。

适养人群：适合热爱运动的人，可以给它们限定界限，也可以让它们正确地消耗多余的精力。

伯瑞犬（布里犬）

身高： 公狗62～68厘米，母狗56～64厘米。

体重： 25～30公斤。

皮毛： 被毛长而略呈波浪状（山羊毛结构），底毛细腻。黑色、灰色、茶色，没有白色的斑纹。需要进行精细的护理。

历史沿革： 来自法国一个古老的牧羊犬品种，它们可以看守羊群，通过围绕着羊群走的方式把它们聚拢在一起。在世界大战期间被用作通讯犬、看门犬和警犬。

性格特征： 非常敏捷，喜欢工作。有保护行为，警惕性高，不相信陌生人，适合守护家庭的。坚定不移、目标明确的教育以及细心的社会化过程是必不可少的。需要大量活动，可以作为救援犬。正确饲养的话，它会是一个忠诚的伴侣。

常见疾病： 残留趾受伤，很少患HD，胃扭曲。

预期寿命： 大约10年。

特点： 它们的后足上有两个残留趾。

适养人群： 适合执行力与理解力强、活泼外向的人，能够有条件安全地训导这种身材魁梧的狗狗。

长须柯利牧羊犬

身高： 理想型公狗53～56厘米，母狗51～53厘米。

体重： 公狗23～27公斤，母狗18～22公斤。

皮毛： 毛长，茂密。被毛坚硬，底毛毛糙浓密。深灰色、浅褐色、黑色、蓝色、灰色、棕色、沙土色，也有些有白色的斑纹。需要精细的护理。

历史沿革： 生活在苏格兰高地，可以在广阔的土地上独立完成放牧牛羊的工作。现在已经成为很受欢迎的家庭犬和展览犬。

性格特征： 非常友好。活泼、好动、敏感，警惕性高，喜欢吠叫。

常见疾病： 身体强壮，很少患眼部疾病和耳朵疾病。

预期寿命： 13年或者更长。

特点： 听力很好。

适养人群： 适合热爱运动、比较活泼的人，可以理解和体会狗狗的心理并且能够持之以恒地对它进行教育的人，也适合第一次养狗的人。

边境牧羊犬

身高： 理想型公狗53厘米，母狗矮一些。

体重： 15～20公斤。

皮毛： 中等长度，被毛浓密，底毛柔软浓密，刚毛中等长度。可以防风雨，不受天气的影响。边境牧羊犬有许多颜色，但是白色部分的比例不能太大。需要经常梳理，护理费用中等。

历史沿革： 虽然边境牧羊犬作为一个独立的品种得到认可的时间比较短，但是根据中世纪留下的记载，当时就已经有一些狗狗以边境牧羊犬特有的方式来进行放牧了。产生于英格兰与苏格兰交界的地方，被应用在牧场中，它们可以独立工作，看守和放牧家畜，是牧羊人可靠的帮手。

性格特征： 边境牧羊犬的放牧才能是天生的。它们的典型姿势就是蹲在那里，一动不动地盯着需要看管的家畜，保持对它们的控制。它们需要有挑战性的任务，充满能量，极有耐力，学习的速度也非常惊人，是个不折不扣的工作狂！如果能力得到充分发挥，它们将是一种容易驾驭的并且非常可爱的狗狗，它们渴望满足主人的需求。如果它们得不到足够的活动，就会变得狂躁、紧张，甚至具有攻击性，凡是来到它面前的东西，它都想要把它们赶到一起去。这样就为它们出现行为障碍埋下了隐患。不适合作为纯粹的家庭犬，因为它们的工作热情总是被人们忽视，哪怕是在犬类运动中，它们也很少能找到可以平衡它们能量的活动。让家庭犬兼职做牧羊犬是和动物保护的原则相违背的，因为那些羊群会受到损害。

常见疾病： HD，PRA（进行性视网膜萎缩），MDR1基因缺陷，羊痫风。

预期寿命： 10年或者更长。

特点： 边境牧羊犬是拥有最高工作能力的品种之一。

适养人群： 适合那些非常热爱运动、活泼的人，他们可以很好地驾驭这些狗狗，并且可以为它们提供一些要求很高的活动。不适合第一次养狗的人，比较适合有养狗经验、精力充沛的人。

德国牧羊犬

身高：公狗60～65厘米，母狗55～60厘米。

体重：公狗30～40公斤，母狗22～32公斤。

皮毛：刚毛中等长度或者较长，底毛浓密。黑色，有红棕色、棕色、黄色、浅灰色斑纹。单色的有黑色，灰色伴有云状的深色毛，同时其背部和面部也均为黑色。

历史沿革：骑兵上尉马克思·冯·史蒂芬尼茨用不同种类的德国牧羊犬品种培育出了现在的德国牧羊犬的祖先，并且在1899年和别人一起成立了第一批纯种狗俱乐部。

性格特征：忠诚、热爱学习和工作、热情、很强的保护行为。可以被用在很多领域，例如作为牧羊犬、伴侣犬、警卫犬、守护犬、搜救犬或者军犬、警犬。

常见疾病：关节疾病、脊柱疾病、胰腺疾病、眼部疾病、过敏症、多发性神经病、MDR1基因缺陷，胃扭曲。

预期寿命：可以达12年或者更长。

特点：在购买的时候一定要注意它的饲养是否得法。

适养人群：适合那些有养狗经验，可以理解和体会狗狗心理的人。要性格坚毅、热爱运动，可以为狗狗提供足够的活动，并且可以驾驭它们。

喜乐蒂牧羊犬

身高：理想型公狗37（±2.5）厘米，母狗35.5（±2.5）厘米。

体重：公狗大约9公斤，母狗大约6.5公斤。

皮毛：被毛长而坚硬，底毛浓密柔软。紫貂皮色、三色、蓝色陨石色、黑白色、黑色和古铜色。

历史沿革：喜乐蒂牧羊犬起源于苏格兰的喜乐蒂岛上的牧羊犬和农民家，很有可能是由西班牙小猎犬和其他小品种犬类杂交而成。

性格特征：忠诚、友好、欢乐的狗狗。在面对陌生人的时候开始会比较矜持。警惕性高，喜欢吠叫，比较敏感，如果得到主人悉心温柔的教育，学习变得简单快速。非常活泼开朗，需要大量活动。

常见疾病：眼部疾病、MDR1基因缺陷、羊痫风。

预期寿命：12年或者更长。

特点：美国最受欢迎的品种之一。

适养人群：适合热爱运动的人，可以包容狗狗的情绪。适合第一次养狗的人，不适合很忙碌的人。

平犬和獒犬

这一组除了平犬和獒犬以外，还有雪纳瑞犬和瑞士山地犬。这一组集中了许多品种，这些品种以前的工作是看守或守护。

杜宾犬由于具有明显的守护犬特征，因此也属于平犬。

獒犬主要是那些体形比较大、比较强壮的犬类。起源于英国的马士提夫獒犬，它们体重最高可以达90公斤，罗威纳犬的体重最高可以达50公斤。仅仅是獒犬强壮的外表就挺吓人的了，因此在一些地方，獒犬中的一些品种被认为是对人类构成潜在危险的犬类。所谓的山地犬首先包括经典的守护庭院的犬类：纽芬兰犬、伯纳犬、霍夫瓦尔特犬等，以及一些守护羊群的犬类，例如比利牛斯山地犬和高加索犬。

从前，瑞士山地犬的任务是看家护院以及守护牲畜，另外，它们还负责把牲畜群赶到草地上以及拉车。在经历了几乎灭绝的危险之后，现在它们正在经历一个复兴时期。

伯尔尼山地犬

身高：公狗64～70厘米，母狗58～66厘米。

体重：36～48公斤。

皮毛：长而有光泽，非常顺滑，或者微微呈现波浪状。基本色为黑色，带有棕红色的边缘和白色的斑纹。

历史沿革：属于瑞士古老的农家犬之一，以前作为看家犬和放牧犬使用，还负责拉装牛奶的小推车。今天成为一种受欢迎的伴侣犬。

性格特征：警惕性高，强壮，独立。对主人很忠诚，需要主人多理解它，给它目标明确、坚定不移的教育，这样它就会变得非常友好，脾气也会变好。

健康：HD，ED，PRA，恶性组织细胞增多症（恶性肿瘤），胃扭曲，对炎热很敏感。

预期寿命：8年或者更长。

特点：不太适合犬类运动。

适养人群：适合有养狗经验、独立自主的人，最好是有自己的房子和花园，喜欢出去散步。

大丹犬

身高：公狗不低于80厘米，母狗不低于72厘米。

体重：50～90公斤。

皮毛：短厚而富有光泽。毛呈黄褐、虎斑、蓝色，黑色或黑白花色。容易打理。

历史沿革：据记载，古代的日耳曼人已经带着和大丹犬非常类似的狗猎杀野猪，后来这种事情就只有贵族有资格做了。19世纪，大丹犬非常受富人喜爱。1880年，第一次为这种狗制定了品种标准。

性格特征：饲养得当的大丹犬性格安静、镇定、温柔、友好，对主人依赖。它们感情细腻，但是又特别固执，因此需要主人给予理解和体谅。运动需求适中。

常见疾病：心脏疾病、骨骼疾病、关节疾病、眼部疾病、皮肤疾病以及胃扭曲。

预期寿命：8年或者更长。

特点：在成长期要给它提供合适的饮食和运动。

适养人群：适合有自己的房子和花园的独立自主的人，不适合第一次养狗的人。

德国拳师犬

身高：公狗57～63厘米，母狗53～59厘米。

体重：公狗超过30公斤，母狗最重25公斤。

皮毛：短毛，坚硬，紧贴在身上。颜色为浅黄褐色，有斑纹，脸上有黑色斑纹，也有白色斑纹。容易护理。

历史沿革：起源于斗牛犬，它们用宽宽的嘴巴叼住被猎狗追捕到的猎物，直到猎人赶过来，之后也成为屠夫追赶家畜时的帮手。1904年，第一次制定了品种标准。

性格特征：强壮，活泼，喜欢玩耍，喜欢学习，忠诚，喜欢自己的主人。需要感情细腻、坚定不移的教育，需要释放多余的精力，例如参加犬类运动。

常见疾病：肿瘤、关节强硬性脊椎炎、关节疾病、眼部疾病以及胃扭曲。

预期寿命：8年或者更长。

特点：从1924年开始被认定为可以执行公务的品种。

适养人群：适合那些热爱运动的人，有足够的体力和精力来养这种强壮的狗狗。

迷你雪纳瑞，标准雪纳瑞，巨型雪纳瑞

迷你雪纳瑞的身高：30～35厘米（右上图）。

迷你雪纳瑞的体重：4～8公斤。

标准雪纳瑞的身高：45～50厘米（左上图）。

标准雪纳瑞的体重：14～20公斤。

巨型雪纳瑞的身高：60～70厘米。

巨型雪纳瑞的体重：35～47公斤。

皮毛：坚硬的外层刚毛和浓密的底毛。黑色、椒盐色，迷你雪纳瑞还有黑银色和白色。一年要修剪三次毛。

历史沿革：在1895年成立平犬–雪纳瑞犬俱乐部的时候，雪纳瑞犬还被称为"毛发粗糙的平犬"。以前，在德国南部它们主要被养在马厩里，做看护犬，捉老鼠，陪伴主人骑马外出。迷你雪纳瑞很早就有了，被称为"毛发粗糙的迷你平犬"。人们推测雪纳瑞起源于法兰克福地区。巨型雪纳瑞在德国南部地区曾用来放牧家畜。由于它们具有看护犬的特征，1925年被认定为可以协助人类执行公务的大类。

性格特征：鲁莽、勇敢、无畏、警惕性高。它们热爱家庭，需要和家人保持紧密的联系。虽然它们很活泼，喜欢活动，但是也可以安静地待着。它们喜欢学习，对主人忠诚，但是有些时候也会有点固执。巨型雪纳瑞有强烈的保护行为。

常见疾病：迷你雪纳瑞：眼部疾病、膀胱疾病、膝盖骨脱臼、先天性肌肉萎缩。标准雪纳瑞：PRA，心脏疾病。巨型雪纳瑞：骨骼疾病、关节疾病。

预期寿命：标准雪纳瑞和迷你雪纳瑞可以活14年或者更长，巨型雪纳瑞一般可以活12年。

特点：巨型雪纳瑞非常喜欢运动，最好让它参加犬类运动。

适养人群：适合执行力强的人。他们懂得欣赏这种具有极强性格的狗狗，并且能为它们提供足够的活动。如果能够给它们提供足够的活动，迷你雪纳瑞在楼房里也能生活得很好。

杜宾犬

身高：公狗68～72厘米，母狗63～68厘米。

体重：公狗40～45公斤，母狗32～35公斤。

皮毛：短毛，没有底毛。黑色或者棕色，带有锈红色的边缘。

历史沿革：19世纪的一位征税员弗里德里希·路易斯·杜伯尔曼用一些有很强保护行为的狗狗培育出的一个品种。多被用于狩猎、牧羊和做警犬。

性格特征：非常敏感、喜欢学习、有非常强的保护行为，部分有狩猎行为。如果饲养得不好会导致它们精神紧张；对它进行教育的时候不能使用暴力，要心思细腻，最重要的是一定要坚决果断。同时需要足够的活动来消耗掉多余的能量。

常见疾病：HD，关节强硬性脊椎炎，心脏疾病，摇晃综合征（运动以及协调障碍），胃扭曲。

预期寿命：10年或者更长。

特点：在一些地方被归为有潜在危险的犬类，在那里想养杜宾犬需要满足一些特殊的要求。

适养人群：适合那些有养狗经验、热爱运动、坚决果敢的人，他们在和这种活泼、需要很多活动量的狗狗相处时能够得到乐趣。

纽芬兰犬

身高：公狗约71厘米，母狗约66厘米。

体重：公狗约68公斤，母狗约54公斤。

皮毛：外层被毛高度防水，底毛柔软浓密。黑色、黑白色、棕色。需要精心护理。

历史沿革：起源于纽芬兰岛，它们为渔民拉渔船、渔网和手推车，还能跳下水救落水的人，在19世纪跟随航海者来到欧洲。

性格特征：友好、随和、平易近人、偶尔会比较顽固。对人类很友好，会照顾它的家庭。喜欢去户外，尤其喜欢下水。这种大小的狗狗外出必须要牵好，保证安全。在成长期需要适合的饮食和运动。

常见疾病：关节疾病、心脏疾病、胃扭曲。

预期寿命：约10年。

特点：非常优秀的水中救生员。

适养人群：适合那些拥有自己的房子和花园，可以为狗狗提供游泳的机会的人。不适合有洁癖的人。

梗犬

　　前文讲述的狗狗主要的饲养目的是狩猎，以下这些大多为身材矮小或者中等身材的狗狗，是非常受欢迎的伴侣犬，但是这些活泼的小家伙经常受到人们的忽视。

　　它们自信，不会胆小怕事，因此这些鲁莽的小家伙遇到打架斗殴的事是肯定不会躲开的。打架时，它们也能跟更高大的同类较量一番。其实梗犬也有另外一面，它们喜欢在散步之后和主人依偎在一起。有一只梗犬陪伴在身边，那些喜欢狗狗的人会觉得非常幸福。但是，大多数的梗犬直到今天还拥有很强烈的狩猎热情，它们也会固执，还会像它们的祖先那样坚持不懈、充满能量地追求自己的目标。为了展现它们好的一面，活泼的梗犬需要正确的教育和极大的运动量。为了让它们能够和其他狗狗和平相处，还要接受足够的教育。

万能梗

身高：公狗58～61厘米，母狗56～59厘米，腿长。

体重：22～30公斤。

皮毛：被毛坚硬浓密，有底毛。底色是古铜色，背部、脖颈和尾巴上有黑色或者灰色的毛。大约每三个月修剪一次毛，易于打理。

历史沿革：19世纪出现于英国的约克夏郡。最初被用于猎捕水鸟，之后作为军犬和警犬。

性格特征：警惕性高、胆大、反应快，有保护行为。活泼好动。在家庭里非常友好，聪明伶俐。

健康：非常强壮。肌肉抖动，偶尔会患有HD。

预期寿命：12年或者更长。

特点：适合多种活动，从犬类运动到救援工作。

适养人群：有一定饲养水平的人，有驾驭能力，可以给狗狗安排适合它的能力的活动，让它充分发挥自己的能力。

博得猎狐犬

身高： 33 ～ 34厘米。

体重： 公狗5.9 ～ 7.1公斤，母狗5.1 ～ 6.4公斤。

皮毛： 浓密的被毛硬而粗，底毛紧贴身体。红色、小麦色、斑点和古铜色、蓝色和古铜色。容易打理。脱落的毛发必须定期清理掉。

历史沿革： 起源于英格兰和苏格兰的交界地区，它们会在猎人捕捉狐狸的时候跟在身边，把狐狸从洞穴中驱赶出来。

性格特征： 警觉、勇敢、强壮，但是狩猎热情必须加以控制。如果受到合适的教育，它们会很喜欢学习，也会学得很快。有生命力、机敏、活泼好动，希望主人给它们提要求，分配给它们任务。不那么爱打架，和其他狗狗可以和平共处。

常见疾病： 身体强壮。可能有心脏问题，HD，PRA。

预期寿命： 14年或者更长。

特点： 经常跟随人们骑马，需要很多运动。

适养人群： 适合那些目标明确、坚定不移的人，他们可以完全驾驭这种狗狗，让它们的能力得到充分发挥，也适合第一次养狗的人。

凯恩梗

身高： 28 ～ 31厘米，腿短。

体重： 6 ～ 7.5公斤。

皮毛： 被毛为双重的，可以防风雨，不受天气的影响。一种为硬而密的外层被毛，另一种为短的、柔软而致密的底层被毛。奶油色、小麦色、红色、灰色、近黑色。容易打理，需要经常梳理和去除脱落的毛发。

历史沿革： 来源于古苏格兰的狩猎梗犬。凯恩（cairn）在盖尔语中是石堆的意思，它们的任务是猎捕隐藏在石堆里面的狐狸、獾和水獭。

性格特征： 独立、勇敢、警觉，有活力，不毛躁，对主人忠诚。学习能力强。

常见疾病： 眼部疾病。

预期寿命： 13年或者更长。

特点： 曾被作为猎犬使用。

适养人群： 适合那些可以驾驭这种狗狗的人，最重要的是告诉它们不可以做什么，让它们的能力得到充分发挥，也适合第一次养狗的人。

杰克罗素梗 & 帕尔森罗塞尔梗

杰克罗素梗身高: 25～30厘米（左上图），腿短。

杰克罗素梗体重: 5～6公斤，长方形的身材。

杰克罗素梗皮毛: 平毛粗而硬，可以防风雨，不受天气的影响。基础色是白色，带有黑色或者各种形状的古铜色，以及黑色加古铜色斑纹。皮毛容易打理，为了让它的毛保持粗硬，不要给它拔毛。

帕尔森罗塞尔梗身高: 公狗约36厘米，母狗约33厘米（右上图），腿长。

帕尔森罗塞尔梗体重: 4～7公斤。正方形的身材。

帕尔森罗塞尔梗皮毛: 粗毛或者平毛。它们的被毛看上去十分平滑，但实际上既粗糙又浓密，还有很好的底毛。通体白色，或者基础色是白色，有古铜色、黄色或者黑色的斑纹，或者这几种颜色组合起来的斑纹。可以防风雨，不受天气的影响。容易打理。粗毛的帕尔森罗塞尔梗需要修剪皮毛。

历史沿革: 19世纪中叶，英国的牧师、猎人杰克·罗素用猎狐梗培育出一个新的工作犬品种，这是一种基础色为白色、身上有各种颜色斑纹的梗犬。它们的任务是在猎捕狐狸的时候和猎狐犬群一起奔跑，把狐狸从它们的洞穴中赶出来。从这个品种的梗犬分裂出两种具有不同身体结构的狗狗——帕尔森罗塞尔梗和杰克罗素梗，它们分别在1990年和2000年得到认可，成为独立的品种。

性格特征: 有狩猎热情、充满能量、固执、大胆、独立、聪明，但并不总是肯配合主人。非常活泼好动。需要很多运动，例如狩猎和犬类运动。许多人因为看到它们体形不大，外表招人喜欢，就错误地认为这种狗狗很好养，事实上这种狗狗对教育要求很高，好的社会化和坚定不移的教育至关重要。

常见疾病: 眼部疾病、耳聋。

预期寿命: 12年或者更长。

特点: 非常受骑马者的喜爱。

适养人群: 适合那些喜欢大自然、有养狗经验、积极主动的人，他们可以为这种梗犬定下规矩，也可以为它们提供很多活动机会。

西高地白梗

身高：约28厘米，腿短。

体重：7～9公斤。

皮毛：毛粗而硬，被毛约5厘米长，底毛浓密。白色。建议每天都梳理毛发，另外，每8～12周修剪一次毛发。

历史沿革：在18世纪和19世纪，由苏格兰狩猎梗培育而来，被用于猎捕狐狸、獾和水獭。

性格特征：在家庭里面是个迷人可爱、温柔快乐的成员。它们勇敢、自信，也会有些固执，时常有狩猎的热情。学习能力强，但是需要良好的教育，需要大量的运动和活动。如果训练得当，它们会是一种非常好的伴侣犬。

常见疾病：膝盖骨脱臼、过敏症和皮肤疾病、颌骨畸形、肝脏疾病。

预期寿命：12～15年。

特点：如果能保证它得到足够的运动量，也可以养在楼房里。

适养人群：适合那些喜欢性格热情的狗狗的人，要能为它们定下规矩，也可以为它们提供活动机会。同样适合是第一次养狗的人。

约克夏梗犬

身高：约24厘米，小型梗犬。

体重：最重3.1公斤。

皮毛：长毛，有丝绸般的光泽。没有底毛，不掉毛。深钢青色，带有浅褐色。需要精细的皮毛护理。

历史沿革：出现于英国的伯爵领地约克夏地区，这些身材娇小的梗犬以前是在煤矿区捉老鼠的。现在它们更多的是人类的伴侣犬或者非常受欢迎的观赏犬。

性格特征：它们是典型的梗犬的性格，勇敢、充满能量、警觉，活泼好动，喜欢玩耍，非常重视主人的爱抚。

常见疾病：眼部疾病、膝盖骨和肘关节脱臼、气管萎陷、颅盖骨裸露。

预期寿命：13年或者更久。

特点：和同类的社交很重要。如果它们能够获得足够的运动，也可以养在楼房里。

适养人群：适合那些把这种迷你梗犬当作人来对待，给它安排适合的活动和教育的人，也适合第一次养狗的人。

腊肠犬

这种身材小但是个性很强的狗狗有三个名字：猎獾狗、达克斯狗、腊肠犬。它们拥有正直天真的眼神，知道如何讨人喜欢，但是遇到事情也能雷厉风行。

腊肠犬起源于中世纪的一种短腿猎獾犬。这种猎獾犬是由勃拉克猎犬培育而来的一个品种，一直到18世纪还没有成为一个统一的品种，它们被用于猎捕獾、狐狸和兔子。

短毛腊肠犬是最初的品种。长毛腊肠犬由长毛垂耳狗、西班牙狗和塞特种猎狗杂交而来，刚毛腊肠犬是由雪纳瑞和梗犬杂交而来。体形较小的迷你腊肠犬和猎兔型腊肠犬很早就出现了，它们由平犬杂交而来。对于大小的区分，最重要的标准是胸部的宽度。腊肠犬的品种标准于1879年制定，1888年成立了德国腊肠犬俱乐部。如今有9个腊肠犬品种，每个按大小不同的划分的品种又分为3种不同的皮毛类型。作为体形最小的猎犬，腊肠犬除了和以前一样帮助人们狩猎，也已经成为非常受欢迎的家庭犬。

腊肠犬，迷你腊肠犬，猎兔型腊肠犬

身高：腊肠犬超过35厘米，迷你腊肠犬30～35厘米，猎兔型腊肠犬最高30厘米。

体重：腊肠犬最重10公斤，迷你腊肠犬最重约5.5公斤，猎兔型腊肠犬最重约4公斤。

皮毛：短毛、长毛、刚毛（见图片）。红色、火红色和黄色、黑色或者棕色带有红褐色或者黄色的斑纹。有虎纹或者条纹。刚毛腊肠犬也有干枯树叶的颜色。容易打理，刚毛腊肠犬要经常修剪毛发。

性格特征：非常热情的猎犬和温柔的家庭犬。警觉、多才、适应能力强、固执而充满能量，它们清楚地知道自己想要什么。好的社交非常重要。如果能够得到主人的理解和体谅，受到主人持之以恒的教育，它们的学习能力和学习热情会很高。

健康：背部问题、尿路结石、羊痫风、PRA。

预期寿命：15年或者更长。

特点：训练它们在室外自由活动比较难。

适养人群：适合那些可以为这种狗狗提供它们所需要的领导和活动的人。

🐾 狗狗品种大全（一）

　　哪个品种的狗狗适合您？在此能大概了解一下。找到一种您比较感兴趣的狗狗了吗？如果已经找到，那么您可以进一步咨询更详细的信息。关于狗狗品种大全的第二部分，您可以在第96页上找到。

品种	图片	养狗经验	活动量	教育	护理	犬类运动	城市
阿富汗猎犬	104	•••	••	•••	•••	••	••
万能梗	82	••	•••	••	••	•••	•
澳大利亚牧羊犬	74	••	•••	•	•	•••	•
比格猎犬	90	••	•••	•••	•	•	••
长须柯利牧羊犬	75	••	••	•	••	•	•
伯尔尼山地犬	78	••	••	••	••	•	•
卷毛比熊犬	98	•	•	•	••	••	•••
边境牧羊犬	76	•••	•••	••	••	•••	•
博得猎狐犬	83	••	••	••	••	•••	••
伯瑞犬	75	•••	••	•••	•••	•••	•
凯恩犬	83	•	••	••	••	•••	•••
骑士查尔王小猎犬	99	•	••	••	••	•••	•••
切萨皮克海湾寻回犬	95	•••	•••	••	•	••	•
吉娃娃	101		•	••	••	•	•••
英国可卡犬	97	•	••	••	••	•	•••
腊肠犬	86	•	••	••	••	••	••
大麦町	91	••	•••	••	•	•	•
大丹犬	79	••	••	••	••	•	•
德国拳师犬	79	••	•••	••	•	•	•
德国牧羊犬	77	••	•••	••	••	•••	•
杜宾犬	81	•••	•••	••	•	••	•
布列塔尼猎犬	93	••	•••	••	••	•••	•
法国斗牛犬	101	•	••	••	••	•	•••

　　养狗经验：•代表第一次养狗的人，••代表有一定经验的人，•••代表养狗经验丰富的人。外出活动、教育、护理的花费以及适合犬类运动和适应城市的程度：•代表低，••代表中等，•••代表高。

狐狸犬和原始犬类

如果您想了解世界上原始、有异域风情并且不那么出名的品种，翻开这页就对了。

Xoloitzcuintle这个词指的是墨西哥无毛犬，它有三个大小不同的变种。这个古老的品种在阿兹特克文明时期就存在了，它们的身上几乎无毛。对于我们来说，和它们一样陌生的是生活在非洲、不会像普通狗狗那样吠叫的巴仙吉犬。

尽管人们看到这狗狗时觉得非常有吸引力，但是真正爱狗的人还是要选择一只适合自己的才对。这类狗狗很多起源于半驯化的犬类，仅有部分狗狗有着狩猎的激情和对自由的热爱，它们适合在我们这种文明化的狭小空间内生活。除了上面提到过的，还有一些更出名的品种，如日本的柴犬和秋田犬以及中国的松狮犬。狐狸犬是个例外，它们是一种可爱、警觉性高的伴侣犬。

德国狐狸犬

身高: 猎狼狐狸犬（左图）49（±6）厘米,大型狐狸犬46（±4）厘米,中型狐狸犬34（±4）厘米,小型狐狸犬26（±3）厘米,迷你狐狸犬20（±2）厘米。

体重: 猎狼狐狸犬27～37公斤,大型狐狸犬约25公斤,中型狐狸犬6～7公斤,小型狐狸犬4～5公斤,迷你狐狸犬2～3公斤。

皮毛: 长而浓密。黑色、棕色、白色。猎狼狐狸犬有灰色的斑纹。中型狐狸犬、小型狐狸犬和迷你狐狸犬有橙色、灰色的斑纹等。

历史沿革: 古老的品种。在农家或者农场作为看护犬。小型狐狸犬和迷你狐狸犬则是极受欢迎的伴侣犬。

性格特征: 喜欢吠叫,不相信陌生人。自信,容易接受教育,没有狩猎的热情,忠诚,中等运动需求。

健康: 迷你狐狸犬容易患上PRA、膝盖骨脱臼、脑水肿。

预期寿命: 12年或者更长,小型狐狸犬和迷你狐狸犬能活得更久。

特点: 大型狐狸犬有灭绝的危险。

适养人群: 适合那些能够接受狗狗警惕性高的人,小型狐狸犬和迷你狐狸犬可以生活在城市里。

伊维萨猎犬

身高：公狗66～72厘米，母狗60～67厘米。

体重：20～25公斤。

皮毛：分为平毛、刚毛和长毛三种类型。双色的伊维萨猎犬是白色和红色，单色的伊维萨猎犬是白色或红色，刚毛和长毛也有其他的颜色，如淡黄色。

历史沿革：类似视觉猎犬的一种农家的猎狗，生活在巴利阿里和西班牙大陆地区，有可能起源于半驯养化的犬类。传统上是以猎犬群的形式狩猎，大多数是猎捕野兔和家兔的。

性格特征：感情细腻，在家里很安静，喜欢自己的主人，和陌生人保持一定距离。尽管如此，它们是一种强壮、热情的狗狗，拥有极度高涨的狩猎热情，而它们的这种狩猎热情经常被人们忽视。多数情况下不能自由活动。固执，很少会受到人们的引诱去做某事。适合做一些需要鼻子的工作。

常见疾病：要去做地中海疾病的检查（见171页）。

预期寿命：12～14年。

特点：大多数通过动物保护协会来到德国。

适养人群：适合那些不希望要只会听命令的狗狗的人，他们可以控制伊维萨猎犬的狩猎行为，并且能够为它们提供充分发挥才能的机会。

哈士奇（西伯利亚雪橇犬）

身高：公狗53.5～60厘米，母狗50.5～56厘米。

体重：公狗20.5～28公斤，母狗15.5～23公斤。

皮毛：哈士奇的毛比一般狗狗的毛要厚，中等长度，坚硬的被毛，浓密的底毛，颜色和花纹众多。

历史沿革：哈士奇是一种来自西伯利亚的古老犬类。它们是传统的雪橇犬，喜欢在冰天雪地里飞奔。

性格特征：非常有毅力，独立，热爱自由，有很高的狩猎热情。它们学习能力强，但并不总是很配合主人。需要高质量的社会化教育和大量奔跑的运动，例如拉雪橇。如果它的才能得到充分发挥，会是一种非常温柔、平和的狗狗。喜欢在室外活动，不适合在城市生活。

常见疾病：对炎热很敏感，HD，PRA，皮肤疾病。

预期寿命：10年或者更长。

特点："越狱专家"——您家花园的篱笆一定要高！

适养人群：适合那些有养狗经验的人，拥有属于自己的房子和花园，热爱大自然，非常喜欢运动，有很强的掌控能力。

嗅觉猎犬

　　这一组三个品种的狗狗都是猎人的好帮手，它们协助猎人寻找猎物，找到猎物以后想办法通知主人。其中某些狗狗更是这方面的专家。

　　嗅觉猎犬最早的任务是以猎犬群的形式追捕猎物，在追捕的过程中一直发出声音信号，直到主人射杀猎物（骑马纵狗打猎）。德国是禁止这种狩猎方式的，如今这类狗狗只参加一些表演性的活动。

　　寻血猎犬（Schwei Hund）会在猎物被射杀以后根据血液的气味找到它们。它们有非常灵敏的鼻子，直到今天还是人们打猎时必不可少的帮手。由于嗅觉猎犬大多数都是独立工作的，因此它们中的许多犬在行为、做事方面都非常独立。因此，以灵敏的鼻子而闻名的寻血猎犬非常难教育。对于大多数的嗅觉猎犬来说，更好的教育方法是让它们定期参与打猎，还要有家庭的氛围，而不能单纯地把它们当作家庭犬来养。

　　罗得西亚脊背犬和大麦町是有亲缘关系的品种，但是就连这种有斑点的品种也有着猎犬的背景。

比格猎犬

身高：33～40厘米。

体重：10～18公斤。

皮毛：短而浓密。三色（黑色、棕色、白色或者蓝色、白色、棕色），有斑点，两色的，白色。容易护理。

历史沿革：来自英国的古老的猎犬品种，用于猎捕野兔和家兔。第一个品种标准制定于1890年。

性格特征：是一种友好、令人快乐、容易相处的狗狗。独立、喜欢吠叫、学习能力强。有着高涨的狩猎热情，有可能会很固执，这会使得教育它非常难。行动敏捷，活泼好动。特别喜欢到处搜寻，适合做一些使用鼻子的活动。

健康：容易出现眼部疾病、椎间盘疾病、羊痫风、荷尔蒙分泌不正常。

预期寿命：12年或者更长。

特点：几乎不可能让它们自由活动。非常贪吃。

适养人群：适合那些热爱运动的人，他们可以控制比格猎犬的狩猎热情，懂得欣赏它们对生活的热爱。

大麦町

身高： 公狗56～62厘米，母狗54～60厘米。

体重： 公狗27～32公斤，母狗24～29公斤。

皮毛： 短毛，硬而浓密。基础色为白色，身上有黑色或者棕色的斑点。皮毛容易打理，但是一整年都会掉毛。

历史沿革： 来自克罗地亚的嗅觉猎犬品种，祖先可以追溯到中世纪末期。以前经常出现在马车旁边。进入20世纪后成为非常受欢迎的伴侣犬。

性格特征： 它们活泼好动，喜欢学习，有时候会表现出保护行为，需要主人理解和体会它们的心理，给予它们目标明确、坚定不移的教育。如果主人家里面构成简单，它们会很快融入进去，而且很喜欢陪在家人的身边。如果多余的精力得到充分的消耗，它们会安静平和地待在房子里。

常见疾病： HD，耳聋（在购买小狗崽的时候要注意检查这一点），尿路结石，眼部疾病，皮肤疾病，肾脏疾病，过敏症。

预期寿命： 10年或者更长。

特点： 最出名的特点是它们会笑。

适养人群： 适合那些有养狗经验、喜欢跑步或者骑车的人。

罗得西亚脊背犬

身高： 公狗63～69厘米，母狗61～66厘米。

体重： 公狗约36.5公斤，母狗32公斤。

皮毛： 浅小麦色直到红色小麦色。皮毛易于打理。

历史沿革： 罗得西亚脊背犬由非洲南部的一种脊背上有逆毛的犬种和殖民者带去的狗杂交而成，多用于寻找狮子和大型野生动物的踪迹。

性格特征： 它们聪明、反应快、强壮，尤其喜欢运动，充满狩猎的热情。同时也非常敏感、固执、认真，忠诚，也会守护家园和家人。但它们对社会化、教育和活动（例如追寻猎物的活动）要求非常高。

常见疾病： HD，胃扭曲，皮肤窦道（一种背部的皮肤畸形，会伤害神经系统）。

预期寿命： 12年或者更长。

特点： 脊背逆毛。成年比较晚。

适养人群： 适合有养狗经验、感情细腻的人，可以为狗狗提供必要的指导。

指示猎犬

寻找猎物，发现猎物之后无声地站定，以这种方式告诉主人：我发现猎物了。主人抬枪射杀猎物的同时，它们像离弦的箭一般冲出去，把猎物带回来。这就是很多指示猎犬的主要任务。无一例外，它们都是外表非常漂亮的狗狗，但是大多数的指示猎犬不适合趴在沙发上的生活。

指示猎犬是由猎鸟犬和搜寻犬培育出来的一种高效率的犬类，如今还会用于狩猎。当一只指示猎犬发现猎物的时候，它会停下不动，举起前腿，前爪弯曲，向主人指示猎物的方向。这样，猎人就有足够的时间做好射击准备。蹲伏猎犬和发现猎物之后站定不动，用鼻子指示猎物方向的猎犬都属于英国和爱尔兰指示猎犬。大陆犬种除了勃拉克猎犬以外，还有威玛猎犬和德国硬毛波音达猎犬。大陆犬种"西班牙猎狗"和布列塔尼猎犬以及小型明斯特兰德犬一样，毛比较长。刚毛指示猎犬，例如古老的品种史必诺犬，属于"格里芬犬"。虽然多数指示猎犬被用于猎捕鸟类，但其中不乏一些多面手，它们拥有多种狩猎才能。

爱尔兰红色蹲猎犬

身高：公狗58～67厘米，母狗55～62厘米。

体重：26～32公斤。

皮毛：中等长度，有着丝绸般的光泽。毛色深栗色，没有黑色斑纹。一周需要梳理多次。

历史沿革：一种古老的蹲伏猎犬，可以追溯到18世纪，根据它的品种标准可知它的祖先是一种红白色蹲伏猎犬和一种不知名的红色犬类。

性格特征：一种学习和狩猎的欲望都很强，需要大量运动的猎犬。如果它们的才能得到充分发挥，它们会是一种友好、平和、容易相处的狗狗；如果它们的才能不得施展，或者没有受到良好的教育，容易变得烦躁不安和神经质。同时它们非常敏感，需要主人给予理解。

健康：HD、ED、PRA、CLAD（免疫系统疾病）。

预期寿命：12年或者更长。

特点：一种非常有耐力的指示猎犬。

适养人群：适合有养狗经验、性格安静、热爱大自然的人，可以为狗狗提供适合它们的狩猎以及运动类的活动。

布列塔尼猎犬

身高：公狗47～52厘米，母狗46～51厘米。

体重：17～20公斤。

皮毛：浓密纤细。毛色有白色和橙色、白色和黑色、白色和棕色或者三色带有斑纹。容易打理。

历史沿革：一种古老的指示猎犬，属于"西班牙猎犬"，由某种小型猎犬和西班牙猎犬以及蹲伏猎犬培育而来。该品种标准制定于1908年。由于它们用途广、可靠性强，成为世界范围内使用最广的指示猎犬，放鹰猎人也喜欢使用这种指示猎犬。

性格特征：这种小型指示猎犬可爱、友好、随和。它们拥有惊人的力量，行动迅速，能够随机应变，热爱学习，渴望工作。它们的狩猎欲望如果可以得到满足，会是一种平和、适应力强且很忠诚的狗狗。

常见疾病：强壮的品种，偶尔会患HD。

预期寿命：13年或者更长。

特点：尾巴残缺或者没有尾巴概率高。

适养人群：适合性格活泼、能够理解狗狗心理的人，同时热爱大自然，不仅仅是在周末才让这种浑身都是精力的狗狗出来活动一下。

威玛猎犬

身高：公狗59～70厘米，母狗57～65厘米。

体重：公狗30～40公斤，母狗25～30公斤。

皮毛：短毛、长毛都有。毛色银色、草黄色或者鼠灰色。

历史沿革：来自魏玛地区，19世纪末期开始作为纯种指示猎犬饲养。

性格特征：有多方面才能，有耐力，有热情，有力量，非常自信的一种猎犬，有保护行为，在猎人开枪射杀猎物之前以及射杀之后工作。对自己的主人非常忠诚。好的社会化必不可少，需要主人理解和体会它们的心理，给予它们坚定不移的教育和引导。如果引导不当或者不能充分发挥它们的才能，它们敏锐的洞察力可能会受到损害。

常见疾病：HD，羊痫风。

预期寿命：12年或者更长。

特点：可惜它们已经晋身为时髦犬类了。

适养人群：适合有养狗经验且是坚定不移的大自然爱好者，可以为狗狗提供狩猎活动，充分发挥它们的狩猎才能。

寻回猎犬和激飞猎犬

这一组的大多数犬类都具有游泳和叼回猎物的能力。除了寻回猎犬和激飞猎犬以外，还有水猎犬。

水猎犬是猎人和渔夫的好帮手。葡萄牙水猎犬可以帮助主人收回撒出去的渔网，还可以潜入水中去寻找从船上掉下去的东西。同时，作为猎犬，它们也可以像寻回犬那样，把主人射杀的水鸟叼回来。

寻回犬的祖先是纽芬兰的圣约翰水猎犬。这是一种中等体形的捕鱼犬，嗅觉灵敏，非常喜欢游泳和把东西叼回来。较早出现的波浪毛寻回犬则是由英国的猎犬杂交而来的。

如果不能让一只寻回犬参与狩猎活动，那么模拟狩猎活动也是非常有意义的。拉布拉多和金毛都是极好的导盲犬和助手犬的选择。这两种狗狗的工作系和展览系有很大的差别。激飞猎犬多才多艺，有耐力，有狩猎的敏锐洞察力，大多都非常喜欢水，它们可以独立在猎区进行大范围的搜索工作，其任务是帮助主人狩猎，例如把野外的飞禽赶到猎人的网里去。

金毛寻回犬

身高： 公狗56～61厘米，母狗51～56厘米。

体重： 公狗34～40公斤，母狗30～36公斤。

皮毛： 浓密的平毛或者波浪毛，底毛防水。颜色为金色或者奶油色的各种渐变色。

历史沿革： 19世纪由波浪毛寻回犬、苏格兰长耳、爱尔兰蹲伏猎犬培育而来，有一个种系还包括专门负责水中作业和猎捕小兽类的寻血猎犬。

性格特征： 如果能够充分发挥它们的才能，会是一种友好、可爱、好驯养、适应能力强的伴侣犬和家庭犬，但是必须给予它相应的教育。有些金毛寻回犬则非常敏感。

健康： HD，ED，眼部疾病，羊痫风。

预期寿命： 12年或者更长。

特点： 需要好好养护。

适养人群： 适合积极活泼的人，能够教育狗狗、为它们提供适当活动的人，也适合第一次养狗的人。

拉布拉多寻回犬

身高：公狗56 ～ 57厘米，母狗54 ～ 56厘米。

体重：30 ～ 40公斤。

皮毛：非常坚硬的浓密短毛，底毛防水。颜色为单色，有黑色、黄色、巧克力色和米白色。

历史沿革：它们的祖先是纽芬兰的圣约翰水猎犬，这种圣约翰水猎犬后来进入英国。多被用于猎捕野生禽类、从水中叼回猎物以及其他寻找猎物的工作。

性格特征：非常乐意学习的一种猎犬。如果能够得到好的教育，充分发挥它们的才能，会是一种理想的家庭犬。但它们必须尽早学会如何跟小一些的狗狗相处。

常见疾病：HD，ED，眼部疾病，羊痫风。

预期寿命：饲养合理，它们可以活12年或者更长。

特点：不适合作为单纯的沙发狗。

适养人群：适合积极活泼的大自然爱好者，可以经常和狗狗一起工作，也适合第一次养狗的人。

切萨皮克海湾寻回犬

身高：公狗58 ～ 66厘米，母狗53 ～ 61厘米。

体重：公狗29.5 ～ 36.5公斤，母狗25 ～ 32公斤。

皮毛：浓密的短毛，有防水功能，被毛含有丰富的油脂。一部分狗狗的毛是波浪形的。毛色有褐色、莎草色或枯草色。

历史沿革：19世纪美国的一种寻回犬和圣约翰水猎犬，可能是卷毛寻回犬以及平毛寻回犬、蹲伏猎犬和西班牙水猎犬杂交后培育出了这种可以猎捕飞禽和小野兽，并且可以看守院落的猎犬。

性格特征：是一种行动敏捷、身体健壮、有耐力的高效率猎犬，具有很强烈的保护行为。需要良好的教育和适量的活动，它们才能保持安静、友好和忠诚。

常见疾病：HD，PRA。

预期寿命：10年或者更长。

特点：在冰水中也能叼回猎物。

适养人群：适合那些有养狗经验的大自然爱好者喂养，他们可以有很多时间跟狗狗一起活动。

⊛ 狗狗品种大全（二）

哪个品种的狗狗适合我？在这儿您能大概了解一下。您找到一种比较感兴趣的狗狗了吗？如果您已经找到了，那么可以向纯种狗饲养协会、饲养者或者急救协会咨询更详细的信息。关于狗狗品种大全的第一部分，您可以参考第87页。

品种	图片在第几页	养狗经验	外出活动	教育	护理	犬类运动	城市
金毛寻回犬	94	•	••	••	••	••	••
巨型贵宾犬	100	•	•••	••	••	••	•
哈瓦那犬	101	•	•••	••	••	••	•
爱尔兰红色蹄猎犬	92	••	•••	••	••	•••	••
爱尔兰猎狼犬	105	••	•••	••	••	•••	•••
杰克罗素梗	84	•••	•••	••	•••	•••	••
小型贵宾犬	100	•	••	••	••	••	•
拉布拉多寻回犬	95	•	••	••	••	••	••
拉戈托罗马阁挪露犬	97	•	••	••	•••	••	••
巴哥犬	102	•	•	••	••	••	•
纽芬兰犬	81	••	•	••	•••	••	••
蝴蝶犬	102	•	•	••	••	••	•
伊维萨猎犬	89	•••	•••	••	••	•••	••
罗得西亚脊背犬	91	•••	•••	••	••	•••	••
巨型雪纳瑞	80	•••	•••	•••	••	••	••
标准雪纳瑞	80	•••	•••	••	••	••	••
喜乐蒂牧羊犬	77	••	••	••	••	•••	••
哈士奇（西伯利亚雪橇犬）	89	•••	•••	••	••	•••	••
狐狸犬	88	••	••	••	••	••	••
威玛猎犬	93	•••	•••	••	••	•••	••
西高地白梗	85	••	••	••	•••	••	••
惠比特犬	105	•	••	••	••	•••	•••
约克夏梗	85	••	•	••	•••	••	•••
迷你贵宾犬	100	•	••	••	••	••	•
迷你雪纳瑞	80	••	••	••	••	••	•
迷你狐狸犬	88	••	•	••	••	••	•••

养狗经验：•代表第一次养狗的人，••代表有一定经验的人，•••代表养狗经验丰富的人。运动和活动、教育、护理的花费以及适合犬类运动和城市的程度：•代表低，••代表中等，•••代表高。

英国可卡犬

身高：公狗39～41厘米，母狗38～39厘米。

体重：12.5～14.5公斤。

皮毛：毛中等长度，平滑，有丝绸般的光泽。有各种不同颜色。

历史沿革：它们的祖先是一种古老的西班牙猎鸟犬，主要用来猎捕丘鹬。第一个品种标准制定于1892年。如今，可卡犬成为一种受欢迎的家庭犬和具有多方面才能的猎犬。

性格特征：是一种友好、敏捷、快乐，有时候有些固执的狗狗。它们对主人忠诚，需要大量运动，如果主人能够给予它适当的教育，它学起东西来会很快。

常见疾病：耳朵疾病，眼部疾病，HD，羊痫风，可卡狂犬病（狂躁的攻击性行为），遗传性肾病变，湿疹。

预期寿命：12年或者更久。

特点：优秀的寻回犬和搜寻犬。

适养人群：适合积极活泼、能够理解和体会狗狗心理的人，他们能在和狗狗一起工作的过程中得到乐趣，也适合第一次养狗的人。

拉戈托罗马阁挪露犬

身高：公狗42～49厘米，母狗40～47厘米。

体重：公狗13～16公斤，母狗11～14公斤。

皮毛：羊毛状的卷毛，防水。颜色有白色，或者白色上带有褐色、橙色斑点的，也有黄褐色、褐色或者橙色的，或者带有白色斑纹。需要定期修剪。

历史沿革：祖先是一种古老的意大利水猎犬。从19世纪末开始在意大利的罗马涅地区用于寻找松露。

性格特征：如果它受到良好的教育，生机勃勃、喜欢玩耍、忠诚的拉戈托会是一只理想的伴侣犬。它警惕性高，喜欢学习，非常热爱工作。它需要大量活动，例如犬类运动或者某一种需要用到鼻子的工作。

常见疾病：HD，白内障，羊痫风。

预期寿命：13年或者更久。

特点：过敏症患者也可以选择的狗狗，因为它不会掉毛。

适养人群：适合积极活泼的大自然爱好者，可以理解和体会狗狗的心理，给予它们合适的教育，能够和它们一起工作，同样适合第一次养狗的人。

伴侣犬

　　这些狗狗的任务是播撒快乐，做人类的好伙伴。您如果想找一只适应能力很强的、相处愉快的伴侣犬，它们肯定可以满足您。

　　它们的工作是最困难的工作之一：家庭犬。即便如此，它们依然出色地完成了这项工作。虽然这之中的某些狗狗以前在狩猎、牧羊或者看家方面证明了自己的能力，但更多的是几百年来被作为纯粹的伴侣犬饲养，它们在冰冷的高墙内大展身手，为人类带来了欢乐。其实它们都是有个性的狗狗，有些甚至有个人主义者倾向，例如哈巴狗和拉萨犬。

　　伴侣犬自然的生活空间并不是手提包。这些狗狗希望积极地参与到人类的生活中来。是真正喜欢散步和追逐嬉戏的狗狗，它们也需要引导和界限。它们让主人的生活变得更好。如果主人能够理解和体会它们的心理，给予它们好的教育和足够的活动机会，它们的魅力和对生活的热爱对于每一个喜欢狗狗的人来说就都是一个很好的选择。

卷毛比熊犬

身高：不超过30厘米。

体重：3～6公斤。

皮毛：不厚重，有丝绸般的光泽，像长毛绒或天鹅绒一样有弹性。白色。需要精细的护理。

历史沿革：作为伴侣犬的历史可以追溯到中世纪。那时的它们生活在王室，在文艺复兴时期是贵族妇女的最爱。

性格特征：理想的伴侣犬，可以给人带来好心情。它们适应能力很强，对主人忠诚，喜欢讨好主人，性格随和，警惕性高，但喜欢不停吠叫。它们是优秀的、生机勃勃的陪伴者，可以长时间散步，适合犬类运动，喜欢学一些小把戏。

健康：养得好的话，它们是非常健壮的品种，偶尔会患膝盖骨脱臼、羊痫风和眼部疾病。

预期寿命：15年或者更长。

特点：不掉毛——是过敏症患者可以选择的品种。

适养人群：适合那些喜欢贪玩的狗狗的人，也适合第一次养狗的人，以及在城市里居住的人。

骑士查尔王小猎犬

身高： 30 ～ 33厘米。

体重： 5.5 ～ 8公斤。

皮毛： 长毛，有丝绸般的光泽。黑色带有古铜色斑纹，单色的有深红色，基础色是珍珠白，带有栗色的斑纹，黑白色带有古铜色的斑纹。护理费用中等。

历史沿革： 早在16世纪，西班牙小猎犬就是一种很受贵族和王室欢迎的伴侣犬。

性格特征： 它们很友好，热爱生活，对主人忠诚，性格随和，是理想的伴侣犬。如果得到好的教育，它们就会喜欢学习，也善于学习。骑士查尔王小猎犬适合犬类运动，不管什么样的天气，它们都喜欢外出散步。

常见疾病： 眼部疾病，心脏疾病，遗传性神经系统疾病（脊髓空洞症，小脑扁桃体下疝畸形）。

预期寿命： 12年或者更长。

特点： 不喜欢只卧在沙发上，需要大量的活动。

适养人群： 适合那些需要适应能力强、热爱运动的伙伴的人，也适合第一次养狗的个人家庭，或者生活在城市里的人。

吉娃娃

身高： 大约13厘米。

体重： 理想体重是2 ～ 3公斤。

皮毛： 短毛和长毛。除了黑色，其他颜色都有。

历史沿革： 这种世界上最小的狗狗是在墨西哥发现的，它的准确来源还没有得到最终确认。也许在托尔特克文明和阿兹特克文明时期就已经有了短毛的吉娃娃，长毛的吉娃娃是后来才出现的。

性格特征： 驯养得当，它们会是一种自信、警觉、勇敢、热情、充满活力、喜欢学习的狗狗。对主人非常忠诚，喜欢讨好主人，依赖主人。但也会经常对其他狗狗调皮捣蛋。

常见疾病： 膝盖骨脱臼，眼部疾病，尿路疾病，咽喉疾病，遗传疾病，颅盖骨裸露。

预期寿命： 15年或者更长。

特点： 体形越小，越容易患病。

适养人群： 适合那些喜欢身材小、有个性的狗狗的人，也适合第一次养狗或者生活在城市里的人。

贵宾犬

玩具贵宾犬的身高：低于28厘米，有2厘米的浮动空间。

玩具贵宾犬的体重：低于5公斤。

迷你贵宾犬的身高：28～35厘米（左上图）。

迷你贵宾犬的体重：大约7公斤。

小型贵宾犬的身高：35～45厘米。

小型贵宾犬的体重：大约12公斤。

巨型贵宾犬的身高：45～60厘米（右上图）。

巨型贵宾犬的体重：大约22公斤。

皮毛：蓬松，像羊毛一样卷曲。颜色有黑色、白色、棕色、银灰色、杏色、红色。需要定期剪毛。

历史沿革：贵宾犬是一个古老的品种，祖先是长卷毛猎犬（法国水猎犬），它们在主人射杀水鸟之后负责把水鸟叼回来。它们不仅在马戏团闯出一片天地，也成为极受贵族妇女和王室喜爱的犬类。20世纪中叶，它们成为欧洲和美国最常见的伴侣犬之一。如今有越来越多的狗狗爱好者发现了这种狗狗——它们有四种不同的大小以及多种颜色可供选择。

性格特征：很长一段时间，由于它们的毛像羊毛而备受争议。幸运的是这种情况发生了改变。贵宾犬是一种贪玩、有活力的狗狗，并且非常聪明。如果它们多余的精力得到释放，它们会很喜欢学习，学起来也会很快，也是一种非常优秀的搜寻犬。它们适应能力强，警惕性高，有着适度的羊毛状的毛发，是一种理想家庭犬，但它们也需要主人感情细腻的教育，才不会太过放肆。

常见疾病：眼部疾病。玩具贵宾犬可能会有膝盖骨脱臼、羊痫风、耳朵疾病、尿路疾病以及椎间盘疾病。迷你贵宾犬和小型贵宾犬可能会有羊痫风、皮肤疾病。巨型贵宾犬可能会有HD、胃扭曲。

预期寿命：玩具贵宾犬和巨型贵宾犬超过10年，迷你贵宾犬和小型贵宾犬超过14年。

特点：不掉毛，是过敏症患者可以选择的品种。

适养人群：适合积极活泼的人，可以让狗狗的多余精力得到充分释放，也适合第一次养狗的人。

法国斗牛犬

身高：大约30厘米。

体重：8～14公斤。

皮毛：短毛，浅黄褐色，有条纹或者虎斑，白色。

历史沿革：19世纪中叶，可能是在巴黎，由小型斗牛犬、格里芬犬和梗犬杂交而来，不久之后成为受上层社会和艺术圈欢迎的伴侣犬。

性格特征：温柔，快乐，忠诚，喜欢玩耍，活泼好动。警惕性高，不太喜欢吠叫。适中的活动需求。

常见疾病：呼吸系统疾病，眼部疾病，膝盖骨脱臼，脊柱疾病，心脏疾病。经常需要剖腹产。

预期寿命：10年或者更长。

特点：经常大声呼吸，发出呼噜声。对炎热非常敏感，几乎不能在炎热的天气活动。

适合人群：适合看重和狗狗的亲密关系的人，也适合第一次养狗的人，以及生活在城市里的人。

哈瓦那犬

身高：21～27厘米。

体重：3.5～6公斤。

皮毛：长毛，有着丝绸般的光泽，很少或者没有底毛。白色、浅黄褐色、黑色、不同程度的褐色，身上有或者没有斑点。需要精细的护理。

历史沿革：祖先是被带入古巴的西班牙和意大利的比熊犬。在那里它们成为受上层社会喜爱的犬类，并跟随古巴流亡者来到美国。

性格特征：理想的伴侣犬，由于它们性格活泼、有生命力、喜欢玩耍，因而获得了大家的喜爱。它们警惕性高，对主人忠诚，积极活泼，学习能力强，能够给人带来好心情。

常见疾病：没有与品种相关的易患疾病。

预期寿命：12年或者更长。

特点：可以当作牧羊犬使用。

适养人群：适合家里有小孩儿和老年人的家庭，也适合那些想要一只热爱生活、聪明机敏的狗狗的人，以及第一次养狗的人。

巴哥犬

身高： 25 ～ 32厘米。

体重： 6.3 ～ 8.1公斤。

皮毛： 纤细柔软的短毛。银色，杏色，浅古铜色，黑色，脸上有"面具"、皱纹和斑纹。皮毛容易打理。

历史沿革： 可能是在17世纪的时候从中国被带往欧洲，并在那里受到了贵族的欢迎。近几年巴哥犬成为犬界潮流，以至于被某些饲养者养得偏离本性、面目全非。

性格特征： 巴哥犬是一种快乐、忠诚、喜欢学习的狗狗，并且很聪明。它们喜欢运动这一点经常被人们所忽视，多数情况下对炎热非常敏感。如果养得好，它们会是理想的伴侣犬。

常见疾病： 呼吸系统疾病，眼部疾病，膝盖骨脱臼，脊柱疾病，心脏疾病。通常需要剖腹产。

预期寿命： 12年或者更长。

特点： 一定要注意给予它健康的饲养方式。

适养人群： 适合那些喜欢聪明、机敏、热爱生活的狗狗的人，也适合第一次养狗的人、家庭或者生活在城市里的人。

蝴蝶犬（大陆玩具犬）

身高： 大约28厘米。

体重： 公狗1.5 ～ 4.5公斤，母狗1.5 ～ 5公斤。

皮毛： 蓬松，纤细，没有底毛。白色基础色上各种颜色的花纹都可能出现，白色部分占据主要地位。皮毛要定期梳理。

历史沿革： 垂耳型蝴蝶犬（蛾犬）在中世纪的时候就已经是广受贵族和艺术家们喜爱的伴侣犬了。立耳型蝴蝶犬是吉娃娃和狐狸犬杂交而来。

性格特征： 理想的伴侣犬，它们能做的远远比一只赏玩犬要多。它们警惕性高，有活力，聪明，温柔，对主人忠诚，能够欣然接受主人的任务。

常见疾病： 膝盖骨脱臼，羊痫风。

预期寿命： 12年或者更长。

特点： 喜欢犬类运动。

适养人群： 适合积极活泼，喜欢敏捷、聪明的狗狗的人，也适合第一次养狗的人和生活在城市里的人。

关于遗传

一只杂种狗是由哪几个品种杂交而来的？基因测试可以解释这个问题。

在基因测试中会将这只杂种狗的遗传基因和不同品种狗狗的基因进行对比，找到它们的共同点。结果的说服力与参加对比的品种数量和来源有关系，因为来自欧洲品种的DNA构造通常和来自美国的品种不同。如果这只杂种狗的遗传基因和对比数据库中所列品种的遗传基因没有重合的部分，或者只有很少的相同部分，或者只能列出和它们血缘关系不那么近的品种，根据不同的测试结果，也许还有必要检查唾液和血液，并对数据进行分析。

一只狗的基础个性主要取决于它的内分泌系统。

冒失鬼在紧张和感到压力的时候主要受肾上腺素和去甲肾上腺素控制而做出反应，那些行为比较克制的狗狗会受到压力荷尔蒙皮质醇的控制。狗狗个性的1/3是遗传决定的。剩下的部分由它在母体内以及刚出生的时候受到的各种影响来决定，如果妈妈压力很大，也会影响到孩子。

颜色可以影响狗狗的行为。

决定皮毛颜色的基因会影响到新陈代谢过程，而新陈代谢过程又会对狗狗的行为产生影响。因此，皮毛颜色较深的狗狗性格比较沉稳，刺激阈值较高；红色或者浅红色皮毛的狗狗更倾向于感到不安和害怕。但是，不能仅仅通过皮毛的颜色来判断一只狗狗的性格。基因和周围的环境对狗狗的行为都会产生影响。

视觉猎犬

长腿，苗条，气质高贵，视觉猎犬非常有魅力的外表让人一见难忘。它们的性格也非常引人注目：在家里非常安静，让人感到舒适；在外面非常热情，充满激情。

视线范围内任何活动都逃不过它们的双眼，一旦它们开始奔跑，就停不下来。视觉猎犬捕猎主要依靠眼睛，而不是鼻子——这个重要的特点只适用于一种生活在亚洲沙漠和荒原地区的狗狗。

描绘视觉猎犬型狗狗的图画已经有超过4000年的历史了。一直以来，它们都受到非常高的评价，是无价之宝，不能被售卖，只能作为礼物赠送。阿富汗猎犬、萨路基猎犬、阿拉伯灵缇和阿沙瓦犬作为东方的视觉猎犬，具有古老的历史。它们在陌生人面前通常会保持一定距离，对它们的教育要求非常高。西方的品种，例如格雷伊猎犬、惠比特犬、意大利灰狗、苏俄牧羊犬、爱尔兰猎狼犬和猎鹿犬、西班牙灵缇、查特波斯凯犬以及匈牙利灵缇的历史则没有那么悠久，在教育的过程中通常会比较配合。如果没有让它们外出自由活动的条件，那么可以让它们在圈起来的一块土地上奔跑，这一点非常重要。

阿富汗猎犬

身高：理想型公狗68～74厘米，母狗63～69厘米。

体重：公狗20～25公斤，母狗15～20公斤。

皮毛：身体上的毛很长。颜色众多。每天需要梳理。

历史沿革：和狼有着最近的血缘的品种之一。主要用来猎捕羚羊和北山羊。第一批阿富汗猎犬在19世纪末从阿富汗来到英国。

性格特征：遇到合适的主人，它们会非常温柔、坦率。如果主人能够理解和体会它们的心理，肯花时间教育它们，它们就会很喜欢学习。非常独立，但在遇到压力的时候会胆怯退缩。中等运动需求，此外，它们每天都想真正地奔跑一次。极少数情况下可以放开它们，让它们自由活动。和同类的社交活动很重要。

健康：心脏疾病，眼部疾病，耳朵疾病，关节疾病。

预期寿命：10年或者更长。

特点：几乎没有体味。身体非常灵活。

适养人群：适合熟悉纯种狗的人，喜欢独立的狗狗，能够经常给狗狗护理皮毛和洗澡。

爱尔兰猎狼犬

身高：公狗不低于79厘米，母狗不低于71厘米。

体重：公狗最少54.4公斤，母狗最少40.5公斤。

皮毛：毛粗而坚硬。颜色有条纹灰，红色，黑色，纯白色，黄褐色以及其他猎鹿犬的颜色。需要定期修剪。

历史沿革：来自爱尔兰的早期猎狼犬拥有悠久的历史，它们用来猎捕狼、鹿和驼鹿。19世纪中叶几乎灭绝，这种猎狼犬通过和猎鹿犬、苏俄牧羊犬以及大丹犬的杂交而幸存下来。现如今，它们是世界上最大的狗。

性格特征：在家的时候像温顺的绵羊，出门狩猎的时候像威猛的雄狮。主人一定要能够理解和体会它们的心理，给予它们坚定不移的教育引导，才能驾驭这么大体形的狗狗。

常见疾病：胃扭曲，羊痫风，心脏疾病，骨骼疾病，关节疾病，骨癌。

预期寿命：6～8年或者更长。

特点：在它们生长期的时候要给予它们合适的饮食和运动。

适养人群：适合那些可以为狗狗提供合适的生活环境和引导的人，还要拥有足够的经济条件。

惠比特犬

身高：公狗47～51厘米，母狗44～47厘米。

体重：11～15公斤。

皮毛：纤细的短毛，颜色众多。容易打理。

历史沿革：在19世纪的英国由小型格雷伊猎犬和梗犬杂交而来，多用于猎捕野兔。惠比特犬风驰电掣般的速度和随机应变的能力使它成为工人阶级最爱的犬类。

性格特征：友好，适应能力强，喜欢运动，需要和主人的亲密关系。如果主人能够理解和体会它们的心理，给予它们坚定不移的教育，它们会很喜欢学习，也会学得很快。同类间的社交能力比较优秀，有时候倾向于控制其他人。

常见疾病：心脏疾病，羊痫风。

预期寿命：15年或者更长。

特点：在天气寒冷的时候需要衣物御寒。

适养人群：适合那些热爱运动的人，也适合第一次养狗的人，或者希望有一只温顺又机灵的狗狗的人。

狗狗来到我家了

多一些耐心和理解，您家的新朋友就能很快适应环境了，也定会在您的心里占有一席之地。请您好好享受和它在一起的幸福时光吧！

不管是一只小狗崽，还是一只已经成年的狗狗，这个新的家庭成员都会把您的生活搞得一团糟。为了让它能够更快地融入您的生活，在最初的一段日子里，您需要调整日常作息安排，即使到了晚上，也要时刻警惕着，这样才能让它快点学会不随地大小便。也许有时候您会怀疑自己的决定：把一只新的狗狗带到家里来是一个好主意吗？不要担心，只要您在决定养狗之前经过了深思熟虑，并且选择了一只适合您的狗狗，那么，很快就能盼到这么一刻：在这一刻，您已经无法想象没有它的日子将怎么过，您也不会有一秒钟会为了养狗而后悔。因为，这只狗狗对于您来说是朋友，是生活中所有逆境、顺境的伴侣。它现在需要的是您的关心和亲近，这样它才能感觉到这里是家，在这里它很安全。

基础装备

为了让新来的家庭成员拥有属于自己的地盘，需要一些基础装备。购买这些东西的时候要注意以下事项：小篮子、盆之类的东西要坚固耐用、质量好、容易清洗，没有容易脱落的细小零部件，以防被狗狗吞下去；没有会扎伤狗狗的小碎片、棱角或者尖端；塑料制品中不含软化剂，纺织品中没有有害成分。

有关喂食

食盆要坚固耐用、易清洗、足够大，这样一日三餐才不会变得很随便。狗狗吃饭用的碗有陶瓷的、食品级塑料的，还有不锈钢的。碗下面安装橡胶底座或者支架可以保证碗不会滑。如果您家的狗狗年龄比较大，或者背部有伤痛，那么您可以把它的碗放到一个小的平台或者支架上，这个高度可以让它吃饭、喝水变得容易一些。

长耳朵的狗狗　耳朵比较长的狗狗在食盆里吃食的时候容易被长耳朵阻碍，找不到食物，因此弄得很脏。您可以给它准备一顶吃饭时戴的帽子，或者准备一个高一些的容器，底部宽，越往上越窄，这样它的耳朵就不会掉进盛食物的容器里了。

急性子的狗狗　狗狗吃饭喜欢狼吞虎咽。它们吃饭太着急了，以至于吃一顿饭和狂欢节一样，让它们用有槽的食盆可以减慢它们吃饭的速度。

狗笼属于基础装备，可以在家里使用，也可以在带狗狗外出的时候使用

✅ 注意事项

准备工作都做好了？

当狗狗刚来到家里的时候，有很多事情要做。您确定您没有遗漏的吗？

○ 基础装备已经准备好了。

○ 犬类赔偿保险。

○ 在城市或者乡镇管理机构进行登记，交养狗税。

○ 预约带狗狗去看动物医生。

○ 预约去拜访其他小狗或者专业的狗狗教练。

○ 如果您需要，还可以为狗狗办理医疗保险。

食盆放置　即使一个家庭里养了好几只狗，也要给每一只都准备一个专用的食盆，水盆则可以共用。在所有狗狗有可能长时间待的地方都要准备一个装有新鲜饮用水的盆。食盆应该放在一个安静的角落，没有人喜欢吃饭的时候被打扰。

食盆下面　如果食盆是放在地板瓷砖、塑料垫或者橡胶垫上，打扫食盆的周围环境会相对容易一些。

清洁卫生　狗狗的餐具也要保持卫生。水盆一天至少清洗一次，食盆在每次吃饭后都要清洗，最好用水和清洁剂，要彻底冲洗掉清洁剂的残留。

囤粮　在您把狗狗带回家之前，可以先问清楚它之前都是吃哪些食物的，先给它准备一些常吃的食物放在家里。

遛狗装备

至于选择项圈还是挽具，最重要的还是适合狗狗，并且操作简单安全。有反射器或者照明功能的项圈可以在黑暗中为狗狗提供更多的安全保障。

项圈　项圈的宽度应该能够覆盖两个脊椎骨，宽松程度应该可以伸进去两个手指，不能太紧，让狗狗有被束缚的感觉，也不能太松，以防狗狗的头部从项圈中间穿过去。项圈的重量不能给狗狗造成负担，软一些的皮革、毡和织物是比较合适的。普通的狗狗和那些比较敏感的狗狗最好在项圈下面垫一层柔软的底衬，而尼龙、氯丁橡胶和专门的

塑料制成的项圈是喜欢下水的狗狗的理想之选。下列物品是和动物保护的相关规定相违背的，不该出现在我们的购物车：有刺的项圈、紧箍的项圈、没有扣眼的项圈，以及那些由细绳子制成、会嵌进皮肤里的项圈。

挽具　挽具不仅限于那些患有喉部疾病和脊椎疾病的狗狗。使用时必须在挽具下面装上软垫，否则会摩擦得很疼。请您在正规的动物用品商店购买这些东西，一是可以试戴，二是店主会给您很多详细的建议。必须要选择适合狗狗的挽具！

遛狗绳　有了可以调节长度的遛狗绳，您就可以应对各种情况了。好的遛狗绳可以用很久，比如那些皮革或者塑料制成的。织物制成的遛狗绳不是很好清洗。对于小狗来说，刚开始的时候比较适合用轻一些的尼龙绳。

常见的固定方式是使用弹簧扣。要注意的是，弹簧扣的大小和重量要适合狗狗，操作方便，不容易开。没有扶手圈的遛狗绳（见211页）可以用于狗狗的训练。没有机会让狗狗自由活动的时候，它还可以给狗狗提供额外的活动空间，就像卷轴遛狗绳一样。这种自动的遛狗绳适合那些习惯了主人用遛狗绳拴着自己的狗狗。操作起来必须保证安全，如果绳索缠在腿上或者迅速收回失控时，会伤害到狗狗及主人。

大衣　对于很多狗狗来说，如果它们没有底毛，或是年龄大了，或是怕冷，或是患了诸如椎间盘疾病或者肾脏疾病之类的病，

狗狗需要这些

您已经为狗狗准备了基础的装备。请您在购买这些东西的时候注意：项圈、遛狗绳、食盆等要适合狗狗的大小。

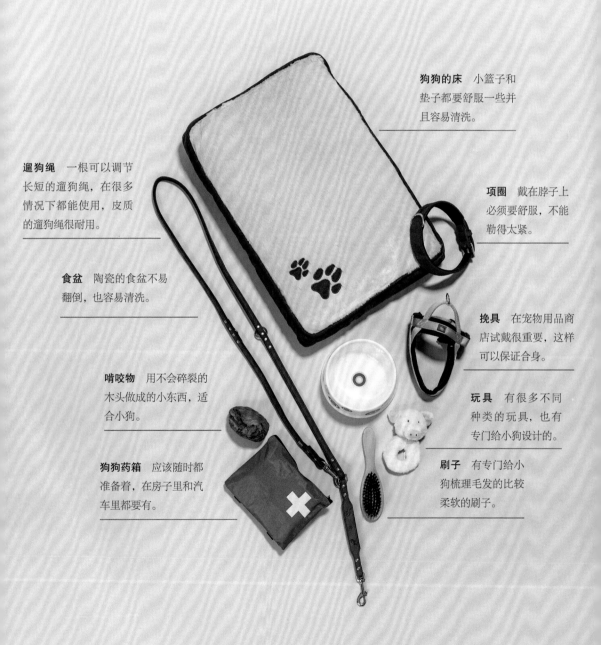

狗狗的床 小篮子和垫子都要舒服一些并且容易清洗。

遛狗绳 一根可以调节长短的遛狗绳，在很多情况下都能使用，皮质的遛狗绳很耐用。

项圈 戴在脖子上必须要舒服，不能勒得太紧。

食盆 陶瓷的食盆不易翻倒，也容易清洗。

挽具 在宠物用品商店试戴很重要，这样可以保证合身。

啃咬物 用不会碎裂的木头做成的小东西，适合小狗。

玩具 有很多不同种类的玩具，也有专门给小狗设计的。

狗狗药箱 应该随时都准备着，在房子里和汽车里都要有。

刷子 有专门给小狗梳理毛发的比较柔软的刷子。

保护它们不受潮湿和寒冷的侵袭是非常重要的。您可以向动物医生或者狗狗的饲养者进行咨询，评估它是否需要一件大衣。

放松和做梦

篮子是狗狗休息的地方。在这里它们可以不受任何人的打扰，安静地做着它们的美梦。如果医生规定它们必须休息，它们也可以在这里重新恢复活力。

奢侈还是简朴　狗狗是个人主义者。有些喜欢暖暖和和地窝在厚厚的垫子里，有些则喜欢凉爽的地方，能够伸展开身体。比较受狗狗欢迎的是那种有高高的沿儿的篮子，狗狗可以把脑袋放到上面。

基础模式　在知道您的狗狗喜欢什么样类型的篮子之前，可以为它准备一个简单的篮子。对于那些看见所有东西都要去咬的小狗来说，也可以给它一个大纸箱，剪成合适的尺寸，里面铺上软软的褥子。

晚上最好把狗狗的床放到您的卧室里，小狗晚上尽量不要独自睡觉

实用性　狗狗的床如果是纺织品制成的，要能够在洗衣机里面洗，至少要有可以拆下来清洗的床罩。而人造革床罩和装有垫子的塑料盆结实耐用，易清洗，使用时间长。

足够大　狗狗睡觉时喜欢蜷缩起来，但床的大小还是要保证它们可以舒服地伸展开四肢。您在购买床的时候，要注意床的大小要适合小狗成年后的体形大小。

休息区　您的狗狗最少需要两个篮子。一个要放在它晚上睡觉的地方，最好是放在床边。另一个放在客厅，这里是它和家人相处的地方。如果它可以跟您一起去办公室，那么也要在办公室里准备一张床。也就是说，在所有它经常停留的地方都要准备一个可以休息的小窝。如果您家有两只或者更多的狗狗，那么每只狗狗都要有属于自己的小篮子。它们可以凑到一起玩，但是真正睡觉的时候要各自回到自己的床上去。

好好安置　请您为狗狗的小篮子找一个没有穿堂风的地方，最好是放在角落或者靠墙的地方，这里可以让狗狗感觉到安全。小狗或者短毛狗大多更喜欢暖气旁边温暖的地方。体形较大或者毛多的狗狗通常喜欢凉爽的地方。狗狗喜欢具有"战略意义"的位置，例如大门、门廊，因为在这里它们可以看到家里发生的所有事，这一点很重要。如果您家的狗狗对于自己的看护工作太过重视，那么就不能让它看到家里所有的事。

🐾 安全之家行动

　　小狗们很喜欢试自己的牙齿，而且并不只在它们可以咬的地方。好奇心有可能会让这些小家伙陷入危险。家里那些不适合狗狗啃咬的东西都应该锁起来，房间里和花园里所有的危险源都必须清除。

危险	如何确保安全？
被门夹住	如果门被穿堂风刮得关上了，狗狗会被伤得很重。您可以使用门挡来确保安全。小狗们的好奇心非常重，喜欢钻到橱柜后面或者消失在缝隙里面。因此要把一些比较危险的缝隙都挡上，才能确保狗狗的安全。
溺水	如果您家的花园里有小水池或者游泳池，那么小狗就不能在没人看护的情况下自己待在花园里。如果没有辅助狗狗爬上来的合适设备，那么就连成年狗狗也不能独自待在有游泳池的花园里。在游泳池周围建一圈栅栏或者篱笆可以确保狗狗的安全。
内伤，肠梗阻	小狗崽们看见什么都往嘴里填，它们会把大块的东西咬碎，也会吞下一些小东西，这可能会有生命危险。订书钉、螺丝钉、铁钉、图钉、别针、橡胶圈、塑料盖、瓶盖、平头钉、儿童玩具、橡皮奶嘴、小球等要放在狗狗够不到的地方，垃圾桶也要关严。
触电	电线对小狗有特殊的吸引力，它们总想去咬。因此一定要把电线放在高处或者盖起来让它们看不到，例如放进电缆槽里。
高空坠落	高空坠落的危险主要是针对小狗和年纪比较大的狗狗，它们在楼梯、敞开的长廊、楼梯拐角处的平台或者阳台栏杆的空隙处有可能会坠落。另外，经常爬楼梯会伤害狗狗的关节。给这些地方设置一些障碍或者栅栏可以确保狗狗的安全。您还需要注意：在阳台栏杆或者打开的窗户前面不要放置可以帮助狗狗攀爬的东西，例如跪拜用的垫凳、长椅或者椅子。
中毒	好多东西对于狗狗来说都是有毒的。例如药物、香烟、铅笔、清洁剂、除垢剂、颜料、油漆、稀释剂、杀虫剂等，平时一定要锁好。还有一些对于狗狗来说有毒的食物，例如巧克力，不要让它接触到。
	房间和花园里有毒的植物不单单对于那些有探索欲望的小狗是危险的，这些东西必须确保狗狗接触不到。家里常见的有毒植物有侧金盏花、仙客来、朱顶红、海芋、杜鹃花、四季樱草、颠茄、紫藤、黄杨、铁筷子花、花叶万年青、紫衫、毛地黄、金链花、秋水仙、可可树、桂樱、粗肋草、羽扇豆、铃兰、槲寄生以及茄属植物，例如西红柿、水仙、夹竹桃、欧洲卫矛、鹿子百合、翠雀、蓖麻、毒人参、欧亚瑞香、曼陀罗、崖柏、一品红等。
受伤	如果狗狗用嘴咬植物的刺或者针形的叶子，以及尖的或者有棱角的装饰物，又或者眼睛离它们太近，都可能会伤到狗狗。因此一定要保证这些东西不在狗狗可以触及的范围内。体形较大的狗狗有可能在摇尾巴的时候把长沙发前面的茶几、低一些的架子和五斗橱上的东西碰下来。如果有易碎的东西掉下来，它们的碎片有可能会伤到狗狗的爪子。
逃跑	请您再检查一遍篱笆，把所有的洞都堵住，这样狗狗就不会趁您不注意偷溜走了。篱笆对于成年的狗狗来说够高吗？对于那些善于跳跃和攀爬的狗狗来说，1.6 米都不能算高。请您养成习惯，每次都要记得锁上花园的门。

　　在为狗狗安全着想的同时，也要为您家的安全着想。请把那些您喜欢的或者很昂贵的东西收起来，不要让爱咬东西的狗狗接触到，这样您才能快乐地拥有这些东西。

移动的家——狗笼

里面铺设得很温暖的狗笼也属于狗狗的基础装备之一，狗笼可以是塑料的，也可以是金属的。它能给狗狗提供一个有洞穴感的床，帮助它们进行不随地大小便的训练（见213页），可以在坐车的时候提供一些安全感（见221页），还可以在住宾馆的时候让它们感觉到家的温暖。

还需要什么？

基础装备还包括以下物品：

狗狗喜欢的玩具，可以拉、可以找、可以咬的玩具；

可以让狗狗啃咬的东西，骨头、树根、牛耳朵、牛鞭；

护理工具（见50页），梳子、刷子、除虱钳和擦干身体用的毛巾；

狗狗的药箱（见179页）。

最初的几天

等待是值得的，这一天终于来了，狗狗终于来到了您家里。您的激动是完全可以理解的，但是在这之前要先停一下，想一想您还有什么需要询问狗狗的饲养者、动物收容所的工作人员或者狗狗的前主人的——最好把这些都写下来。

回家

您肯定是开车把新的家庭成员接回家。如果回家的路程比较远，那么它要在踏上旅

请您帮助小狗尽快融入新生活，给予它多一些关爱。休息时间同样重要，小狗还需要很多的时间来睡觉

程之前的两个小时吃一次饭，这样能降低它晕车呕吐的可能性。尽管如此，您还是有必要准备一些厨房纸巾和铺盖。如果有可能，您不要一个人去接狗狗回家，而是要安排一个司机。您可以早上出门去接它，这样就可以早点回到家，但是要避开中午最热的时候。交接的时间要充足，要和饲养员讲清楚，什么对于您来说是重要的。一个好的饲养员会详细地向您介绍狗狗的喂食和护理情况，甚至会给您一个小包裹，里面装有它已经习惯了的食物。之后您也不要有顾虑，遇到问题要及时和狗狗的前任饲养者或者主人沟通。对于小狗来说，您的关心和付出是很重要的。在回家的路上，您要坐在汽车的后座，把小狗抱在怀里。这种亲密可以让它进入新生活的旅程变得容易一些，也为今后的互相信任奠定基础。

新家

您的朋友和亲戚肯定对新来的狗狗非常好奇，但是嘈杂会对狗狗适应新生活产生负面的影响，尤其是小狗，很容易就感到压力大了。请您多给它一些时间去认识新的家人和新的生活环境。大约一周之后，它渐渐地就可以开始会见拜访者了。

一步一步来　到家之后，狗狗可以有机会到外面去大小便。如果成功了，应该得到您的表扬。回到屋里，您可以告诉它，它的水盆、篮子以及狗笼都放在哪里了。如果来到您家里的是一只小狗崽，您最好是坐到地上跟它交流，这样它可以更好地和您取得联系：从一开始您就是它安全的港湾，它可以随时靠岸。在接下来的几天中，也要一步一步地来，告诉它其他可以停留的地方。当狗狗放松下来，您就可以给它喂食了。

没有小灾小祸　之后再次带它出去，它就可以排尿或者排便了。以后，每次狗狗变得躁动不安，很明显在闻地板，又或者刚睡醒觉、刚吃完东西，这时候您就要迅速但是不慌不忙地把它带出去（213页训练狗狗不随地大小便）。

当天渐渐暗下来

这一天对于狗狗来说非常疲惫：它进行了一次旅行，并且来到一个新的环境中。这不仅仅对于小狗来说是一次非常重要的经

实用信息

适应项圈和遛狗绳

➔ 您可以在狗狗吃饭或者玩耍之前给它带上项圈，这样它就能很快忘记自己戴着项圈了。

➔ 您可以循序渐进，让项圈待在狗狗脖子上的时间一点一点地增加。

➔ 小狗在刚刚戴上项圈的时候会用爪子去挠它，这是很正常的，您不要对它表示怜悯，而是应该用游戏来分散它的注意力。

➔ 如果您在给狗狗戴项圈的时候，它并没有任何反抗，这时候您应该对它进行表扬。

➔ 您可以在室外给小狗拴上遛狗绳，但是不要拉它。现在应该给它一些安全的活动空间。它需要适应一段时间。

历。小狗和它的妈妈以及兄弟姐妹，还有所有它从出生以来就熟悉了的事物分开了。如果第一天晚上就让它独自度过，对它来说简直像噩梦一般。不管是成年狗狗，还是小狗崽，都不要让它在晚上独自度过。狗狗是社会性动物，与社会伙伴——它们的家庭之间的亲密关系非常重要。如果您不在它的身边，如何去建立一个良好的关系带给它安全感呢？因此，对于狗狗来说最好的位置就是您的卧室。对于小狗崽来说，甚至要把它安置在您的睡床边，这样您就可以把手放到它的笼子里，以这样的方式告诉它，您就在它身边。这样做还有个好处：当它由于紧急需求而不安时，您可以很快感觉到。

迁出　如果您不想让狗狗在您的卧室睡觉了，你可以暂时搬到它晚上睡觉的地方，在它旁边睡。您要在那陪着它，直到它完全放松下来，可以自己平安地度过整夜。

狗狗发现了新的世界

狗狗好奇的小鼻子开启了探索模式，它们开始寻找这个陌生的世界为它提供了些什么。根据狗狗不同的品种和性格，您要决定在这个过程中给予它更多的支持，还是为了防止它陷入麻烦，限制它的探索行为。原则是找到合适的度，不能对它要求太高，也不能对它照顾得太好。现在最重要的是：狗狗能够在您这里找到它所需要的安全感，获得它对新家庭的归属感，更重要的是知道它可以信任您。

如果您带回家的是一只8周大或者10周大的小狗，那么它的社会化过程还没有结束。和同类、人类以及其他动物的交流，还有和各种不同环境的接触，都属于它继续学习的内容。

请给狗狗时间，让它去熟悉您的房子、花园或者门前可以大小便的地方。先不要带小狗去离家太远的地方，只有当它感觉到安全和熟悉的时候，您才能小心地扩大它的活动范围。

世界的其他地方

狗狗的探索期开始于它们13周或者14周大的时候。对周围环境的认识不是一场比赛，其关键不是在短时间内尽可能多地搜集信息。每一只小狗都应参加一个有良好领导的小组，它们可以在那里得到必要的指导。此外，您还要学会利用其他机会。

您可以带着小狗去拜访您的朋友，让狗狗陪着您和朋友喝咖啡。

请您在带它散步的时候经过一片有羊、牛或者马的草地，或者在它们旁边停下来，跟狗狗玩耍，这样它就可以感知到其他的动物。

您可以带它进城，去汽车站或者商店。您坐在一张长椅上，狗狗趴在您前面的地面或者坐在您的膝上。就这样观察熙熙攘攘的人群10分钟，在这个过程中要注意，不要让过往的行人给狗狗造成困扰。

您可以带狗狗去动物诊所一两次。在那里不要给它打针，而是给它一些好吃的东西，或者在那里跟它亲热一会儿。

狗狗可以在散步的过程中经历很多，但是运动量要适当（见243页）。

请您用汽车载着小狗到一些它比较喜欢的地方去，例如和同龄的狗狗一起玩耍的地方或者一片草坪，在那里，它可以和您一起做游戏。

保护弱小

您遇到其他狗狗的时候，请不要相信它们会保护弱小——根本不存在！哪怕是有，也是自家狗保护自己的孩子。许多狗狗确实会对陌生的小狗很有耐心，这和它们受到了适当的教育有关。但其他狗狗对于小狗突然靠近或者纠缠不休的行为则会反应非常激烈，有的甚至会把小狗当作猎物。每次您都要估计一下，小狗和遇到的陌生大狗进行交流，对于它来说是否危险。如果您对于这次会面对它的影响的积极性有所怀疑，就要阻止它。

不要有压力

搬家以及所有新鲜事物都会让小狗非常激动，没有必要每天都给它安排满满的日程，让它学习新的东西，例如"坐下"之类的命令先不要列入日程。过多的要求会给小狗带来压力，它们会感到紧张甚至生病。请您注意为它安排一个均衡、平稳的时间表，给它留出足够的时间睡觉，因为小狗需要充足的

睡眠呢。早一些让它适应狗笼（见217页），您就可以保障它所必需的休息时间以及不受打扰的睡眠了。

成年狗狗

如果您家新来的这只狗狗已经成年，也需要能够安安静静地到家，然后和家人成为朋友。它比小狗有更高的运动需求，然后因此能够更快地熟悉它周围的新环境。在这个过程中，您要考虑到它的性格和之前的经历。

如果它在之前经历比较坎坷，那么您能帮助它的最好的办法就是给它一种可以信任和独立自主的感觉。狗狗有一种非常棒的能力，就是可以在当前的状态下做到最好，它们不会去想过去发生的事。虽然它们的行为

实用信息

固定的规则——这样每个人就知道它能够做什么、不能够做什么

➜ 有没有狗狗不能进去的房间？例如厨房，对于那些贪吃的狗狗来说，这个措施非常重要。

➜ 您在吃饭的时候，狗狗要趴在它的小篮子里，这样可以从一开始就杜绝它在餐桌前乞求您给它食物。

➜ 狗狗可以跟您一起去大门口迎接客人的到来吗？如果不可以，它就要待在它的小篮子里；如果可以，您就要注意不要让它扑向客人。

➜ 它可以趴在沙发上吗？如果可以，您要在那儿铺一条褥子或者毯子，告诉它这里是它的位置。

➜ 孩子们的玩具对于狗狗来说是禁区。

会受之前经历的影响，但是新的主人、新的生活环境对于它们来说就是开始新生活的机会。

如果您因为狗狗之前悲惨的遭遇而给予它同情，或者试图通过现在给予它许多特殊的自由来弥补它之前的遭遇，结果通常会事与愿违。因为这样对于狗狗来说就没有了一个有约束力的行动框架，它必须承担那些它根本就不想承担的责任——大多数情况下，狗狗都会出现人类不想看到的异常行为。

不是每一只狗狗的过去都悲惨，许多成年狗狗甚至比小狗还单纯。对于第一次养狗的人来说，它们再合适不过了，但是也要想到有可能会出现的问题。如果狗狗来到您家以后出现了问题，您就要向一位优秀的狗狗训练师进行咨询了。这可以为您和狗狗的共同生活提供最好的保障。

从一开始就制定清晰的规则

有了理解、耐心和毅力，您和狗狗一定会成为最好的朋友。从一开始就不要忍受那些您以后不想看到的行为，这样就能为它设定一个清晰的行为框架。您可以列一个单子，哪些是可以做的、哪些是不允许的——注意，所有家庭成员都要遵守。

狗狗和儿童

大多数孩子都梦想有一只狗狗来给他作伴。事实上，科学家早就证明了孩子会从与狗狗的相处中受益：和狗狗交往可以提高孩子理解和体会他人心理的能力、分享的能力和为他人着想的能力；可以给孩子安全感，消除孤单的感觉，改善孩子的运动技能。除此之外，还能带给孩子很多快乐。

给孩子买的狗狗？

买了一只狗，然后就万事大吉了？可没这么简单。只有当您不是给孩子买狗，而是自己想养狗的时候，才会有积极的效果。因为您必须要为孩子做榜样，告诉他们养狗意味着：满足狗狗的要求，让狗狗融入家庭。家长要对狗狗的方方面面负责，根据孩子的年龄和成熟度让他们负责照顾狗狗的某一方面。

适合孩子，也要适合狗狗

狗狗必须接受教育，孩子们也是。当狗狗被孩子们纠缠而困扰时，经常会发生冲突。狗狗必须要学习如何正确对待孩子，如果它行为不当，要及时给予纠正。只有当孩子也会为他人着想的时候，他们的生活才能和谐。

孩子们必须学会如何克制自己。狗狗不喜欢总是被拥抱，它们完全不能忍受孩子们不停的拥抱。狗狗在打盹、睡觉、吃饭或者咬东西的时候，不能被打扰。

孩子们只能给狗狗喂一些家长允许的食物，不能喂饼干、巧克力等。

狗狗的食物、骨头和玩具对于孩子们来

说是禁区。

孩子们不可以拉狗狗的尾巴、耳朵或者皮毛，容易引起它发怒的行为都该禁止。

孩子们对于狗狗来说是玩伴，但不是它们的教育者。让狗狗执行命令是大人的事。如果狗狗在玩耍的过程中变得疯狂起来，孩子们必须学会如何保持镇定，向大人求救。

孩子们必须知道，有些门，例如大门或者花园门不能敞开着，否则狗狗会跑掉的。

尽管如此，孩子们和狗狗还是会有一些出乎我们意料的行为。哪怕是很短的一段时间您没有看着他们，也会导致他们发生误会，甚至会进而出现危险情况。因此，请您不要让他们单独相处，哪怕是很短的几分钟也不行。有了父母的榜样力量，狗狗会成为孩子们难忘的好朋友。

狗狗和其他动物

小狗和很多动物都可以成为好朋友。尽管如此，小兔子、天竺鼠和其他啮齿目动物必须养在狗狗触及不到的范围中，因为每一种快速运动都会引起狗狗的狩猎行为。鸟笼和动物饲育箱也要放在狗狗够不到的地方。一起在房间里自由奔跑或者自由飞行也不是个好主意，因为小一些的鸟、啮齿目动物说不定最终会落在狗狗的嘴巴里。这种情况当然会更多出现在成年狗狗身上，尤其是那些狩猎欲望很强的狗狗。

狗和猫

众所周知的狗和猫的关系不一定正确。虽然狗和猫说着不同的语言，但是它们可以学着互相理解。如果您家有一只猫，现在新来了一只小狗，它们是可以成为亲密的朋友的。许多成年狗狗也可以习惯一只猫的存在，只要这只猫有交朋友的意愿。但是，如果在花园里或者大街上遇到陌生的猫，大多数情况下就不是这样了。猎犬通常很难和猫在同一个屋檐下和平相处，它会一辈子都把猫当作它的猎物。

狗和狗

哪种组合是最合适的，取决于每一只狗的性格。同一品种的狗狗大多数时候会有相同的兴趣、爱好和行为，也能相处得更好，但是完全不同的狗狗也有可能成为朋友。

一只公狗和一只母狗通常能很快熟悉起来，但是母狗发情期有可能会是一段比较难熬的时间（见179页）。

同性的友谊也不少见，两只公狗或者两只母狗可以很幸福地生活在一起。但如果它们的性格和地位非常相似，就会很容易产生矛盾：母狗打起架来也是非常无情的。

如果您想带一只小狗回家，那么必须保证家里的那只成年狗狗在小狗面前行为举止比较得当。当然也有这种情况：小狗太调皮或者纠缠不休的时候，大狗可以给它教育和惩罚。

❓ 提问和回答

选择 & 融入

1 **我们不久之后会有一只小狗。对于起名字这件事有什么好的建议吗?**

最好是选一些比较短的名字,只有一个或者两个音节的名字。结尾有"i"或者"y"的名字尤其易懂好记,例如Henry、Toni、Willi、Heidi、Penny和Ruby等。您可以选择一个狗狗长大后也能用的名字,要叫起来朗朗上口。建议您翻一翻名字大全或者网络上相应的页面,那里有很多好的名字。

如果家里有一只大狗、一只小狗,那么主人就要给它们定下一些规矩了

2 **我们有一只马耳他犬,我们还能再养一只大狗吗?**

大狗和小狗可以很好地互相理解。如果您要选择一只小狗,那么不要选一只特别爱打架的。您的任务是,要注意不能让您家的马耳他犬因为新来的小狗太活泼而受苦,过不了多久,新来的小狗就会在身材和力量上超过它。您应该教给小狗如何在行为、做事的时候为他人着想。例如,不允许它围着马耳他犬跑,不允许它用爪子打它。如果您觉得马耳他犬在和小狗的游戏中力不从心,那么您要立刻出面停止这个游戏。这样,它们两个应该可以成为亲密的朋友。

3 **怎样才能让我们家的小狗习惯它的名字?**

不要在骂它的时候叫它的名字,只有在给它喂食或者给它玩具这类好事的时候才叫它的名字。

4 **我可以让我家10周大的小狗长时间单独待在家吗?**

不可以,小狗需要学习才能单独待在家。如果现在就延长让它单独在家的时间,有可能会让它产生分离的恐惧。此外,如果让它单独在家,它就会学着在屋里大小便了,这对于训练它们不随地大小便是不利的。

5 我们可以给小狗买一些它们长大后也可以用的项圈和遛狗绳吗？

不建议这样做。小狗的项圈和遛狗绳必须要用柔软的材料制成，例如尼龙。成年狗狗的项圈太沉了，而且也不合适。小狗还会经常啃咬遛狗绳，因此没有必要买一些很贵的款式。它们长大之后可以选择皮质的遛狗绳，这种更坚固耐用一些。

6 我们住在一栋出租屋的四层，想养一只腊肠犬。腊肠犬是我们正确的选择吗？

重要的不是腊肠犬品种特有的性格适不适合您，重要的是您住的房子有没有电梯。如果没有电梯，那么每次上楼下楼您都要抱着它了。所有身长和身高相比更长的品种，例如腊肠犬、巴色特猎犬和柯基犬，都更容易患椎间盘疾病——经常爬楼梯会增加患病概率。

7 小狗要达到多大年龄，我才能把它接回家养？

小狗被送人或者售卖的最小年龄是8周。研究证明，小狗如果太早和妈妈以及兄弟姐妹分开，会对它的免疫系统和抗压能力产生消极的影响。动物行为研究专家建议，体形比较大的狗狗最早在12周大的时候送人或者售卖，但是也有很多在更早的时候被送人或者售卖。

8 怎样正确地抱起狗狗呢？

在抱起小狗的时候必须好好支撑住它。一只手扶着它的胸部，最好是把食指放在两条前腿中间。另外一只手支撑住它的屁股。然后小心翼翼地把它放到您的胸前。一定要把狗狗固定在臂弯里，这样它就不会挣扎着摆脱您的双手，然后掉到地上。

9 我们想带我们家的杰克罗素梗犬去拜访家里有狗的朋友。我们怎么做才是最合适的？

如果这两只狗狗还不认识彼此，那么它们的第一次见面最好是在一个比较中性的地点，不要在房子前面或者在每天遛狗的路上。您可以和朋友相约在外面一起散步。在这个过程中，您可以观察狗狗的行为，从它们的行为中就可以看出来，把它们带回家见面是否可行。

3

如何健康地
给狗狗喂食

给狗狗喂食是主人在狗狗有生之年一直要思考的一个问题。狗狗怎样才能得到最好的营养——是吃成品狗粮还是由主人自己做给它吃？它需要吃些什么才能保持健康，并且保持好的状态去做狗狗必须要做的事？各种商品的外包装不是一眼就能让人看明白，这一点已经让选择变得很难了。那些知识丰富的人很明显就有了优势，可以更好地决定给狗狗的食盆里放些什么，因此也就为狗狗的健康奠定了基础。

喂食的基础

对于狗狗的主人来说，看到狗狗不停地吃着为它准备的食物，总会非常开心的。它吃得很香，但是它得到需要的所有营养了吗？

正确地喂食对于狗狗来说是必不可少的，即便您家的狗狗已经成年了。还没出生的小狗通过脐带从妈妈吃下去的食物中获取它所需的营养。如果狗妈妈饮食上有缺陷，就会对它的孩子有消极影响。这就是为什么要在各方面饲养条件都很好的地方买小狗的一个重要原因。刚出生时，小狗通过母乳获得保持身体健康所需的营养。小狗第一次吃的奶（初乳）不仅含有很多热量，还可以为小狗的身体提供增强免疫力所需的重要物质。因此，充满好奇心的小狗在找到某种食物、尝到滋味的时候，它们就开始探索世界了。有了好的饮食，它们才能健康成长。

消化系统的工作

狗狗经常被认为是肉食动物，像它们生活在野外的祖先狼一样。但是，狼也不是仅仅依靠吃肉来生活的。它们主要吃一些小的猎物，连皮带毛一起吃，大一些的猎物连同它们的肠子以及里面进行了预消化的植物一起吃下去，它们还会吃水果、浆果、垃圾、排泄物和尸体。狼对于食物是非常注重实用性的，会充分利用可以利用的东西。狗和狼的食物实质上没有什么不同，但狗和人类的亲密关系使狗狗的食物种类扩大了，以致改变了它们的消化系统，把它们变成了一种偏爱肉食的杂食动物。

狼吞虎咽，而不是咀嚼

狗吃起东西来狼吞虎咽的，食物还是很大一块时就被它们咽下去了。它们会用尖利的牙齿和颌骨上强壮的肌肉把太大的东西切成小块，不管是肉还是骨头。它们的唾液可以保证食物更好地滑进食道。当狗狗在等待一顿饭的时候（见131页巴甫洛夫的狗），唾液就由不同的腺体分泌而成，在口腔集中。但是狗狗的唾液和人类的唾液不同，没有发酵酶。

胃里的酸性攻击

食物到达了胃里，就开始了真正的消化过程。强壮的胃部肌肉会把食物挤碎，胃液会把它们消化掉。狗狗胃液中盐酸的含量要比人类胃液中盐酸的含量高很多。这一点对于狗狗来说非常必要，因为它们吃的是肉和一些从人类的角度来看已经坏掉的食物，例如已经腐烂的动物尸体或者粪便。在狗狗胃液这种酸性的环境中，食物中含有的许多病原体根本无法存活。

营养成分的摄入

经过胃部的处理，食物到达小肠以后，就可以被小肠内的消化液和消化酶分解。接下来，分解后的营养成分（见125页）会被小肠壁吸收进入身体，通过血液到达身体各个部位。食物中还剩下的成分会到达大肠。很难消化的一些营养成分在这里也会再被消化一部分，主要是在发酵过程之后。继续析出液体，再剩下的部分就会成为粪便被排出体外。

实用信息

没有水不行！

→ 为了保证身体各项功能的正常，水是必须的。水的量可以随意，但是必须让狗狗随时都能喝到水。

→ 狗狗的身体会通过呼吸、皮肤、尿液和粪便流失水分。

→ 狗狗对水的需求量和狗狗食物中的含水量有关系，和它周围环境的温度以及身体劳累程度也有关系。

→ 一只吃湿的狗粮的狗狗，每天所需要的平均水量是每公斤体重8毫升（即一只10公斤重的狗狗每天需要80毫升水）；一只吃干燥狗粮的狗狗每天所需要的平均水量是每公斤体重45毫升（即10公斤重的的狗狗每天需要450毫升水），如果它每天的活动量大或者周围环境的温度高，那么它就需要更多的水。

→ 狗狗突然增加饮水量，有可能是生病的征兆。

营养成分学

日常饮食可为您的狗狗提供维持身体正常机能、修复受损细胞以及保持活力所需的营养成分。前提是食物中包含足够的营养成分，能满足正常的新陈代谢所需，各种成分之间比例均衡。狗狗需要什么、需要多少、比例如何，取决于狗狗的个体状况，例如体形大小、年龄和每天的活动量。

主要的营养物质

蛋白质 含有动物身体不能自己产生的必要的氨基酸。它们的作用是构成和维持细胞和组织的正常功能，例如在成长期，肌肉和血液的形成都需要蛋白质。

缺乏蛋白质会导致新陈代谢紊乱、成长障碍，并容易感染；蛋白质摄入过多会损害肾脏和肝脏。

蛋白质存在于肉类（主要是瘦肉）、鱼类、动物内脏、乳制品、蛋类、豆类和啤酒酵母中。

碳水化合物 为细胞快速提供所需的能量，是大脑和血细胞唯一的能量供应者。运输碳水化合物需要用到胰腺分泌的胰岛素。糖类被存储在肌肉中，当肌肉中存储满了，就会变成脂肪。

碳水化合物摄入量过少会导致体力下降、低血糖；摄入量过多会导致肥胖。

碳水化合物存在于植物类食物中，例如玉米、大米、小米、面粉、土豆等。

脂肪 饱和脂肪酸是优秀的能量来源，对于体温的调节具有重要作用。不饱和脂肪酸对于新陈代谢、脂溶性维生素和神经系统来说是必不可少的。

脂肪摄入量过少会导致体重过轻、没有动力、注意力不集中、新陈代谢疾病；脂肪摄入量过多会导致肥胖和器官脂肪化。

脂肪存在于肥肉、牛油、鹅油、黄油、鲑鱼油、鱼肝油（富含维生素D）以及冷榨方式得到的植物油中。

膳食纤维 主要是不能被小肠消化吸收的碳水化合物，它们可以刺激消化，产生液体，对身体的解毒具有重要作用。

膳食纤维摄入量过多或者过少都会导致便秘。

膳食纤维存在于粗粮中的纤维素、扁豆、蔬菜和水果中。

年轻的大丹犬：大型犬类的幼犬对食物的要求尤其高

🐾 矿物质和维生素

　　狗狗的均衡膳食还包括摄入适量的矿物质和维生素，其中一些会在下面解释。狗狗需要这些物质的量主要取决于它们的年龄、活动和生活环境。

名称	用途 / 缺乏症以及摄入过多会导致的症状 / 存在于哪里
钙和磷	合适的钙元素和磷元素比例大概是 1.3∶1，它们对于骨骼、牙齿、神经、肌肉、血液凝固、脂肪代谢和细胞功能非常重要。钙元素和磷元素摄入量不足会导致骨骼和牙齿缺钙、神经疾病、抽筋和血液凝固受阻。磷元素摄入过多会导致尿石、影响钙的吸收、腹泻和肾脏疾病；钙元素摄入过多会导致尿砂、便秘、呕吐。钙元素和磷元素存在于骨头、鸡蛋壳、乳制品（含量较少）中。磷元素还存在于肉类、鱼类和谷物中。
镁	与骨骼的构成和保养、肌肉的功能、血液循环系统和消化系统有关。镁元素摄入量不足会导致成长障碍、肌肉虚弱、注意力不集中、抽筋、韧带松弛以及神经过敏；镁元素摄入量过多会导致腹泻，影响钙元素和磷元素的摄入以及尿石。镁元素存在于鱼类、扁豆、谷物中。
钠	与身体的含水量以及酸碱平衡有关。钠元素摄入量不足会导致脱水、血液含量过低、血液循环障碍、神经过敏；钠元素摄入量过多的情况很少出现，例如喝海水（会导致腹泻，痉挛），因为过量的钠会被排出体外。钠元素存在于有盐的食物以及食盐中。
钾	与细胞的作用、多种消化酶、肌肉系统和神经系统有关。钾元素摄入量不足会导致身体虚弱、便秘、血液循环问题以及肾脏问题、成长障碍。钾元素存在于肉类、鱼类、蔬菜、水果和谷物中。
铁	存储和运输氧气。铁元素缺乏通常发现得比较晚，会导致效率低，增加感染病毒和发炎的危险，贫血；铁元素摄入量过多会导致细胞受损。铁元素存在于肉类、鱼类、麦麸、燕麦、酵母、全麦食物中。
碘	与甲状腺激素和新陈代谢有关。碘元素摄入量不足会导致效率低、没有动力、神经敏感、易激动、甲状腺肿大、皮毛没有光泽、掉毛以及成长障碍；碘元素摄入量过多会导致腹泻和甲状腺功能退化。碘元素存在于食管肉类中（动物的脖子和食道）以及鱼类中。
锌	保护免疫系统、皮肤和皮毛。锌元素摄入量不足会导致效率下降或者多动症，增加感染病毒和发炎的危险；锌元素摄入量过多会导致锌/铜比值增大。锌元素存在于肉类、鱼类、麦麸、燕麦、酵母、全麦食物中。
水溶性维生素	维生素摄入量过多会被排出体外，因此不存在维生素含量超标的问题。维生素 B 族有许多功能，例如对神经和大脑的功能有益，维生素 B₇（生物素）与皮肤和毛发有关系。维生素 B 族存在于肉类、动物肝脏、干果、酵母中。除了年龄很大的狗狗，其他的狗狗大多数都可以在自己的体内合成足够的维生素 C。
脂溶性维生素	身体需要脂肪和油才可以利用脂溶性维生素。过多的脂溶性维生素会在肝脏、肾脏和脂肪组织中堆积，对身体是有害的。维生素 A 是皮肤、生长和视力所必需的，存在于动物肝脏和蛋类中，维生素 A 的前期阶段叫作 β - 胡萝卜素，存在于生菜、绿色蔬菜、胡萝卜中。维生素 D 主要用于钙的代谢和免疫系统，存在于动物肝脏、动物性脂肪、鱼肝油中。维生素 E 可以保护细胞膜，存在于谷物中。维生素 K 主要对血液凝固和血管很重要，存在于动物肝脏、鱼类和绿色蔬菜中。

　　如果狗狗的食物中矿物质和维生素含量太少，就会导致相应的缺乏症，但也并非"多多益善"，摄入量过多同样会引起病痛和非常严重的疾病。

根据需求进行合适的喂食

正确地给狗狗喂食，就是要在喂食时考虑到它的个体需求。

能量需求

体形大小和皮毛　狗狗摄入的能量中很大一部分被用来维持体温。小狗在身材比例上有更多的体表，也就是更多的皮肤。这样，它们也就会向周围环境散发更多的热量。这部分丢失的温度需要得到补充和平衡，才能保证体温的恒定：一只体重为5公斤的成年狗狗每公斤体重所需要的能量几乎是一只体重为50公斤的狗狗每公斤体重所需能量的两倍。毛比较少或者比较薄的狗狗会比一只皮毛很厚的狗狗向周围散发更多的热量，因此它需要更多的能量。

实用信息

下面的症状表明喂食不当或者狗狗生病了：

- ➲ 皮毛没有光泽，有一些鳞片状的东西或者斑秃。
- ➲ 狗狗很快就感到精疲力尽或者有多动症。
- ➲ 狗狗表现出行为异常，例如容易受到刺激，没有动力或者对周围环境漠不关心。
- ➲ 狗狗每天排便少于一次或者多于三次。
- ➲ 狗狗的粪便看起来颜色很浅、很深或者和正常的颜色差别很大。
- ➲ 粪便臭味刺鼻，不成形，比较稀或者非常干燥，狗狗在排便的时候非常痛苦。
- ➲ 狗狗总是放屁。

脾气秉性　一只生活从容、惬意的狗狗和一只相同体重、同一品种的狂热紧张的狗狗相比，需要的能量少一些。

阉割手术　狗狗做了阉割手术以后，身体的新陈代谢会发生变化。通常说来，一只做过阉割手术的狗狗比一只没有做过阉割手术的狗狗所需的能量大概少30%。这一点在喂食的时候应考虑进去。

成长期的饮食

年轻的狗狗需要更多的基本营养元素、矿物质、微量元素和维生素，因为成长需要大量的能量。只是增加喂食量并不是解决的办法，因为各种营养元素摄入量过多和过少一样对身体有害，尤其是在生长期。在狗狗小的时候您就通过为它提供的饮食给它的健康打下了基础。如果一只小狗通过吃饭摄入太多的能量，那么它就会成长得过快。这一点在体形较大的狗狗身上尤其会是一个问题，有可能导致它们的骨骼受到伤害，增加肥胖和乳腺癌的患病率。

最好的年龄——根据不同的活动

如果一只已经成年的狗狗体重处于正常状态，那就需要均衡的膳食来维持这样的体重，给它吃的食物中所含的热量不能超过它每天所需要的量。所有那些超出它需要的热量都会成为脂肪被存储起来。

如果狗狗必须要做更多耗费能量的事情，就需要补充更多的能量。例如执行公务的狗狗、每天出去放牧的牧羊犬、在训练期和比赛期的雪橇犬、处于孕期最后三分之一阶段的母狗或者处于哺乳期的母狗，但是那些每周运动两次的狗狗并不需要补充更多的能量。

老年阶段的饮食

身体的各项机能随着年龄的增长会逐渐退化。这涉及所有方面，从运动机能到消化能力。狗狗的食物，尤其是蛋白质必须容易消化，并且含有高价值的营养，这样营养物质才能在身体里毫无负担地被吸收。高质量的蛋白质对于保持肌肉健康非常重要，另外，许多年纪比较大的狗狗每天所需要的维生素和矿物质的量也会增加。增加食物中膳食纤维的含量对于消化系统非常重要。随着年龄的增长,新陈代谢减慢，运动量降低，狗狗所需要的热量也就降低了。天资高的狗狗有时候会需要更多的热量来维持它们的体重。

 体重变化

狗狗的成长各有不同。饮食必须适应每个个体不同的需求。下列表格是采用抽样方式对不同品种的狗狗所做的调查。同一品种的狗狗体重的增加量和最终的体重也会因它们最终的体形大小、类型、身材以及其他因素的不同而有所差别。

品种	出生时	4 周	8 周	6 个月	12 个月	24 个月
吉娃娃	0.12 公斤	0.45 公斤	0.8 公斤	1.6 公斤	2.4 公斤	2.8 公斤
蝴蝶犬	0.13 公斤	0.5 公斤	1.0 公斤	2.5 公斤	2.9 公斤	3.5 公斤
巴哥犬	0.17 公斤	0.78 公斤	1.3 公斤	6.5 公斤	8.0 公斤	8.5 公斤
比格猎犬	0.32 公斤	1.8 公斤	3.6 公斤	8.0 公斤	10.0 公斤	11.5 公斤
澳大利亚牧羊犬	0.35 公斤	2.6 公斤	5.8 公斤	14.0 公斤	19.0 公斤	21.0 公斤
拳师犬	0.48 公斤	2.3 公斤	4.8 公斤	16.0 公斤	23.0 公斤	30.0 公斤
拉布拉多寻回犬	0.42 公斤	3.1 公斤	6.5 公斤	21.0 公斤	30.0 公斤	33.0 公斤
爱尔兰猎狼犬	0.60 公斤	5.0 公斤	11.0 公斤	40.5 公斤	53.0 公斤	61.0 公斤

请您定期为狗狗测体重，这样可以控制它的体重。可以让专家为您的狗狗量身定制一个饮食计划，给小狗画一个它的成长曲线也是非常有意义的。

给狗狗的特殊饮食

你吃了什么，就会变成什么——这不仅适用于健康的狗狗，还适用于生病的狗狗，比如患了过敏症或者肥胖症的狗狗。合适的饮食有助于恢复健康，控制病情，延长狗狗的寿命，提高生活的质量。

当狗狗生病了

动物医生为狗狗治疗疾病，作为对医生的配合和支持，食疗是非常有意义的，甚至是不可缺少的，例如狗狗患了肾脏疾病、肝脏疾病、尿石、糖尿病或者心脏瓣膜关闭不全。除此之外，如果狗狗患了胰腺疾病以及胃肠疾病，也建议进行食疗。对患了关节疾病的狗狗进行有目的的喂食，可以对关节软骨产生积极的影响；对年纪大的狗狗进行食疗，对它们的大脑机能有好处；给狗狗进行食疗还可以防止牙石的形成。食疗可以强化

过度肥胖会伤害到内脏器官和关节。动物医生要监督狗狗的减肥计划

抵抗力，在事故或者手术后帮助身体恢复，对抗炎症。动物医生会很乐意给您一些这方面的建议。

必须进行食疗　生病的狗狗身体本来就很虚弱，为了不继续给身体增加负担，食物必须容易消化。食物中的成分，或者食物前一阶段的成分，如果对生病的狗狗有消极的影响，就要在食疗中合理地减少这些成分，同时必须为狗狗提供营养均衡的膳食。由疾病引起的对某种营养元素的吸收障碍可以通过补充营养来进行平衡，这样可以防止出现营养缺乏症。

自己准备食物　主人可以为自己的狗狗做一些它们需要的食物，但前提是，必须有全面的营养学知识，否则就存在这样的危险：食物对狗狗身体的损害大于对健康的益处。要用人类吃的食物来为狗狗制作健康饮食，很重要的一点是：请一位有营养师资格证的专家为狗狗量身定制一个饮食计划，尤其是生病的狗狗。

成品食疗食物　许多狗粮制造商都生产狗狗的食疗产品，有干燥形式的狗粮，也有湿的。您可以通过动物医生购买或者拿着医生的药方去专门的商店或者生产商那里购买。

美味的零食　奖励给狗狗的小零食和辅助饲料必须和它的食疗计划相匹配，这样才不至于前功尽弃。

易消化的食物　患了急性肠胃炎的狗狗应该吃一些容易消化的食物，例如颗粒状的

适用于生病的狗狗的食疗方法

狗狗不管患了急性疾病还是慢性疾病以及疼痛，食疗都是很有必要的。有些疾病甚至迫切地需要食疗，才能控制疾病的发展。为此，一定要咨询动物医生。

疾病	食疗方法
肾脏（见 177 页）	为了保护这个解毒器官，食物中要含有更少的、更容易消化的蛋白质。除此之外，也要合理地控制钠元素和磷元素的摄入量
肝脏（见 176 页）	肝脏是一个解毒器官，在生病的时候必须要给肝脏减轻负担。建议减少蛋白质和脂肪的摄入量，吃一些容易消化的食物，铜元素和钠元素摄入量要适中，还要注意补充锌元素和维生素 K
尿结石（见 177 页）	尿结石分为不同的类型，成分也不同。鸟粪石结石主要出现在碱性的尿液中，草酸钙结石出现在酸性的尿液中。合适的食物应该可以分解结石，或者防止形成新的结石。食疗食物中含有少量易消化的蛋白质，和结石类型相适应的矿物质，通常是促进饮水和排尿的盐类，还应该调节尿液的酸碱度
糖尿病（见 176 页）	为了防止血糖升高，要少食多餐，多吃富含纤维素的食物，这些食物中有长链条的碳水化合物，不要吃含糖的食物
心脏（见 175 页）	心脏瓣膜关闭不全的狗狗要吃含盐量少、容易消化的食物

新鲜奶酪，或者将轻乳酪掺进煮熟的米饭或用水冲泡的小米片中。

当食物导致狗狗生病的时候

狗狗有可能对不同的物质过敏（见 178 页）或者不耐受（大多数是消化不良），例如动物性和植物性的蛋白质，而食品添加剂则有可能会加重过敏。最常见的过敏源是牛肉、鸡肉和谷物。越来越多的狗狗对面筋不耐受，是由于谷物中的谷朊蛋白（面筋）导致了小肠发炎。这种病的诊断主要通过排除法，就是把患其他疾病的可能性排除掉。同时要和动物医生商定一个为期 8 周的排除性食疗，在这个过程中狗狗只能吃那些它以前没有吃过的食物，这些食物应该只包括一种动物性蛋白质（例如马肉、袋鼠肉或者鸵鸟肉）和一种植物性的碳水化合物（例如煮熟的土豆）。还可以选择成品食疗食物，加上细化的氨基酸。如果这些食物可以让狗狗病情好转，那么可以小心翼翼地添加上其他蛋白质来源。通常，这种食疗会伴随狗狗一生。

当狗狗太胖的时候

狗狗的身材是多种多样的。有些品种的狗狗身材苗条、细长，一些人看了可能会觉得：这只狗是不是没吃饭啊？还有一些品种的狗狗就应该有些肉。为了正确评估狗狗的体重，要把它跟相同品种、相同身材、相同大小的同类进行对比，还要和最优的饮食状态进行对比。

可以多吃一点吗　如果狗狗的体重超出了正常体重的5%，就算是超重了。它摄入的热量多于它每日所需的热量。肥胖对健康的影响是多方面的，最先出现的就是导致活力减少，对运动器官的压力增加，还有可能导致心脏和血液循环系统疾病，以及其他器官的病变。狗狗的生活质量会受到损害，会失去宝贵的生命时间。最好的办法就是您不放松对它的管制，以及对于它的身材进行严格的管理。

实用信息

请您测试一下，您的狗狗有多苗条。例如：
平均身材的狗狗

- ➡ 有些品种的狗狗的标准身材是不瘦不胖的，用您的手掌可以很轻松地感觉到它的肋骨。从上面看，狗狗的腰身很明显。
- ➡ 超重的狗狗的肋骨藏在一层脂肪下面，很难感觉到。从上面看，看不到它的腰身，或者腰身不明显。
- ➡ 太瘦的狗狗肋骨和骨盆都很明显，短毛的狗狗甚至一眼就能看出它们的肋骨和骨盆。从上面看，狗狗的腰身非常突出。

给狗狗称体重　请您定期给狗狗称体重。您可以教会它如何自己坐到体重秤上。除此之外，还可以抱着狗狗站到体重秤上，之后再减去您自己的体重。如果您的狗狗太大了，可以选择去动物医生那里称体重。

体重警报

如果狗狗太胖，就要采取点措施了。但只是简单地把它的饭量减半，并不是正确的方法，因为这样做不仅减少了它摄入的热量，还减少了它生命所必需的营养物质，从而导致缺乏症。

慢一点，但是要坚持　为了防止狗狗出现营养缺乏症，它每周最多只能减掉体重的2%。一份食物中所含的热量应该参照它要达到的理想体重来决定。

合适的食物　如果是自己为狗狗准备食物，可以在食物中多添加一些不容易消化的纤维素。成品狗粮要被分为不同的分量，根据狗狗超重的程度来决定。严重肥胖的狗狗的减肥计划要在动物医生的监督下进行，美味的小零食也要列入减肥计划中。除此之外，还要防止狗狗通过其他方式吃到食物。

生命在于运动　另外，狗狗还需要更多的运动。运动必须要和它当前的身体状况相适应，而且只能逐步增加运动量，这样可以不给它的关节以及身体器官带来太大的负担。

研究与实践

关于喂食

狗狗可以吃牛奶和鸡蛋吗?

每个个体的情况是不一样的,许多狗狗不能喝牛奶,或者只能接受一点点,原因是它们对乳糖不耐受。不含乳糖的牛奶大多数狗狗都是可以接受的。生鸡蛋被认为是保持漂亮的皮毛的偏方,但是蛋清含有抗生物素蛋白。如果生吃鸡蛋,会妨碍维生素B族中生物素的吸收,这会对皮肤和皮毛有消极的影响,把鸡蛋煮熟再吃则不会有影响。

为什么狗狗比狼更容易消化碳水化合物?

瑞典乌普萨拉大学的一个由艾瑞克·艾克瑟森(Erik Axelsson)领导的研究团队通过对比狼和狗得出这样一个结论:狗狗体内负责代谢和消化淀粉的基因片段与狼身上的这种基因有很大差别,也就是狗狗消化碳水化合物和植物性食物的能力比狼强很多。这是由于人类对狗的驯养和改变的食物供给,狗狗为了适应这些变化而改变了自身。人类从农业社会开始,也经历了一个类似的适应过程。

巴甫洛夫的狗

经典条件反射体现在一些不能被外界影响的反应中,例如唾液的分泌。苏联的诺贝尔奖获得者彼得罗维奇·巴甫洛夫通过研究刺激和行为证明了这一点。当一只狗等待食物的时候,就会分泌唾液。巴甫洛夫每一次给狗狗喂食的时候都要晃动铃铛,发出声音。以后,当只有铃声时,狗狗还是会分泌唾液。这就意味着狗狗把响铃和喂食联系起来了。

该给狗狗喂些什么？

市面上可供选择的狗粮种类繁多。在商店的宠物用品区上面堆满了各种品牌的狗粮，网上有关狗粮的页面看起来好像有无数页。哪一种是正确的呢？

在养狗人之间展开了一个非常激烈的讨论，这个讨论是关于给狗狗喂食的。不同阵营强烈推崇自己认为正确的喂养方式。有些人赞成使用成品狗粮，有些人觉得自己给狗狗做饭是正确的，还有一些人觉得给狗狗喂生食是唯一正确的喂养方式。不管是吃成品狗粮还是吃主人自己做的食物的狗都能健康成长，也都有可能生病。重要的是要考虑到狗狗的需求，为它提供营养均衡、高质量的食物。真正的"决策者"是狗狗：它能接受这种食物吗？它得到它所需要的所有营养成分了吗？它的身体健康状态良好吗？它觉得饭菜好吃吗？接下来将会对不同的喂养方式进行对比。究竟选择哪种喂养方式，要具体情况具体分析。

成品狗粮

大多数养狗人在喂养狗狗的问题上都相

信工业化生产的成品狗粮。一顿"主食"应该为狗狗提供足量并且均衡的营养。"辅食"作为进一步的补充，可以让这一顿饭变得更加营养均衡，例如添加一些肉类、谷物麦片和矿物质粉。

主食狗粮

主食狗粮根据狗狗的年龄、体形大小、活动类型以及其他需求的不同分为很多种。市场上可以买到一些有机产品，那些患有过敏症或者其他疾病的狗狗可以选择。狗粮中有价值的营养成分让狗狗容易接受，也更容易消化。建议食用量通常都太多了，大多数情况下，我们可以在厂家给出的建议食用量的基础上减少10%，然后检验一下，这个量对于自己家的狗狗来说够不够。如果您不仅关心自己家的动物，还关心其他人家的动物以及周围环境，那么购买狗粮时要注意选择地方性的产品，还要选择那些不在产品中添加大规模技术养殖的动物肉类的制造商。

干型狗粮　这种狗粮是经过高压、脱水、膨化或者挤压、烘干制成的。经过高温后，一些营养成分，例如维生素，已经流失了，因此必须在事后再喷撒上去。脂肪也是在之后才喷撒上去的，这样可以防止食物变质。这种狗粮中的含水量低于15%。干型狗粮在食用之前可以先用水浸湿，这种做法尤其推荐给那些家里有小狗的养狗人。

优点：使用方便，在食盆里不会很快变质。干型狗粮和其他类型的狗粮相比大多数都是物美价廉的。

缺点：狗狗必须多喝水，可接受性比湿型狗粮或者自己做的狗粮要低一些。干型狗粮大多含有大量的碳水化合物。

半干型狗粮　这是一种半干燥的狗粮，含水量是15% ～ 20%。这种狗粮的使用率比干型狗粮和湿型狗粮都低。

优点：大多数狗狗都喜欢吃。

缺点：这种狗粮为了防止产生霉菌和细菌，大多含有防腐剂和添加剂。通常半干型的狗粮还会含糖。

湿型狗粮　通常被存放在罐头或袋子中，含有70%以上的水分。取出狗粮要进行加热、消毒再放到狗狗的食盆中。这个过程中流失的营养成分（例如维生素）需要进行额外补充。

优点：狗狗对这种狗粮的接受率很高，如果不打开，这种狗粮可以保存很长时间。

缺点：有些湿型狗粮含有糖分。价格相对来说比较高，会产生很多包装垃圾。有些湿型狗粮含有相对较多的胶冻剂和结缔组织，这些成分会增加狗狗的排便量，而且会导致粪便太软。

要知道里面有什么

可靠的产品制造商的工作是公开透明的。他们会在产品的外包装和网页上写清楚产品成分，还会有售后服务人员为您提供信息。

请您只购买那些您能看懂它的成分的产品。产品中各种成分的具体数量都列出来了吗？或者标明了最少量和最多量吗？有关蛋白质的来源都给出了详细信息吗？例如，一种产品的成分宣称是"天然的"，厂商提到名字的成分也许只占到所有成分的 4%，剩余其他的动物类成分并没有给出详细的名称。

在产品的外包装上要写清楚这个产品是主食、补充食品还是辅食（例如零食），另外，配料、营养成分、添加剂、生产日期、保质期、净含量、湿度（如果高于 14%）以及制造商的名字和地址都要写在外包装上。

营养成分　厂商给出了产品营养成分的化学分析，但是通过这些分析无法了解到产品的质量或者可消化性。

粗蛋白：食物中所含的氮元素（蛋白质化合物）的最少量。

粗脂肪：食物中所含脂肪的最少量。

粗灰分：食物中无机物的最大量，也包括矿物质和微量元素。

粗纤维：膳食纤维的最大量。

食物质量　指的是肉类和动物内脏等适合人类食用的东西。

配料　配料表中列举了产品中的各种成分，按照它们的含量从多到少排列。

"公开配方"列举了所有成分，因此比较容易让人看明白。每一种成分都要能够被加起来，这样才能算出它们的总含量，例如谷物成分中的小麦和玉米。

"保密配方"只列出了一些成分的统称，例如肉类和动物性副产品或者谷物和植物性副产品。每种成分的含量是多少、包括哪些东西，都是不明确的。例如：

肉类（例如牛肉）：只是指那些自然状态下含有水分的时候进行称重的肉类。

肉粉：磨成粉的肉类，干燥之后进行称重。

牛：指的是所有来自牛的成分，包括副产品。在干燥之前进行称重。

牛粉：所有来自牛的成分被磨成粉，包括副产品。

动物性副产品：包括所有屠宰过程中出现的垃圾，不会危害动物的健康，由于商业原因不会让人类食用的部分，例如动物的胃、反刍动物的第三胃、肺、肾和血，还有利爪、蹄子和可以作为供狗狗啃咬的物品的兽皮，另外还有出生一天的小鸡。

谷物：小麦、玉米、大米、燕麦、大麦等。

植物性副产品：在对植物或者植物的某些部分进行加工的时候出现的产物，例如麦麸、苜蓿面、甜菜碎屑、纤维素。

植物性附属产品：麸皮、后路粉、谷蛋白粉等。

添加剂　维生素、矿物质和微量元素、防腐剂、色素（例如 E127）、香精、乳化剂、胶冻剂、增稠剂、稳定剂和酸度调节剂。天然的防腐剂是维生素 E、维生素 C 和 β - 胡萝卜素，人造的防腐剂有 BHA/E320 和 BHT/E321。某些人工合成的防腐剂会导致假性过敏或加重过敏症，而且有引起其他疾病的嫌疑。如果您家的狗狗容易过敏，那么您在购买狗粮的时候一定要注意这些添加剂，如果有可能，您还应该询问一下产品的制造商。

比较各种产品

有责任感的养狗人会给狗狗提供高质量的狗粮。各种狗粮的品质参差不齐，给狗狗喂食要根据它的个体需求，不是每一种食物都能满足您家狗狗的需求。由于食物中水分的含量不同，所以只能比较去除了水分剩下的那部分。

例如：含水量为8%、蛋白质含量为21%的干型狗粮，除去水分剩下的那部分中蛋白质含量为22.8%。

例如：含水量为81%、蛋白质含量为8%的湿型狗粮，除去水分所剩下的那部分中蛋白质的含量为42.1%。

计算　您可以通过包装上标注的狗粮的含水量（F）来计算里面除去水分剩下的那部分有效成分的含量（Tm）：100−F=Tm

例如干型狗粮：100−8=92

例如湿型狗粮：100−81=19

这样，您就能用包装上写的蛋白质含量（W）算出除去水分剩下的那部分中的蛋白质含量了：W：Tm × 100=WTm

例如干型狗粮：21：92 × 100 = 22.8

例如湿型狗粮：8：19 × 100 = 42.1

自己为狗狗做饭

越来越多的养狗人相信自己为狗狗做饭是最好的选择。

优缺点

优点　您可以自己决定各种配料的质量和来源，并且可以保证里面不含有害的添加剂。这不只对于那些胃比较敏感或者容易过敏的狗狗来说是好选择。

缺点　需要确切地了解食品的组成成分以及狗狗的个体需求。这一点对于每个年龄段的狗狗都很重要，对处于成长期的狗狗和有特殊饮食需求的狗狗来说尤其重要。如果饮食不均衡，就会出现营养缺乏症，有可能导致严重的疾病。许多吃主人自己做的饭长大的狗狗摄入的营养成分不够，主要是缺乏微量元素。

自己做饭　通过加热，食物会变得更容易消化，但是在加热过程中流失的营养成分，例如维生素等，必须再以其他方式添加进去。

生食（BARF）　"骨头和生食"也被称为"自然材料制成的适合这种动物吃的生食"。植物性的配料必须加热或者做成泥状，这样狗狗才能消化它们。通过添加一些辅食，例如研磨成粉末的鸡蛋壳、鱼肝油和矿物质粉，就可以达到膳食均衡。生食供应商会把肉和辅食送货上门。

在处理生肉的时候一定要注意卫生，因为生肉中含有沙门氏菌。生的猪肉不能喂给狗狗吃。

采访

狗狗的生食（BARF）

这个养狗人坚信给狗狗喂生肉是对的，那个养狗人则觉得这种食物有危险。生食究竟怎么样？它适合什么样的狗狗？动物饮食专家将为您解答这些问题。

娜塔莉·迪丽策（Natalie Dillitzer）博士，动物医生

娜塔莉·迪丽策是动物喂养方面的专家，她为很多养狗人提供狗狗喂养方面的咨询服务，也会为狗狗量身定制适合它们的饮食计划。她拥有一家专门为狗狗烘焙的面包店，她还写了很多专业文章，是《动物医生给出的喂食建议》专业书籍的作者，另外，她还为动物医生、动物饲养者以及宠物的主人做了很多有关动物喂养的报告。

生食（BARF）更适合什么样的狗狗？

娜塔莉·迪丽策：每个人都可以给自己的狗狗喂生食，这个决定是个人的，也和每个人的喂养哲学有关。优点显而易见：狗狗喜欢吃生食，可以每天变换花样，配料和制作过程公开透明。但是只给狗狗喂肉类、蔬菜、水果、鸡蛋和油，它就没有机会去捕捉猎物，也不能获得均衡的膳食。除此之外，它还需要其他补充性的配料。70%自己喂养的狗狗不能得到它们需要的所有营养成分，或者所获得的各项营养成分的比例不合理。

哪些狗狗不适合吃生食？

娜塔莉·迪丽策：那些生病的狗狗和年纪比较大的狗狗不适合吃生食。对于患有肝脏疾病、肾脏疾病的狗狗来说，生食中的蛋白质和磷元素的含量太多了。对于患有尿结石的狗狗来说，生食中矿物质的含量太多了。年纪大的狗狗吃生食，会对它们的肾脏和肝脏造成很大的压力。

生食有不同的种类吗？

娜塔莉·迪丽策：可以全部喂生食。可以选择肉类、动物内脏、骨头、鱼肝油、坚果、水果和蔬菜。部分生食喂养也可以搭配一些

煮熟的碳水化合物和谷物麦片。

每一顿饭都要保证营养均衡，还是只在一个时间段内保证营养均衡就可以了？

娜塔莉·迪丽策：这与营养成分有关。一周喂狗狗吃一次动物肝脏就够了。但是，如果狗狗对碘元素的需求也是一周才满足一次，那么它的甲状腺功能就会产生波动。对于微量元素，每天都要保证摄入均衡。还有骨头也不能一周喂一次，因为骨头可以保证狗狗体内的钙元素达到平衡，最好是每隔一到两天喂狗狗吃一次骨头。

在给狗狗喂骨头的时候应该注意什么？

娜塔莉·迪丽策：最好是喂上面有肉的骨头，这样狗狗咬起来更好，分量大约每公斤体重每天喂2～3克骨头。太多的骨头会

导致尿砂或者粪便里面有骨头。还要注意，骨头的碎片有可能会伤到狗狗。骨头越硬，狗狗被骨头碎片割伤的危险就越大。

您对那些想要给自己的狗狗喂生食的养狗人还有什么建议吗？

娜塔莉·迪丽策：肉类、动物内脏、骨头、蔬菜和水果并不能涵盖一只猎物能给狗狗带来的所有营养成分。通常吃生食的狗狗会缺乏微量元素，甚至很多书里给出的数据都是错的。不管是给狗狗喂生食，还是自己给狗狗做饭，配方都要由专业人员制作或者经过他们的检验。如果想要改喂生食，一定要注意逐步推进。

家常饭可以吗？

自己给狗狗做饭还是从我们的饭桌上拿一些食物给它？给狗狗喂食哪些事可以做，哪些事不能做？什么东西对于狗狗来说是有害处的？

娇惯小小美食家？

如果主人允许狗狗吃他们饭桌上的饭菜，它们会很开心。只要它求而不得，它就可以获得一些小零食——但是最好不要直接从您的饭桌上拿。调味料放得很多的食物、甜食、巧克力等绝对不能让狗狗吃。让它舔一舔酸奶盒或者凝乳盒，偶尔吃几根面条、一小块奶酪或者小香肠是可以的。

没有肉吃，狗狗会快乐吗？

狗狗是杂食动物。食物中只要有一部分来自动物，就能保证狗狗的健康，满足它们的身体需求。狗狗对蛋白质的需求，最好有 50% ～ 65% 来自动物性蛋白，剩下的部分来自植物性蛋白质。

素食主义 让狗狗做素食主义者也是可以的。前提条件是：对动物性蛋白质的需求通过牛奶和蛋类来满足，例如淡奶油或者颗粒状的鲜乳酪。

高质量的植物性蛋白质来源有小扁豆和干果。小扁豆的蛋白质质量尤其好，但它属于常见的过敏源之一，必须使用有机种植的。给狗狗提供营养均衡的素食需要主人掌握很

小贴士

让狗狗的饮食变得更有用

好的主食可以提供给狗狗所有它需要的营养。但是，允许再给它一些小零食——在量上不能损害到营养的均衡性：

➡ 偶尔给狗狗一勺淡奶油或者颗粒状的鲜乳酪会成为一个亮点，不管是放在食物上面还是在两顿饭之间。

➡ 可以偶尔给它们吃一些压碎了的香蕉或者磨成泥的梨。磨成泥的苹果对狗狗的消化甚至还是有益处的。

➡ 在征求了动物医生的意见之后，可以给狗狗吃一些氨基葡萄糖或者绿贝精制品，对它们的关节软骨有益处。

➡ 在征求了动物医生的意见之后，可以给狗狗吃一些大马哈鱼油、亚麻籽油或者月见草油，这些东西在狗狗换毛期有利于皮肤和皮毛。

多食物营养学的知识，并且能够按照狗狗的需求来为它准备食物。尤其在成长期或者需要特殊饮食的时期，喂食错误会引起非常严重的后果。如果您想要给您的狗狗进行素食喂养，那么一定要咨询有经验的专家，让他为您的狗狗制订一个饮食计划。

严格的素食主义者 狗狗需要动物性蛋白质，严格的素食主义的喂养方式并不适合狗狗。那些想要对宠物进行严格素食主义喂养方式的人，应该选择一个这样的宠物：它天生对饮食的要求就是吃一些植物性食物，也就是说它是食草动物。

实践指南

小吃 & 零食

小吃可以让狗狗有事可做，还可以帮助它们护理牙齿

啃咬可以给狗狗带来乐趣，甚至可以缓解压力。坚硬的小吃可以帮助狗狗护理牙齿。请您注意这些小吃的质量以及来源，还要把它们提供给狗狗的热量也计算到它们每天所需的量中。

烘焙食品　烘焙得非常坚硬的谷物饼干或者肉饼可以让狗狗的食物变得不再单调。

经典的食物和具有异国情调的食物　可供狗狗啃咬的物品种类繁多，光肉类食物就有多种，例如羊肉、鸡肉、火鸡肉、鸭肉、鸵鸟肉、鱼肉、马肉、鹿肉、兔肉或者袋鼠肉，可以满足许多有过敏症的狗狗的需求。

比较经典的零食有用牛皮制成骨头形状或者带状的小零食，用牛的胃制成的带状零食，不同长度的牛鞭或者牛耳朵。

比较受欢迎的还有肉干、鸡脖子、动物内脏，例如鸡心。

适合需要控制体重的狗狗吃的热量不高的零食有烘干的动物肺脏和肉干。

大多数狗狗都喜欢主人为自己烤的饼干

采取冷榨的方式获得的植物性油脂对皮肤和换毛有积极的作用。

如果您想为狗狗添加一些辅食，一定要先和动物医生进行交流，听取他的建议。

自己烘焙：

斯佩尔特小麦鲜乳酪饼干

要焙烤一盘饼干，需要用到：

150克斯佩尔特小麦粉（630型）

100克薄燕麦片

1/2茶匙干燥的罗勒

100克颗粒状的鲜奶酪

2汤匙番茄酱

把斯佩尔特小麦粉放在工作台上

把饼干压成狗狗的形状

准备时间：20分钟

烘焙时间：25 ～ 30分钟

得到这么大一根骨头，它很高兴，但是不能一口把它吃下去

烤箱预热（180摄氏度，循环空气160摄氏度）。在烤盘上铺上烤箱纸。

把面粉、燕麦片和罗勒放进碗里。加入鲜奶酪和番茄酱，用打蛋器搅拌1分钟。加入50毫升水，一直搅拌到面团不再粘在碗的内壁上。

把烤盘从烤箱中取出，让饼干自然冷却（放在晾架上）。

把面团放到工作台上，用手继续揉面：面团应该不再粘黏。把面团擀成大约6毫米厚的面片，用刀切开。用模具压出饼干的形状，放到烤盘里。把装有饼干的烤盘放进烤箱烘烤25～30分钟。饼干要变成浅棕色，用手指按压不再有印。

小身材大用途

零食不能确保让狗狗喜欢您，但是这种偶尔的小惊喜可以给狗狗带来快乐，甚至可以在学习方面帮助它们。大多数零食都能给狗狗提供很多能量，但是几乎没有什么值得一提的营养成分。因此应该把零食也算到每天的饮食量中，而且不能超过总量的5%。

训练零食 这些零食是作为奖励给狗狗的。每一份零食的量应该都很小，因为在训练的过程中会使用很多份零食。

零食应该非常柔软，很快就能被狗狗吞下去，这样才不会分散狗狗的注意力。

比较适合的零食有煮熟的鸡肉、奶酪、小香肠、鱼干和从商店购买的训练零食。

热量低的品种有胡萝卜、苹果、梨以及不含盐的大米华夫饼。

游戏零食 可以在食物玩具中装上一些小的零食：干燥的狗粮颗粒、肉干或者烘干的动物肺脏。

关于喂食的建议

您的狗狗已经在期待饱餐一顿了。为了不让它妨碍您为它做饭或者上菜，它应该乖乖坐在一边，或者趴在它的小篮子里，直到您给它信号，告诉它可以开饭了。请您注意，在狗狗吃饭的时候，为它提供一个安静的角落，不让别人打扰它。狗狗的主人有责任维持狗狗用餐环境的卫生。

吃饭的次数

一只家庭犬一天吃几次饭，取决于它的年龄以及健康状态。成年狗狗一天吃一次到两次饭。患有慢性疾病的狗狗或者年纪比较大的狗狗要少食多餐，这样可以减轻消化系统的负担，有利于营养物质的吸收。这种喂食方法也推荐给那些容易患上胃扭曲的狗狗，以作为预防措施。

给小狗喂食　小狗的胃比较小，因此不能吃太多。小狗也需要少食多餐。

12 周以下的狗狗一天吃 4～5 次饭，
6 个月以下的狗狗一天吃 3～4 次饭，
9 个月以下的狗狗一天吃 2～3 次饭，
9 个月以上的狗狗一天吃 1～2 次饭。

每次喂食的时间

极少数的狗狗吃到饱就不吃了，不会比自己需要的吃得多。如果您的狗狗属于这个类型，那么您可以把不会很快变质的食物放在那儿，以便它随时取用。

湿型狗粮或者自己给狗狗做的饭菜很快就会变质，尤其是在夏天，您可以给狗狗 15～20 分钟的时间吃饭，之后把它剩下的食物收拾干净。

检验食物量　如果狗狗总是在食盆里剩下一些饭菜，那么您就要检验一下，是不是它吃了太多的零食。如果是，就减少它的零食量；如果不是，就减少主食的量。如果狗狗的食盆很快就空了，但是它依然很瘦，那么您就可以多给它一些食物。

室内温度

请不要把刚从冰箱里拿出来的食物喂给狗狗吃，这样会引起消化问题和胃病，室内温度也同样重要。在冰箱里冷藏或者冷冻的食物应该提前拿出来解冻。

调整食物

有些狗狗的消化系统很好，对于食物的变化可以很快适应和接受，但是很多狗狗对于突然变换食物花样的反应是很敏感的，它们会拉肚子或者放屁。因此，如果您要给狗狗换食物，推荐您循序渐进地更换食物，让它有个慢慢适应的过程。

在 3～4 天内，给它喂 75% 以前适应了的食物，在其中掺入 25% 的新食物。

如果您的狗狗可以接受这样的食物，那么可以在接下来的 3～4 天内给它喂 50% 已经习惯了的食物、50% 新的食物。

如果狗狗对食物的这种变化没有什么消

极的反应，您可以把新食物所占的比例增加到75%。

如果它对这样的食物接受起来没有问题，您就可以把食物全部换成新的了。

如果您的狗狗在这个过程中出现了问题，那就要增加它已经习惯了的食物所占的比重。

狗狗在乞讨

那些没有吃过人类饭桌上的食物的狗狗是因为没有乞讨的诱因。当狗狗看到成功的希望，它们会向主人乞讨，哪怕希望很渺茫。您在吃饭的时候，把狗狗送回它的小篮子，不要从您的餐桌上拿食物喂它，这样，就不会出现狗狗向您讨食物的问题了。

重要的是：一次例外就会功亏一篑。您一定要坚定不移！

狗狗偷食物

狗狗是那种不会放过任何一个吃东西的机会的家伙。它们会从餐桌上偷食物，会把工作台上不是为它们准备的食物吃掉，或者在合适的机会去垃圾桶里找可以吃的食物。

对于狗狗来说，吃掉自己可以得到的食物是一件很正常的事。食物对于有些狗狗来说很重要，大多数时候它们会偷食物。这些狗狗经常会特别饿，原因可能是它们为了保持身材不能多吃。这种情况也会出现在有流浪经历的狗狗身上，以前对于它们来说食物是一种非常稀缺的资源。

实用信息

禁区：有很多不能给狗狗吃的东西，例如：

- ➡ 巧克力：可可含有对狗狗来说有毒的成分可可碱。巧克力中可可的成分越多，对于狗狗来说就越危险，有时候甚至会要了它们的命！
- ➡ 水果和蔬菜：许多水果和蔬菜对于狗狗来说都是有益健康的，但如果狗狗大量食用牛油果、葡萄、葡萄干、大蒜和洋葱等，就会对它们的健康产生危害。
- ➡ 糖果：糖果只给狗狗提供一些没有价值的热量，不应该写进狗狗的饮食计划。
- ➡ 猫粮：通常狗狗是不能消化猫粮的。
- ➡ 生猪肉（还有生的野猪肉）：有可能会传播奥耶斯基病毒，这种病毒对于狗狗来说是致命的病原体（伪狂犬病）。

对于有偷窃行为的狗狗，主人要进行教育。当它"作案"时，您将它当场抓住，要及时喊一句"不行"来阻止它的偷盗行为。而这样做能不能阻止它们今后的"犯罪"行为，就取决于它们自己了。进一步的措施是以强化为基础，旨在引起狗狗的逃避行为，例如使用喷水器、让它不舒服的声音或者其他让它感到害怕的刺激。在使用这些方法的时候要注意适度原则。

❓ 提问和回答

正确的喂食方式

我们家的平犬喜欢抓老鼠，有时候还会吃老鼠。这样很不好吗？

老鼠有可能传染黄疸出血型钩端螺旋体病和寄生虫，因此您应该定期带您家的平犬去接种疫苗和除虫。从饮食的角度来看，吃老鼠并没有什么害处，您的狗狗只是遵循它的祖先的传统吃了一些猎物，连同它们的皮毛一起吃下去了。人们饲养平犬有时就是为了抓老鼠和其他啮齿目动物，您家的狗狗只是做了一些狗狗该做的很普通的事而已。

变换的菜单，比小香肠更好的是一勺新鲜奶酪或者凝乳

我给我们家的长须柯利牧羊犬喂成品狗粮，应该偶尔变换一下食物的种类吗？

就这件事有各种不同的观点。一方面，更换狗狗吃习惯的食物，总是会有危险。另一方面您的狗狗可能没有得到足量的矿物质、维生素，或者它们之间的比例不合理。因此，有时候有必要谨慎地给狗狗更换一些食物的种类。除此之外，狗狗也会对新的食物感到很开心。狗狗小时候要训练它适应不同种类的食物，这样它就不会只偏爱某一个厂商制造的食物了。

给狗狗喂生食对人类来说有危险吗？

给狗狗喂食生肉和一些供它啃咬的东西，会增加它们感染沙门氏菌的概率。首当其冲受害的是那些免疫力低下的狗狗。您可以在喂狗狗之前把肉加热煮熟。

我的伴侣总是给我们的比格猎犬喂很多干型狗粮，您有什么建议吗？

您可以在早上的时候测量或者称出一份食物，告诉您的伴侣，这是狗狗今天应该吃的量，他只能喂狗狗吃这么多。这样，你们两个人就都知道狗狗吃多少了。您也可以通过这种方式来确定狗狗零食的量。

为什么狗狗会吃草？

就这件事还没有一个明确的答案。许多狗狗在患了消化系统疾病或者胃病的时候就会吃草。也许吃草可以刺激胃酸的运输或者为了平衡膳食纤维的缺乏。通常狗狗在吃草以后呕吐，吐过之后就感觉好多了。有些狗狗吃草是一种替代行为，是从妈妈那里学来的，春天的嫩草吃起来味道不错。

给狗狗喂生食花费很多吗？

自己给狗狗准备饭菜当然比打开一盒狗粮罐头或者袋装食品要费钱。您必须要准备配料、植物性的食物，还要添加辅料。大多数情况下很快您就能形成一套固定的做法，可以一次做很多，然后把它放进冰箱冷冻。无论如何都要向食品专家咨询食物的量和组成成分。

我们家的万能梗拉的大便经常很硬，颜色较浅，这可能是什么原因导致的？

这种现象说明狗狗的食物中钙元素含量过高。有可能是因为给它喂的骨头、骨粉或者鸡蛋壳粉太多，会导致便秘和肠阻塞。请您检查一下它的食物，并且向动物医生咨询。

我们家的老狗胃口不好，怎么样才能让食物变得更可口？

请您一定要带它去看动物医生，让医生检查一下它是不是生病了。通常对于那些挑剔的狗狗来说，把食物加热一下，它们就喜欢吃了。因为加热可以增加食物的香味。您还可以用肉汤、黄油、肝肠或者鱼加工一下。主人把食物拿在手里喂它，对于有些狗狗来说也是增加食欲的方法。

我们家的狗年纪大了，在一次手术之后几乎没有几颗牙齿了。在给它喂食的时候应该注意些什么？

狗狗吃饭的时候更多的是吞咽，而不是啃咬。湿型狗粮还可以像以前那样喂给它，干型狗粮在喂给它之前先用水浸湿。如果您要给它喂鲜肉，那么应该把肉做成肉糜再喂给它吃。牙齿很少的狗狗也喜欢啃骨头，您可以给它挑选一些柔软的东西让它啃咬，硬饼干是不行的。

4

让狗狗
保持健康

和自己的狗狗一起度过幸福的时光，这是每一个养狗人的愿望。悉心的照料、预防性的健康措施和动物医生的医学治疗是不可缺少的，但这些还是不能保证狗狗绝对不生病。及时发现生病的迹象，然后采取正确的处理措施是事情的关键，这样我们的朋友才能快速恢复健康。

关于身体护理

狗狗从鼻子尖到尾巴尖都收拾得干净妥帖，不仅能让它招人喜欢，还能让它自己感觉到舒服。给予狗狗悉心的照料，维持它的身体健康，会是您和狗狗关系变得更好的催化剂。

刷子、梳子还有其他身体护理工具给您提供全心全意为狗狗服务的机会。请您抛开每天的忙碌和压力，抽出时间来做这件事。您和狗狗可以享受这段二人世界的美好时光，关系也能变得更亲密。因为互相护理身体不仅在狗狗之间可以起到增进友谊的作用，也适用于狗狗和人之间的关系。此外，主人还能很快就发现狗狗身上有了寄生虫——就像它感到不舒服或者患了一种严重的疾病，都是有先兆的，主人一旦发现这些先兆，就可以快速采取干预措施。

如果您经常和您的狗狗亲密相处，可以让它长时间保持身体健康，而且生病之后很快恢复健康。

狗毛护理

狗毛有光泽意味着它的身体健康。好的狗毛不仅看起来漂亮，还能让皮肤和皮毛完好，保护它们不受伤、不生寄生虫、不被感染，让狗狗保持温暖和干燥。

换毛

狗狗品种不同，皮毛类型不同，整个换毛的过程持续长短也不同，多数是 4～12 周的时间。死去的毛发会让狗狗发痒，这些毛发还会散落到房间的各个角落，每天给狗狗刷毛可以缓解这种状况。但是自然的规律和节奏也有可能受到干扰，因为家养狗狗更多的是待在温度适宜的房子里而不是室外，这就导致它们一整年都在或多或少地掉毛。有些品种的狗狗是不掉毛的，例如贵宾犬。

符合品种要求

狗狗是爱干净的动物，它们会把自己的皮毛护理得很好。尽管如此，还是需要主人提供帮助。您在给狗狗刷毛或者梳理皮毛的时候一定要顺着它毛发生长的方向。

短毛　护理起来比较容易的有拳师犬、惠比特犬或者短毛腊肠犬。每周给它们刷 1 次毛，戴上护理手套顺着它们毛发生长的方向抚摸一遍就够了。由于这种护理有按摩的效果，因此可以一周进行多次。底层绒毛比较厚的狗狗，例如拉布拉多和牧羊犬，一周要梳理毛发 2～3 次。

长毛　长毛并且底层绒毛较厚的品种，例如狐狸犬、长毛柯利犬和英国古代牧羊犬，一周要护理 1～3 次。

绢丝毛　长毛且有丝绸般的光泽，例如阿富汗猎犬、约克夏梗犬和马尔济斯犬，需要精细的护理。为了防止它们的长毛纠缠在一起或者打结，最好是每天都彻底梳理 1 次。

刚毛　一周梳理 1 次就够了。许多刚毛品种的狗狗，例如某些梗犬、雪纳瑞，还有很多粗毛的腊肠犬，一年要修剪多次。

卷毛　贵宾犬、卷毛比熊犬以及其他卷毛的狗狗，不会掉毛。一周给它们梳理 2～3 次毛发，大约每八周剪 1 次毛。

特殊情况　在给波利犬和匈牙利牧羊犬护理皮毛的时候不要用刷子和梳子，它们的皮毛只要用手抓一抓就可以了。无毛犬需要特殊的皮肤护理，首先是要防晒。

剪毛和修毛

特殊的发型需要特殊的技术。如果您想自己给狗狗做造型，应该事先在狗狗造型店等地方学习一下。一些刚毛梗犬、腊肠犬、雪纳瑞和英国可卡犬想要看起来漂亮，就需要定期修毛，脱落的毛发要用手指或者脱毛刀清理掉。贵宾犬和卷毛的品种也需要定期剪毛。特定的发型多针对那些参加展览的狗狗，对于家庭犬来说，更重要的是日常生活中的方便性。

实用的护理工具

您在使用锋利的刀具和有尖的工具之前要向专业人士学习使用方法。

梳子　用来梳理身体上的毛发和容易打结的地方，例如耳朵下面和肩膀下面。梳子的齿应该由金属制成或者顶端呈圆形，这样就不会伤害到皮肤和毛发。

刷子　几乎所有类型的狗毛都可以使用自然材料制成的刷子来护理。针刷，又被称为柔顺刷，由于有非常细的金属针，比较适合去除底层绒毛上死去的毛发。请您在您的手掌上感受一下，刷子是否舒服。

剪刀　剪刀尖应该是圆形的，用来把狗毛剪短或者剪掉杂乱的毛团。

狗狗沐浴露　只能使用那种可以保湿、含有油脂的狗狗专用沐浴露。人类使用的产品会损害狗狗皮肤上的酸性保护层。

对抗毛糙和打结　那些齿可以旋转的梳子或者有刀片的刷子可以对抗毛发的毛糙。在这之前先用手指小心翼翼地把打结的毛发解开。

护理手套　可以帮助短毛狗把皮肤上的油脂分散到身体的各个部位，让它们的毛发看起来非常有光泽。手套上的橡胶颗粒可以给狗狗带来舒服的按摩感觉。

脱毛刀　不同类型的脱毛刀，可以用来给不同品种的狗狗拔掉死去的毛发。

牙刷和牙膏　有各种不同规格的牙刷。

除壁虱的钳子　用来除去身上的壁虱。

指甲剪　用来剪指甲。

化妆棉　用来擦拭眼睛和耳朵。

毛巾　应该放在家门口和汽车里，用来给狗狗擦干身体。

耳部护理乳液　用来清洁和护理耳朵的乳液。

爪子护理乳液　用来保护爪子不受融雪盐的侵蚀或者在下雪天保护爪子。

泡澡

狗狗一年泡2～3次澡就够了。如果这个调皮鬼在动物腐尸或者粪便里面打滚了，那就要额外再泡一次澡了。为除去皮毛上的尘土和脏东西，用淋浴冲一下就行了，不需要用沐浴露。患有皮肤病的狗狗需要经常泡澡，并且要使用药物沐浴露。在泡澡之前，请您给狗狗用刷子刷一下皮毛，在浴盆下面铺一层防滑的垫子。如果您家的狗狗不喜欢泡澡，那么给它泡澡的时候应该有一个人帮您抓着它。先用温水给它冲一遍身体，然后抹上沐浴露。不要让水进入它的耳朵和眼睛里。用水冲掉泡沫，然后再抹一次沐浴露。最后用清水冲洗干净。洗完后快速用毛巾把狗狗包裹起来，否则它会抖动身体想要甩掉身上的水。请您仔细给它擦干净身上的水。如果外面比较温暖，也可以自然风干。如果外面温度较低或狗狗的毛比较长，那就需要用到吹风机了，这样狗狗就不会着凉了。只有当它的身体完全干了以后才可以到外面比较冷的地方去。

身体护理工具

好的工具可以让您给狗狗的护理工作变得更简单。在购买这些工具的时候要选择一些质量好的。重要的是这些工具在您的手里很好操作，使用起来很舒服。

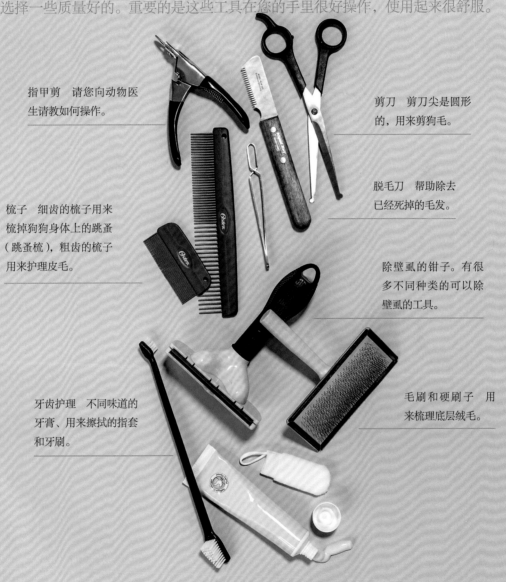

指甲剪 请您向动物医生请教如何操作。

剪刀 剪刀尖是圆形的，用来剪狗毛。

脱毛刀 帮助除去已经死掉的毛发。

梳子 细齿的梳子用来梳掉狗狗身体上的跳蚤（跳蚤梳），粗齿的梳子用来护理皮毛。

除壁虱的钳子。有很多不同种类的可以除壁虱的工具。

牙齿护理 不同味道的牙膏、用来擦拭的指套和牙刷。

毛刷和硬刷子 用来梳理底层绒毛。

壁虱容易被人们忽视，它们藏在草丛或者树丛里，等待合适的机会，找到一个新的猎物

瘙痒有可能是狗狗患了皮肤寄生虫的征兆，也可能是壁虱。在每次散步回来以后都要检查一下自己和狗狗

除壁虱时把狗毛分开，在里面寻找寄生虫，然后把它们夹出来

摆脱寄生虫

没有一只狗狗可以避免不受到寄生虫的侵害。需要您迅速采取措施，才能把狗狗患病的危险降到最低。

跳蚤

跳蚤会一整年都困扰着狗狗，尤其是当天气温暖湿润的时候，它们就会大量繁殖。狗狗可能在很多地方遭遇跳蚤。

发现跳蚤　强烈的瘙痒大多是狗狗被跳蚤袭击的证据。一般来说，当您用一种齿特别细密的梳子给狗狗梳理毛发的时候就能找到跳蚤了。其他征兆还有狗狗皮肤上红色的小斑点或者一些微小的深褐色的跳蚤粪便。把这些东西放到一张厨房纸巾上，然后用水弄湿，它就会显现出红褐色。

危险　跳蚤可能会传播某种带绦虫。有些狗狗会患上跳蚤过敏症，引起让皮肤瘙痒的丘疹和痂皮。跳蚤还会跑到人的身上继续捣乱。

去除跳蚤　跳蚤的卵、幼虫和蛹生活在地毯和家具之类的环境中。如果不把这些东西消灭干净，烦恼永远不会消失。因此，仅仅是处理狗狗身上的跳蚤是不够的，周围的环境也要大扫除。可以在动物医生那里找到去除跳蚤的药物。

预防措施　涂抹在颈背、臀部以及皮毛上的外用药剂，以及动物医生开的其他预防药物都可以起到很好的保护作用。

壁虱

狗狗被壁虱烦扰的时间主要是从春天到秋天，冬天极少。壁虱会隐藏在草丛里或者其他低矮、靠近地面的植被中，例如草地、花园等，它们对温暖的体味比较敏感。

发现壁虱　若虫阶段的壁虱大约有1毫米大，长大以后会超过10毫米，藏在狗狗皮毛里的壁虱很容易被人们忽视掉。

危险　被壁虱叮咬不会引起疼痛，少数狗狗会表现出过敏的症状。比较危险的是包柔氏螺旋体病、巴贝西虫病、犬艾利希体征、犬无浆体病和春夏脑炎，这些病的病原体会通过感染了的壁虱的唾液进行传播。不是每一只壁虱都是病毒携带者，也不是每一只感染了的狗狗都会生病。人类也可以通过壁虱感染包柔氏螺旋体病、春夏脑炎和艾利希体征。

去除壁虱　在动物专用品商店和动物医生那里都有专门去除壁虱的工具。请您按照产品说明进行操作，就可以顺利去除壁虱了。然后在被壁虱咬伤的伤口涂上消毒的药物。不要把您抓到的壁虱捏碎，避免更多的壁虱的唾液从伤口进入身体。把油和黏合剂等抹到壁虱上也会产生不良的后果。

预防措施　动物医生那里有预防壁虱的药物，这些药物大多数时候也能预防其他寄生虫。此外，您应该在每一次外出散步回来的时候检查一下狗狗的身体，把狗毛里的壁虱找出来，那些已经咬在狗狗身上的壁虱要以最快的速度把它们扯下来。

螨虫

耳道螨虫和疥癣螨虫是由其他动物传染给狗狗的，秋收恙螨大多出现在8月到11月之间。犬蠕形螨，又被称为犬毛囊虫，每一只狗狗都有，但是只有那些免疫力低下的狗狗才会发病。

发现螨虫　看起来像是橙色的小点一样的秋收恙螨。耳道螨虫只有动物医生才能诊断得出来。还有一些比较明显的症状，例如瘙痒、脓疱、丘疹和皮肤上的痂皮、鳞片和掉毛。

危险　螨虫以细胞液和组织液为食物，可以引起皮肤疾病。尘螨可以引起过敏症，疥癣螨虫也会攻击人类。

去除螨虫　可以向动物医生购买相应的药物，如果感染了疥癣螨虫，也需要对周围的生活环境进行处理。

预防措施　使用动物医生开的专门药剂。

软体虫

软体虫的传播途径是多种多样的，大多数时候狗狗是在闻或者吃粪便和老鼠的时候感染软体虫的。

发现软体虫　很少能直接发现，多是在粪便中发现带绦虫，如果狗狗患了严重的蛔虫病，还可以在它的呕吐物和粪便中发现蛔虫。比较明显的症状还有"滑雪"的行为。

危险　软体虫太多会导致狗狗生病。

去除软体虫　动物医生那里有除虫药。根据危害的大小，除虫药可以每一个月到三

皮肤检查：请您触摸狗狗身体各个部位的
皮肤，检查一下是否有明显的异常

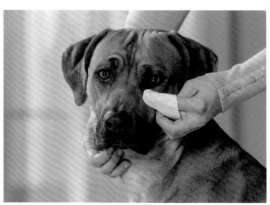

眼部清洁：用湿润的化妆棉轻敷狗狗眼角的分泌物
形成的痂，然后把它们擦掉

个月使用一次。为了避免不必要的除虫，可
以事先检查一下大便中是否有软体虫。如果
有，再进行除虫。没有预防性的药物。

狗狗的身体护理

当狗狗在雨中散步被淋成"落汤狗"，或
者闻起来特别难闻的时候，它们不会觉得难
受，因为在动物腐尸或者粪便中打滚对于它
们来说也是个很享受的过程。尽管如此，狗
狗还是爱干净的动物；但对于干净和整洁这
两个概念的理解，狗和人是不一样的。要重
视那些可以维持狗狗身体健康的护理措施。

医学训练

狗狗首先要学的是，让主人给它梳理毛
发、刷牙、检查耳朵、固定住整个身体。请
您从一开始就用游戏的方式训练狗狗适应这

些身体护理的方式。可以使用自然材料制成
的刷子练习给狗狗梳理皮毛。您和狗狗依偎
在一起的时候，可以顺便触摸它的身体，给
它检查耳朵等，然后因为它的配合而表扬它
或者给它一些好吃的零食，这样狗狗甚至会
爱上这种身体护理的方式。

您可以把教狗狗学习的小把戏也植入这
个过程中，例如：在给它检查爪子的时候跟
它说"把爪子给我"，在检查它的腹部的时
候跟它说"翻身"。如果您的狗狗在检查的
过程中很放松，动物医生也会很高兴的。

定期检查

每周至少一次给您的狗狗检查身体，彻
底触摸和查看它的身体，如果狗狗身体有什
么异常，您就能很快发现了。如果您发现狗
狗的身体有了变化，就一定要更加仔细地观
察一下。如果您不能确定这是什么，那么有
必要去看动物医生，让他也检查一下，看看

是否要进行治疗。

眼部检查

每天都要为狗狗检查眼睛。从它的眼神中就可以看得出来它的状态。如果它的眼睛看起来干净明亮，就没有额外进行护理的必要了。

正确地护理 用温热湿润的化妆棉（没有香味或者护理液）轻敷狗狗眼角的分泌物形成的痂，然后把它们擦掉。只能使用白开水。

注意事项 如果毛发摩擦到狗狗的眼睛，应该小心地把它们剪短。

下列症状以及其他没有提到的类似症状都要寻求动物医生的帮助：

眼睛分泌物增多或者眼泪增多，有可能是因为眼睛里有异物或者狗狗生病了。毛比较浅的狗狗眼睛下面的毛就会变得略显红色。

结膜发红。检查的时候要小心翼翼地把眼皮向下拉。

睫毛摩擦眼睛。

晶状体浑浊通常是衰老的症状（白内障），有可能导致失明。

眼睛肿，狗狗对光敏感或者夜盲症，经常眨眼或者眯着眼睛。

耳朵检查

每周对狗狗的耳朵进行一次细致的检查。如果狗狗的耳朵很干净，闻起来也没有

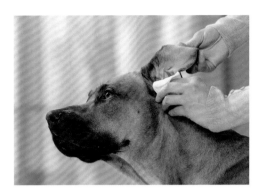

把护理乳液滴入耳道，并且进行按摩。如果狗狗晃动头部，可以用柔软的毛巾给它擦一擦耳蜗

在牙刷上挤豌豆粒大小的牙膏，用打圈的方式把每一颗牙都擦拭干净

什么特殊的气味，那么就不需要进一步护理了。

正确地护理 把护理乳液滴入耳道，并且进行按摩。然后狗狗就会晃动头部，把耳朵里的脏东西和耳垢晃出来。然后用柔软的毛巾给它擦一擦耳蜗。在给狗狗清理耳朵的时候不要使用棉签，棉签会把脏东西戳到耳朵里更深的地方。耳朵下垂的狗狗更容易出现问题，因此需要更多的护理。

注意事项 如果狗狗耳朵里长了很多毛，需要把这些毛剪掉。请您把这项工作交

给专业人员。狗狗的耳朵如果经常感染，也有可能是过敏导致的，例如食物过敏。

下列症状以及其他没有提到的类似症状都要寻求动物医生的帮助：

耳垢特别多且脏，有深色的沉积物，耳朵发红、肿胀，有难闻的气味。

总是歪着头，总是挠耳朵。

爪子检查

要每天或者每周多次给狗狗仔细检查爪子。主要检查指缝之间和指甲。

正确地护理　如果指甲太长了，必须使用特制的指甲剪给它剪指甲。初学者要向动物医生或者狗狗饲养者学习这种技术。不要剪得太短，请您按照指甲的角度来选择指甲剪的接触面。首先要注意的是不要伤到血管或者神经，误伤会非常疼，有可能导致狗狗以后一看到指甲剪就陷入恐慌。

如果下雨天从外面散步回来，应该给狗狗清洗爪子，长毛狗应该洗澡。在冬天下雪的时候如果要外出散步，应该在出门之前给狗狗的爪子涂上防护霜，这样就可以防止融雪剂和大雪伤到狗狗的爪子了。

注意事项　脚趾之间的长毛应该剪掉，这样就不会打结，然后粘上泥土或者雪。

下列症状以及其他没有提到的类似症状都要寻求动物医生的帮助：

伤口、裂缝、发红、化脓性病灶、肿胀、异物、难闻的气味以及蹼膜。

开裂的或者有裂缝的指甲。

狗狗总是舔自己的爪子，爱惜爪子，对疼痛敏感。

牙齿检查

请您在给狗狗护理牙齿的时候进行检查，一周至少检查一次牙齿和口腔。

正确地护理　经常刷牙可以预防牙石和牙齿疾病。制成骨头形状供狗狗啃咬的物体、骨头和一些玩具，可以减少牙石的形成。您还可以选择用棉布或者织物的指套擦拭牙齿。这些护理工作是每天都进行，还是两天或三天一次，取决于您家狗狗形成牙石的速度。动物医生给开的药膏或者喷雾也可以。

注意事项　严重的牙石只能让动物医生对狗狗进行麻醉以后移除。

下列症状以及其他没有提到的类似症状都要寻求动物医生的帮助：

发红、肿胀、难闻的气味、异物、掉牙、牙齿断裂。

拒绝吃食，体重减轻。

在狗狗的换牙期，每周要检查多次，看看新长出来的牙是否长歪或受到乳牙的阻碍。

皮肤检查

请您每周为狗狗检查一次皮肤。

正确地护理　皮肤的褶皱需要特殊的护理，例如巴哥犬等。每天要用湿毛巾擦拭皮肤的褶皱，如果有必要，还要使用婴儿爽身粉。

注意事项　下列症状以及其他没有提到

的类似症状都要寻求动物医生的帮助：

伤口、发红、化脓性病灶、结节、痂皮、斑秃、脓包、瘙痒、肿胀。

生殖器官检查

公狗的阴茎和睾丸以及母狗的阴户也要每周进行检查。

正确地护理　用湿润的化妆棉擦掉污物。

注意事项　阴部肿胀、带血的分泌物以及经常舔舐阴部，在母狗的发情期是正常的。

下列症状以及其他没有提到的类似症状都要寻求动物医生的帮助：

含脓分泌物、发红、流血、肿胀。

经常性地舔舐阴部，有难闻的异味。

臀部检查

每天都要观察一下狗狗的肛门。

正确地护理　肛门附近的污物要用湿润的化妆棉擦掉。

注意事项　肛门腺有可能阻塞，需要让动物医生来清理。

下列症状以及其他没有提到的类似症状都要寻求动物医生的帮助：

发红、肿胀、化脓性病灶、伤口。

"滑雪"行为，即狗狗用臀部在地板上滑动。搔痒，总是舔舐肛门，发出难闻的气味。

实用信息

照顾狗狗时您需要注意以下几点

如果您的狗狗出现下述症状之一，就要请动物医生来处理了。

➡ **流血**：皮肤、牙龈流血的原因可能是受伤、感染、寄生虫或牙齿有问题。

➡ **发红**：皮肤、眼睛、耳朵、牙龈、生殖器官发红可能是伤口、感染、发炎、寄生虫、真菌感染引起的。

➡ **渗水口**：皮肤、耳朵的渗水口可能是感染、发炎、寄生虫、真菌感染引起的。

➡ **痂皮**：皮肤、鼻子、耳朵的痂可能是伤口、寄生虫、真菌感染引起的。

➡ **分泌物**：眼睛、鼻子、耳朵、生殖器官的分泌物可能是感染、发炎引起的。

➡ **变色**：眼睛、黏膜变色可能是肝脏有问题。

➡ **肿胀**：皮肤、眼睛、耳朵、爪子、牙龈、生殖器官肿胀可能是伤口、感染、发炎、肿瘤导致；母狗的阴部肿胀可能是处于发情期，公狗的睾丸肿胀可能是睾丸有问题。

➡ **脓包、丘疹**：皮肤、爪子脓包可能是感染、寄生虫、过敏性反应引起的。

➡ **斑秃**：皮肤斑秃可能是感染、寄生虫、真菌感染、甲状腺机能不全引起的。

➡ **难闻的气味**：皮肤、耳朵、嘴巴、生殖器官有难闻气味可能是感染、牙齿有问题。

➡ **过分敏感**：身体各个部位（可能是疼痛）、眼睛、耳朵、牙齿的过分敏感，可能是感染、发炎、异物引起的。

➡ **污物**：皮肤上有深色的碎屑可能是有跳蚤，深色的沉积物可能是感染、螨虫、真菌感染引起的。

让狗狗保持健康状态

您非常关心狗狗的健康。您需要采取一些预防措施，让您的狗狗感受到全方位的舒适。定期护理和检查是必不可少的。

狗狗和您生活在一起，是您家庭中的一员。暗淡无光的眼神，以前喜欢的食物现在吃起来没有胃口，没有兴趣和最好的朋友一起疯狂玩耍，起床很费力，跑起来有些异常，依偎在您身边时您摸到它皮肤下面有结节——所有这些都不能瞒过您的眼睛，因为您对它很了解。而您对这些变化必须快速地做出反应。

如果您能在疾病的初级阶段发现它们，对它们的治疗也会更有效果，对狗狗的身体伤害

更小。作为一只狗狗的主人，当自己的伙伴受伤或者有了生病的征兆时，您必须要知道该做些什么。除了平时对它细心照料，这应该是保护狗狗不遭受严重疾病的最好方法了。

预防很重要

很多疼痛和疾病都可以通过主人悉心的照料以及定期检查而得到预防或者减慢病情

的发展。

最重要的预防性措施

喂食　均衡的膳食可以帮助狗狗保持健康，生病以后则可以帮助它们尽快痊愈。错误的喂食会导致狗狗的成长障碍，对器官也有害。一只过胖的狗狗生病会更频繁，生活质量也更低。

护理和检查　这两项都可以让狗狗保持良好的状态，降低生病的危险，可以让主人早些发现狗狗的疾病。每年至少要带狗狗去看一次动物医生，让医生给它做身体检查。

运动　适合狗狗身体承受能力的运动量是保持身体健康必不可少的。错误的运动会损害狗狗的关节，导致关节炎。

活动　适量的活动对于每一只狗狗来说都是必需的。散步就足够了，还是灵活性训练、捕猎、小把戏等活动更适合您的狗狗，这取决于每一只狗狗的个体情况。

关系　如果狗狗感觉到自己融入了这个家庭，那么它患病的概率就会下降。

压力　那些让狗狗感觉不能承受的压力，会让它们生病，这些压力可能由多种因素引起，例如活动太少或者太多、让狗狗做人才能做的事、忽视它们、错误的教育或者缺少教育、错误的饲养以及反复无常的行为。

疫苗及相关事项　充分的疫苗接种可以避免狗狗患上那些危险的传染病。除虫和预防寄生虫的措施可以防止狗狗的健康受到损害。

如果狗狗睡觉的时间变得非常多，那么您就应该带它去看动物医生了

针对个体的预防性护理计划

除了一般的预防性护理，有一些狗狗还需要特别的关心。小狗由于免疫系统还没有形成，很容易患上传染病，它们的运动器官不像成年狗狗那样可以承受负担，它们的饮食也必须适合生长发育的需要。年纪大的狗狗以及患有慢性疾病的狗狗需要特殊的照顾。

品种特性　您家狗狗所属的品种有什么频繁发生的疾病吗？请您向饲养者和动物医生进行咨询。医生可以为您的狗狗安排一些预防性的体检，例如心脏病、尿路疾病、肘关节发育不良、髋关节发育不良以及基因测试等。可以在早期及时发现疾病，采取相应的措施进行治疗。

✅ 注意事项

按照计划进行护理

按照计划进行护理是为狗狗提供的最好的预防性护理。如果护理、检查、刷牙都有固定的时间，那就不会遗忘什么了。

○ 每天：皮毛护理、皮肤褶皱护理；检查眼睛、检查爪子、检查臀部。

○ 每天：在壁虱活动的季节，每次散步回来都要检查寄生虫，在阴雨天清洗爪子，在冬天给爪子做护理。

○ 每周：多次刷牙，有些狗狗需要每天刷牙。

○ 每周：检查耳朵，检查指甲，检查皮肤，检查生殖器官。

观察狗狗

请您在每天的日常生活中观察狗狗，它运动起来或者在行动的时候和平时一样吗？它吃饭的时候胃口很好吗？它喝水的量和平时一样吗？行为的突然改变、运动方式的突然改变、食量的明显变化，吃饭的方式发生了改变——所有这些都有可能是狗狗患病的先兆。这些改变应该引起您的注意。您要仔细观察，如果不能确定，就需要带狗狗去看动物医生，让医生为它做身体检查。

察觉出它们的疼痛

狗狗是非常强壮的硬汉形象，它们甚至可以飞奔过充满荆棘的灌木丛，和同伴疯狂地扭打在一起。当它们的身体出现了疼痛，它们通常会默默地承受。如果出现了明显的征兆，说明它们的疼痛已经非常严重了。因此，您必须学会辨别狗狗不舒服或者疼痛的小征兆，这样才能在它们需要的时候尽快地提供帮助。例如：发抖、烦躁、即使安静的时候也会喘息、躲开您的触摸、牙齿咬得吱吱响、明显的隐居状态、突然没有了游戏的兴趣、不安感增加或者甚至感到恐惧、突发的攻击性、明显的运动缓慢或者站起来的时候非常吃力、避免某种运动、在某种运动或者触碰的时候大声吠叫、不停地舔舐身体的某个部位、腹部绷紧、背部弯曲等。

为什么预防性护理如此重要？

即使那些您觉得很小的原因也有可能导致非常严重的后果。例如牙齿护理不仅仅是为了预防牙疼。牙齿表面矿物质沉积就会形成牙石。它是细菌的温床，细菌会导致牙齿和牙龈发炎，最终导致掉牙。这种疾病会让狗狗感到非常痛苦，它们会拒绝进食，进而导致体重下降，整个身体状况都受到影响。还有更坏的，有害细菌一旦进入血液循环系统，就会使心脏、肾脏、肝脏等器官受到损害。这种情况并不少见。

但是，一次全面的牙齿治疗一般都要在

麻醉的情况下进行。如果狗狗的心脏、肝脏或者肾脏已经受到了细菌的侵蚀，那么在麻醉的情况下发生并发症的危险就会增加。这种相互作用有可能会增加牙齿以及其他器官治疗的难度，甚至还会让治疗变得无法继续。

牙齿疾病属于动物医生治疗过程中最常见的疾病之一。如果狗狗的主人可以多注意给狗狗护理牙齿，许多疾病是不会发展到那么严重的程度的。狗狗的牙齿是一个很好的

例子，说明了护理和预防性措施是多么的重要。通过简单的方法，您不仅可以帮助狗狗保持健康，还可以为自己省钱。

重要的疫苗

为了让您的狗狗可以无忧无虑地探索它周围的世界，和同类一起追逐嬉戏，为它正

✗ 小测试：我家的狗狗健康吗？

一些小的改变已经可以预示狗狗的不舒服和疾病了。请您测试一下，您家狗狗的身体是不是完全健康。

	是	否
1. 它吃饭的时候有胃口，喝水量也比较合适。它每天都可以顺利地上好几次厕所。它的粪便成形，小便颜色正常。	□	□
2. 它在运动的时候放松、稳定、不会跛行，站着的时候也不会有缓解疼痛的姿势。它不避讳运动，很轻松就能站起来。	□	□
3. 它的眼神清晰警觉，对周围环境感兴趣。	□	□
4. 它与人类及同类交往的时候和平时一样，对触碰没有很敏感，没有表现出疼痛的样子。	□	□
5. 它的皮毛有光泽，没有斑秃。在检查的时候没有异样。没有明显的经常挠自己、晃动身体或者舔自己的行为。	□	□

答案：如果5道题您都可以选择"是"，那么您的狗狗表面上看来就是健康的；如果您有一道题回答了"否"，那么最好带您的狗狗去看动物医生，让狗狗接受检查。

确地接种疫苗很重要。因为病原体可能隐藏在各个角落，有些病原体可以传播非常危险的疾病。

针对免疫系统的训练

免疫系统一旦接触到病原体，例如病毒和细菌，就会动用一切力量来对抗感染。如果狗狗经历了一次感染，那么下一次再遇到这种病原体，它体内的免疫系统就能"记起"上一次感染，然后马上派出相对应的抗体应战，把感染扼杀在萌芽状态。最好的情况是狗狗对这种新的疾病有了免疫力，或者这种疾病的危害降到一种温和的状态。

接种疫苗　接种疫苗是把生命力减弱了的或者已经被杀死了的疾病的病原体植入到身体内部，通过这种方式来模拟感染患病的过程。身体的免疫系统会像遇到真正的感染一样产生抵抗反应，形成抗体。

接种疫苗可以预防传染性疾病

需要接种的疫苗　狂犬病、犬瘟热、犬细小病毒、犬触染性肝炎（HCC）以及钩端螺旋体病疫苗；感染率高的疾病，例如包柔氏螺旋体病、真菌感染、利什曼病以及犬窝咳疫苗；母狗要注射预防犬疱疹病毒的疫苗。

危险和副作用

如果免疫系统活跃起来，就意味着对狗狗的身体来说是一种压力，不管是真的感染还是接种疫苗导致的。

副作用很少见，但也有可能出现。例如，接种点的局部刺激、过敏性反应，在例外的情况下甚至有严重的疫苗反应。

寻找最佳方案　蠕虫的侵害会给狗狗的免疫系统造成负担。因此，要给狗狗，尤其是小狗在接种疫苗前的两周进行除虫。

预防措施　只有身体健康的狗狗才能接种疫苗。因此在接种疫苗之前动物医生会对您的狗狗进行全面的身体检查。您可以做以下几点来把副作用降到最低。

请您注意，在接种疫苗之后，不要让狗狗承受任何负担，例如高强度的活动、食物的改变或者其他的压力。请您让狗狗在相对安静平稳的环境中度过这段时间。因为，承受负担的免疫系统很容易受到其他病原体的侵袭。

如果您的狗狗在接种疫苗之后的几个月出现了生病的症状或者异常的行为，必须要搞清楚原因。

不仅仅是小狗对单一性的疫苗药物比对

复合性的疫苗药物接受起来更容易一些。不要一次给狗狗接种多种疫苗，每次只给它接种一种疫苗，隔一段时间再接种另一种疫苗。

为了避免不必要的疫苗接种，可以在接种疫苗之前给狗狗验血，检查它的血液中抗体的量，然后计算出适合它的接种时间。

正确地接种疫苗

接种疫苗为狗狗提供了保护，犬瘟热之类的疾病就失去了威力。但是，这并不意味着这种病就绝迹了，狗狗患病的危险仍然存在，因为仍然有许多没有注射过疫苗的狗狗。

合理地接种疫苗　在接种疫苗这件事上，和生活中其他事情一样，重要的是要掌握好一个度。只给狗狗接种那些真的非常重要、有意义的疫苗，并且要注意后续的补充注射时间。

及早发现疾病症状

狗狗有赖于主人能够在它们感到不舒服的时候及时发现并且正确地采取措施。

🐾 疫苗接种时间表

请您咨询动物医生，您的狗狗什么时候该注射什么样的疫苗。德国动物医生联合会犬类防疫常务委员会为您提供的疫苗接种建议可以作为您做决定的基础。

时间	疫苗
基础疫苗	
第 8 周	HCC（犬触染性肝炎）、钩端螺旋体病、犬细小病毒、犬瘟热
第 12 周	HCC、钩端螺旋体病、犬细小病毒、犬瘟热、狂犬病
第 16 周	HCC、犬细小病毒、犬瘟热、狂犬病（这次接种疫苗是超出法律规定范围的）
第 15 个月	HCC、钩端螺旋体病、犬细小病毒、犬瘟热、狂犬病
后续的补充疫苗	
每年	钩端螺旋体病（在患病率高的地区推荐更频繁地接种）
每 3 年	HCC、犬细小病毒、犬瘟热
根据疫苗生产商的建议	狂犬病（不同的疫苗生产商所制造的疫苗有效期为 1～3 年不等）
有患病危险的时候	犬窝咳、包柔氏螺旋体病、真菌感染、利什曼病 *

年纪比较大的动物接种疫苗的时间间隔要相同。12 周大的狗狗两次接种疫苗的时间间隔为 3～4 周，一年以后再接种一次，就完成了基础疫苗的接种了。

---

* 利什曼病疫苗不仅可以预防传染，还可以减缓病情的发展。

>> 采访

关于疫苗

要接种疫苗吗？多久接种一次？那些有关狗狗在接种疫苗之后患病的报道让许多养狗的人都感到非常不安。乌韦·特鲁宇恩（Uwe Truyen）教授针对几个最重要的问题发表了他的意见。

乌韦·特鲁宇恩教授，动物医学博士，动物医生

乌韦·特鲁宇恩是位动物医生，他的专业是动物保健学、病毒学、微生物学和流行病学，是动物保健学和动物瘟疫防治方面的教授，动物医学系的动物瘟疫防治代表，莱比锡大学动物保健学以及公共动物医学研究院的院长。他还担任动物医生联合会防疫常务委员会以及德国动物医学协会"消毒"委员会主席。

为什么基础疫苗如此重要？

乌韦·特鲁宇恩：在狗狗出生后的第一年中接种的疫苗可以为它提供一种强大的免疫力，这种免疫力可以保护它不患上最危险的传染病。它一生中的免疫力都建立在这个基础上，之后也要定期接种疫苗，巩固免疫力。

严重的疫苗反应发生频率有多高？

乌韦·特鲁宇恩：严重的疫苗反应很少见。如果出现反应，一般也是局部性、暂时的，只在疫苗接种点附近出现，或者只是狗狗太累了。大约30 000次疫苗接种才会出现一例疫苗反应。在这些疫苗反应之中只有很少数的反应比较严重，例如过敏反应或者自动免疫疾病。接种疫苗一直都是最好的保护措施。

疫苗的保护作用可以持续多久？

乌韦·特鲁宇恩：疫苗的保护作用时间长短各有不同。预防犬细小病毒、犬瘟热以及狂犬病等的疫苗可以持续多年提供保护。而预防钩端螺旋体病的疫苗一般来说起作用的时间只有一年。那些经常吃老鼠或者在死水里洗澡的狗狗应该每年注射多次预防钩端螺旋体病的疫苗，而且这种病还会传染给人类。

在给狗狗注射疫苗之前，动物医生应该给狗狗做一次全面的体检，之后要记录下疫苗注射的情况以及疫苗的有效期

接种疫苗可以提供可靠的保护吗？

乌韦·特鲁宇恩：不可以，并不存在一种可靠的保护。但是疫苗成分的准入要求很高，测试耗费也多，这样才能让它的作用值得人们信赖。如果一只健康的狗狗接种了一种得到正确使用的疫苗，那么我们可以认为它得到了高度的保护。这种保护可以用检测抗体的方式得到检验。

一只10岁大的狗狗，之前一直接种疫苗，现在还需要继续接种疫苗吗？

乌韦·特鲁宇恩：一只10岁大的狗狗，之前一直接种疫苗，那么它极有可能不会再患犬瘟热、犬细小病毒这样的传染病了，因为原则上来讲它已经拥有了足够的抗体可以抵抗这些疾病。但是钩端螺旋体病的情况就不同了，预防这种疾病的疫苗必须每年都注射，哪怕狗狗已经上了年纪。

狗狗的主人应该在狗狗接种疫苗前后注意些什么？

乌韦·特鲁宇恩：在接种疫苗的时候狗狗必须保证身体健康，小狗要进行除虫，这样它们的免疫系统才能把注意力集中在接种疫苗这件事上。接种疫苗以后，要注意观察可能出现的副作用。如果狗狗感到非常疲倦，下午的时间在睡觉，这些都是正常的。如果这种萎靡不振的状态持续很长时间，那么就应该带它去看动物医生了。同样，如果局部的疫苗反应在两天以后还没有消失或者发炎了，也要去看医生。如果出现过敏反应，例如肿胀，狗狗的主人则必须快速做出反应。

测量体温

如果狗狗的体温和平时有差别，那么极可能是它患病的征兆。请您使用电子温度计来给狗狗测量体温。在测量体温之前，需要在温度计的顶端抹上油或者凡士林，把温度计插入狗狗的肛门两厘米，然后把温度计微微向下拿在手里。等待温度计显示最终体温。狗狗的正常体温在37.5℃～39℃之间。大型犬类体温在偏低的区域，小型犬类体温在偏高的区域。

仔细观察

狗狗偶尔的一次呕吐或者腹泻没必要担心，但也应该进行密切观察，如果有可能的话，让动物医生来进行判断和处理。例如：没有胃口、疲惫不堪或者无精打采、躁动不安、安静的时候也不停地急促喘息、发高烧、重复性腹泻或者呕吐。

及时带它去看动物医生

出现稍微大一些的伤口、遭遇事故、接触有毒物质以及突发性的严重症状、行为异常等，都需要及时把狗狗送到动物医生那里，让他进行处理。小狗、免疫力低下的狗狗以及年纪大了的狗狗尤其容易受到伤害。小狗如果不停地腹泻，有可能会导致脱水，并且危及生命。

可能出现的紧急情况有高烧或者体温降低、身体虚弱或者无精打采、没有方向感或者无意识、抽搐或者走路摇摇晃晃、瘫痪、麻痹、摔倒、急速呼吸、呼吸较浅、脉搏跳动速度过快、脉搏虚弱、寒热发作、强烈的颤抖、强烈的呕吐、吐血或者干呕、严重的腹泻、便血、强烈的疼痛、疑似骨折、严重流血的伤口、黏膜苍白或者舌头发蓝。

如果天气炎热或者狗狗情绪激动，那么急促的喘息是正常的，否则的话就表示它身体不舒服或者有疼痛的感觉

如果狗狗出现疾病症状，我们该做些什么？

在下列表格中对一些疾病症状以及可能的原因进行了描述。请您让动物医生来做诊断，不要自己处理，这样只会浪费时间，应该遵照医嘱进行处理。

症状	可能的原因以及正确的反应
腹泻	－ 持续的或重复性的：食物不消化、胰腺机能不健全、贾第鞭毛虫病、压力过大。立刻带狗狗去看动物医生！ * － 严重的腹泻，便血或者呕吐：肠胃感染、肠炎、中毒。紧急情况！ *
便秘	－ 身体状态良好，但是两天没有排便。立刻带狗狗去看动物医生！ * － 排便时疼痛，大便呈扁平状：前列腺肿大（公狗）。立刻带狗狗去看动物医生！ * － 身体虚弱，干呕或者腹部隆起：胃扭曲、肠阻塞、异物。紧急情况！ *
呕吐	－ 持续的：食物不消化、肠胃感染、胃炎。立刻带狗狗去看动物医生！ * － 严重的呕吐、吐血或者腹泻：严重的肠胃感染、胃炎、中毒。紧急情况！ * － 干呕：胃扭曲、异物、肠阻塞。紧急情况！ *
小便	－ 小便时伴有疼痛或者便血：尿路感染、尿结石、阴茎受伤、前列腺炎、肿瘤。根据不同原因紧急情况！ *
体温	－ 高烧是严重疾病的症状，体温低有可能是受到惊吓或者是血液循环出了问题。紧急情况！ *
口臭	－ 牙石、牙周炎、胃炎、肾脏疾病。安排时间去看医生！
强烈的口渴	－ 子宫化脓、糖尿病、肝脏或者肾脏疾病。紧急情况！ *
含脓的分泌物	－ 眼部分泌物，公狗的阴茎分泌物：感染。立刻带狗狗去看动物医生！ * － 母狗阴部分泌物：子宫化脓。紧急情况！ *
眼部疾病	－ 眯起眼睛、流眼泪、敏感：异物、受伤、感染。根据不同原因紧急情况！ *
摇头晃脑	－ 耳道螨虫、耳朵发炎、耳朵里面有异物。立刻带狗狗去看动物医生！ *
抽搐痉挛	－ 中毒、羊痫风、低血糖、对寄生虫的侵害做出的反应、感染、肿瘤、怀孕的母狗的缺钙症状。紧急情况！ *
瘫痪，麻痹	－ 受伤、椎间盘突出、神经疾病。紧急情况！ *
咳嗽	－ 呼吸道感染、心脏疾病、寄生虫、异物。立刻带狗狗去看动物医生！ *
行为发生改变	－ 没有方向感、昏昏沉沉、歪着头、无精打采、攻击性、耳朵疾病、神经疾病、羊痫风、疼痛、惊吓、痴呆。根据不同原因紧急情况！ *

　　* 遇到"紧急情况"您应该尽快地找到动物医生——还有就是您不能确定的疑似病例，这样做可以挽救您的狗狗的生命。"立刻带狗狗去看动物医生"这种情况您可以在下一次和医生约定的时间带狗狗去。

常见的疾病

对于狗狗来说，最好的疾病预防措施就是健康的膳食、好的护理、运动和活动，当然还有您的关怀。但是，这些都不能保证您的狗狗一直健康。

不当的饮食、运动、受伤甚至年龄都有可能导致狗狗生病。由病毒、细菌、原生动物或者寄生虫导致的传染病对于每一只狗狗来说都是十分危险的。不是每一只感染了的狗狗都会表现出疾病症状，但是它们可以传播病原体。本书对一些常见疾病进行了简短的描述，通过阅读，您就可以了解到，在这些常见疾病背后隐藏着什么。如果您确定了狗狗的疾病症状，那么应该马上带它去看医生。

传染病

狗狗有可能在不同的情况下感染不同的病原体，例如被同类传染、喝了不干净的水、闻了粪便、吃了老鼠或者其他生肉。有些病原体隐藏在鞋子、街上的灰尘以及草丛中，只有使用针对某种病原体的药物才能治愈某种疾病。

巴贝西虫病（犬类疟疾）

病情描述　由原生动物引起的严重感染，原生动物可以破坏狗狗的红细胞。如果不进行治疗，几天之后就会导致狗狗死亡。最主要的症状就是身体状态差以及发高烧。

传播途径　壁虱（森林革蜱）。

预防措施　预防壁虱，还没有针对壁虱的疫苗。

包柔氏螺旋体病

病情描述　细菌感染，感到疲劳，身体状态差，发高烧，关节炎。早期发现进行治疗是可以治愈的，干预得晚就会变成一种慢性关节病。

传播途径　壁虱（篦子硬蜱），人畜共通传染病，对人类也很危险。

预防措施　预防壁虱，快速去除壁虱。

犬类无浆体病

病情描述　严重的细菌感染，伴有身体状态差、高烧、关节炎、贫血、淋巴结肿大以及神经疾病等症状。

传播途径　壁虱（篦子硬蜱）。

预防措施　预防壁虱。

犬冠状病毒

病情描述　肠道发炎，伴有轻度呕吐和腹泻。大多数情况比较好治愈。

传播途径　在动物之间进行传播，通过受污染的大便传播。

实用信息

狗狗会让您生病吗?

→ 人畜共通传染病指的是在动物和人类之间相互传播的疾病，例如蠕虫、皮肤真菌、钩端螺旋体病、沙门氏菌病、狂犬病。

→ 不同的病原体通过不同传播途径，如直接接触（裸露在外面的伤口、咬伤）、接触感染的分泌物或者带有病原体的环境以及吸入空气。

→ 在人类和狗狗的共同生活中，给狗狗除虫、接种疫苗以及卫生保健可以提供一些保护，例如和狗狗接触以后洗手，每周清洗狗狗用过的物品等。

→ 那些对狗狗过敏的人，应该避免和狗狗的直接接触。

预防措施　这种病毒在狗狗群体中广泛传播，预防起来很困难。如果知道病毒活跃的地域，就可以避免靠近这些地区。

犬疱疹病毒

病情描述　主要是生殖器官的黏膜受到损伤。首先受到危害的是怀孕期的母狗，这种病毒经常会导致流产或者小狗出生后3周内死亡。

传播途径　在动物之间通过唾液、滴液感染、交配、受污染的物体或者第三方物体进行传播。

预防措施　给雌性种犬接种疫苗。

犬艾利希体征

病情描述　地中海疾病。免疫系统的细菌性感染，伴有多种症状，例如身体状态差、呕吐、呼吸急促、关节炎。

传播途径　壁虱（棕色狗壁虱）。人畜共通传染病。

预防措施　预防壁虱。

贾第鞭毛虫病

病情描述　原生动物感染，损害到肠黏膜。症状有反复呕吐和黏液性腹泻，可能伴有便血。

传播途径　在动物之间进行传播，通过受污染的粪便、饮用不干净的水、食用感染了的动物。人畜共通传染病。

预防措施　只能把危险降到最低，例如在夏天的时候不让狗狗喝小水坑里的水或者死水。

犬触染性肝炎（HCC）

病情描述　严重的病毒感染，导致肝脏发炎。症状有高烧，无精打采，眼睛分泌物和鼻腔分泌物增多，出血和抽搐痉挛等。

传播途径　在狗和狗之间传播，通过闻受污染的粪便和尿液进行传播。传染性很强。

预防措施　接种疫苗。

利什曼病

病情描述　地中海疾病。严重的原生动物感染，有可能导致肾脏功能衰竭。症状是多种多样的，皮肤性利什曼病的症状有溃疡、角质化、退化、脓包；器官性利什曼病的症状有肠炎、血管发炎、关节炎、肌肉发炎。

传播途径　白蛉。人畜共通传染病。

预防措施　预防蚊虫叮咬。

钩端螺旋体病

病情描述　细菌感染，导致肝脏和肾脏疾病。一般性症状有呕吐、高烧、腹泻、呼吸急促、没有胃口、黄疸病。疾病晚期有可能导致肾脏损伤。

传播途径　通过感染了这种疾病的动物及其尿液、饮用受污染的水源而致病。人畜共通传染病。

预防措施　接种疫苗、把危害降到最低。

犬细小病毒

病情描述　最常见的、比较危险的病毒感染。首先是发高烧和疲惫不堪，接下来是腹泻（大多数时候便血）以及呕吐。对于小狗来说尤其危险。

传播途径　在动物之间进行传播（也在猫之间），通过受污染的粪便以及受污染的鞋子等进行传播。传染性非常强，如果不进行治疗会导致死亡，及时治疗可以提高存活率。

预防措施　接种疫苗。

真菌感染

病情描述　皮肤长期感染真菌霉菌，大多数会导致圆形的毛发脱落、鳞片和痂皮。所有动物和周边环境都要进行处理。建议用臭氧设备对周围环境进行清洁。

传播途径　在动物之间传播，通过受污染的物体或者间接地通过第三方物体进行传播。

预防措施　注意卫生，消毒。

犬瘟热

病情描述　危险的病毒感染，先兆是发高烧。在病情的发展过程中会损害消化系统（腹泻、呕吐）、呼吸道（打喷嚏、咳嗽、眼睛分泌物和鼻腔分泌物增多）、皮肤（例如斑疹、角质化）或者神经系统（主要是瘫痪、痉挛）。有可能导致死亡，后遗症有可能导致中枢神经系统障碍。

传播途径　大多数直接在狗和狗之间进行传播，也有可能通过鼬和狐狸传播。

预防措施　接种疫苗。

狂犬病

病情描述　对于人类和动物都很危险的病毒感染，在感染之后会导致死亡。患病的动物大多数会变得越来越驯服、越来越胆小。安静型狂犬病会导致动物越来越无精打采，患了疯狂型狂犬病的动物会极具攻击性。

传播途径　在动物和动物之间通过唾液进行传播，大多数是通过咬伤的伤口传播。人畜共通传染病。

预防措施　接种疫苗。

破伤风

病情描述　少见的细菌感染。病原体组成对神经系统有害的物质，导致高烧、痉挛、对声音敏感。

传播途径　霉菌通过暴露在空气中的伤口进入体内。霉菌在周围环境中几乎无

实用信息

地中海疾病是什么病？

➡ 这个名称被用来描述那些在南欧常见的疾病，例如利什曼病、巴贝斯虫病、埃利希体病以及心丝虫病。

➡ 由壁虱传播的疾病巴贝斯虫病和埃利希体病现在也传播到了德语地区。

➡ 一只来自南欧的狗狗需要进行检查，看看它有没有患地中海疾病。由白蛉进行传播的利什曼病通常在患病一年之后才显示出患病症状，因此对这种疾病的检测应该重复进行。

➡ 如果要带狗狗在欧洲南部旅行，一定要对它进行全面的防寄生虫保护。

处不在。

预防措施　仔细清理伤口。

软体虫

病情描述　寄生虫感染，例如蛔虫、带绦虫、毛首鞭形线虫或者钩虫。一般只有比较严重的软体虫侵害才会有外在症状。软体虫类型不同、严重程度不同，会有不同程度的症状。例如腹部隆起、腹泻、呕吐、皮毛蓬乱、咳嗽、身体状态差、贫血。蛔虫的幼虫会损害内脏器官，严重的贫血有可能导致死亡。

传播途径　吃或者闻受污染的粪便、吃感染了的动物（例如老鼠）、舔舐皮毛时吞下粘在皮毛上的虫卵、周围环境中的虫卵。蛔虫有可能当小狗还在妈妈肚子里的时候就已经进入小狗体内了。钩虫可以钻进皮肤。心丝虫通过某种蚊子进行传播。它们属于地中海疾病。

预防措施　注意卫生。定期除虫可以预防寄生虫大规模侵袭。

注意事项：许多种类的软体虫对于人类来说也是有危害性的（人畜共通传染病）。尤其是狐狸带绦虫，它们的幼虫可以损害人类的肝脏。

犬窝咳

病情描述　呼吸道的病毒感染，伴有咳嗽，大多数也由病毒感染引起。容易犯病的情况是许多狗养在一个狭小的空间内的时候。

传播途径　在狗和狗之间进行传播。

预防措施　在传染危险增大的时候接种疫苗很有必要。

疾病

很多疾病如果在早期阶段被检查出来，并且得到有效的治疗，它们对狗狗的威胁就没有那么大了。接下来会描述一些常见的疾病。请您不要自己给狗狗治病，而是把诊断和治疗都交给动物医生！

眼睛、耳朵、牙齿

结膜炎　眼睛发红，流泪严重，经常有含脓的分泌物。

导致结膜炎的原因有可能是风吹、灰尘、细菌、病毒或者真菌感染、眼睛干燥、过敏性反应、眼睑向外翻转（眼睑周围翻转）以及异物（通常仅发生于一只眼睛）。快速使用相应的滴眼液或者软膏进行治疗非常重要，这样可以避免造成后遗症。

眼睑周围翻转　眼睑向内翻转。眼睑的狗毛会摩擦角膜（非常疼），进而导致发炎。眼睑周围翻转有可能是天生的，也有可能是眼睛受伤或者眼部疾病的结果。通过外科眼睑矫正手术进行治疗。

白内障　一只眼睛或者两只眼睛的晶状体浑浊，根据严重程度不同，有可能导致不同程度的视力损伤或者失明。经常出现在年纪比较大的狗狗身上，很少出现在年轻的狗狗身上。白内障有可能会遗传，也有可能由受伤或者发炎以及其他疾病（例如糖尿病）导致。白内障有可能导致眼睛发炎或者晶状体移位。根据患者的情况可以通过手术移除晶状体或者更换新的晶状体。

进行性视网膜萎缩（PRA） 遗传性疾病，可以导致视网膜坏死。常发生在3～5岁之间的狗狗身上。患病的第一个征兆是夜盲症，最终导致狗狗完全失明。没有治疗方法。用作种犬的狗狗应该进行基因分析或者基因检查。

耳朵发炎 由异物、螨虫（见153页）、细菌、真菌引起的耳道发炎，或者作为过敏、甲状腺功能不足或者肿瘤的并发症出现的耳道发炎。耳朵会感觉到疼痛，有刺鼻气味的分泌物，狗狗抓挠耳朵或者歪着头。使用特制药物进行治疗。如果不及时治疗，可能发展成慢性疾病。经常护理（见154页）可以预防这种疾病。

前庭症候群 紧急情况！平衡器官障碍，主要发生在年纪比较大的狗狗身上。突然出现的症状和人类中风的症状相似，例如摔倒、不能自己站起来、头歪、没有方向感、走路跌跌撞撞，以及眼球的猛烈转动。迅速进行治疗可以有好的结果。

牙周炎 牙石导致牙龈发炎，如果不进行治疗会导致内脏器官病变。可以通过经常啃咬东西和牙齿护理进行预防。

骨骼、关节、韧带

关节炎 关节发炎，对疼痛非常敏感，关节肿胀，摸起来感觉发热。狗狗在运动的时候会感到疼痛，走起来一瘸一拐。原因有可能是感染、受伤、姿势错误、负担过重、肿瘤或者自动免疫疾病。有可能导致非发炎性关节病。要根据发病原因有针对性地使用消炎药进行治疗。

非发炎性关节病 由磨损、受伤、超重、关节错位、基因性遗传因素或者非关节炎引起的关节疾病，常发生于年纪比较大的狗狗身上。关节软骨退化，产生赘生物和关节僵硬。患病的狗狗疼痛不堪，走路一瘸一拐。想要治愈是不可能的。药物、物理疗法和合

实用信息

紧急情况　胃扭曲！

这种疾病出现频率相对较高，并且会多次出现。

→ **原因：**装满了食物、水或者草的胃发生翻转。血管被缠紧，在短时间内出现多种器官的功能丧失。

→ **危险因素：**体形较大、年龄较大、遗传性因素、吃饭太多、压力等。

→ **征兆：**躁动不安、急促喘息、噎住、干呕、腹部坚硬膨胀、黏膜苍白。

→ **处理方法：**出现第一个征兆就应该带狗狗去看医生！只有快速进行手术才能拯救狗狗的生命。

→ **预防措施：**干燥的狗粮要充分浸湿，少食多餐，大型犬尽量不要进行阉割手术。

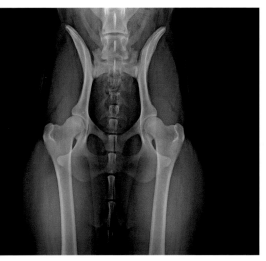

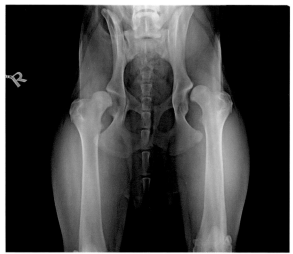

较健康的髋部：髋臼窝和股骨头完美地贴合在一起

严重的髋部发育不良：严重退化的髋部，导致狗狗疼痛不堪

适的运动可以缓解疼痛。

脊椎关节强硬　脊椎病变。由磨损导致脊椎钙化和僵硬，在椎骨之间形成一些骨质的桥梁。脊椎关节强硬症有可能是遗传导致的，并不是每一只患病的狗狗都会表现出严重的症状。患病的征兆有对疼痛敏感、不喜欢运动以及运动障碍，例如走路时一瘸一拐。脊椎关节强硬症是不能治愈的，除了缓解疼痛治疗以外，物理疗法是比较起作用的。

肘关节发育不良（ED）　肘关节退化性的、遗传性的、由事故或者负重过度引起的病变。患病的征兆有走路不规律以及变化无常的跛行。此病症大多数出现在狗狗生长最快的时期。患病的狗狗会感觉到疼痛，之后会导致软骨损伤，关节骨质化和肌肉萎缩。不当的运动和饮食以及超重都会使病情恶化。

髋部发育不良（HD）　髋臼窝和股骨头没有很好地贴合在一起，摩擦导致软骨磨损，进而导致非发炎性关节病、赘生物和强烈的疼痛。髋部发育不良也是一种遗传性疾病，所有品种的狗狗都有可能患病，大型犬类更容易患病，例如德国牧羊犬、金毛和拉布拉多寻回犬。首先出现的疾病征兆是走路时一瘸一拐、不喜欢运动。负重过度、饮食不当和超重都会加重髋部发育不良。除了止疼和消炎，经常通过手术来治疗这种疾病。

髌骨移位　基因性遗传、成长过快或者受伤都会导致髌骨移位。容易患这种疾病的是那些体形较小的犬类。狗狗患上这种疾病的第一个征兆就是它在奔跑或者走路的时候使用三条腿。髌骨移位有可能造成软骨损伤和关节发炎。根据狗狗病情的严重程度，动物医生会决定是否有必要进行手术治疗。

椎间盘突出 如果您怀疑您的狗狗患上了椎间盘突出，那就算是紧急情况了！椎间盘的一部分凸出来，会压迫到神经或者脊髓。导致椎间盘突出的原因可能是受伤、运动不当或者遗传性因素。容易患这种疾病的狗狗通常是背部比较长的小型犬类，例如腊肠犬、京巴、法国斗牛犬等。椎间盘突出症根据严重程度不同可以分为五个阶段：感觉到疼痛、不喜欢运动、运动障碍、走路时后腿跛行、大小便失禁。治疗是否有效与狗狗患病程度有关，迅速进行治疗可以增加治愈的机会。除了现代医疗学的治疗方法以外，磁场疗法、针灸、顺势疗法、维生素 B 疗法以及物理疗法都可以增加治愈的概率。

剥脱性骨软骨炎（OCD） 在狗狗成长过程中出现的成长障碍，是一种关节软骨和软骨下骨从关节脱落的疾病。这种疾病导致的后果是关节不可修复性的损伤。导致这种疾病的原因经常是饮食中能量和钙含量过多，也有可能是基因性遗传因素导致的，或者骨折、荷尔蒙分泌失调等。患病的狗狗表现出极度疼痛甚至瘫痪，可以通过手术治疗。如果能够及早发现，就可以通过调整饮食来避免造成更多的伤害。

十字韧带撕裂 负重过度或者事故有可能导致膝盖关节的十字韧带断裂，征兆是短期或者持续的跛行以及避免运动。治疗方法主要包括疼痛治疗、消炎以及物理疗法，体形较大的狗狗也可以通过手术进行治疗。

心脏、肺脏和呼吸道

心脏机能不全 这是一种心脏疾病，由于心脏瓣膜不能正常关闭或者心肌虚弱而导致心脏不能供给足够循环的血液。这导致血液进入肺部、肝脏和腹腔，进而导致瘀血。这种疾病常见于年纪比较大的狗狗，很少出现在年轻的狗狗身上，经常是遗传性的，有可能狗狗一出生就患上了这种疾病（扩张性心肌病）。首先出现的患病症状是轻微运动后感到筋疲力尽、黏膜苍白、咳嗽、体重减轻。如果不进行治疗，心脏的虚弱就会导致心脏变大、肺部积液以及其他内脏器官积液，最终导致死亡。若能正确地使用药物，即使是年纪比较大的狗狗也能够没有病痛地活着。

支气管炎 由感染、异物、过敏症等导致的支气管发炎。患病的症状有顽固性咳嗽、呼吸时发出呼哧呼哧的声音以及呼吸疼痛。及早治疗非常重要，只有这样才能避免形成慢性疾病。

短头犬呼吸综合征（BAS） 头比较短的犬类，例如巴哥犬、法国斗牛犬、英国斗牛犬、西施犬、京巴、波士顿梗犬和拳师犬。如果在饲养过程中过分追求短头，有可能会导致下列现象（单独或者同时出现）：鼻孔太小、鼻腔阻塞、软腭太长太厚、喉头发生改变。呼吸困难导致在呼吸时发出呼噜声，对炎热敏感，还可能会导致昏厥和喉头萎缩。只有通过外科手术才能治疗这种疾病。

胃肠

胃黏膜发炎（胃炎） 症状是没有胃口、呕吐，有时也会吐血或者黄色的泡沫。患有急性胃炎的狗狗会感觉到腹部疼痛，患有慢性胃炎的狗狗也可能会日渐消瘦。导致这种疾病的原因有可能是感染或吃了不干净的东西、异物、药物，以及食物不消化或者食物过敏、体内有软体虫，其他疾病如肾功能不全以及压力过大也会导致此疾病。迅速治疗非常重要，还可以预防溃疡。通常患有胃炎的狗狗需要吃特殊的食物进行食疗。

胃扭曲 这种疾病属于危害狗狗生命的紧急情况，需要立即进行手术。患病的症状有躁动不安、腹部隆起以及干呕。

肠炎 肠道发炎有可能是由多种原因造成的，例如感染、异物、软体虫、自动免疫疾病、食物不消化和食物中毒。患病的症状有腹泻，可能便血、腹痛和疲惫不堪。严重的急性腹泻有可能导致脱水，从而威胁生命！及时进行治疗非常重要，尤其是小狗和身体比较虚弱的狗狗。

肠阻塞 一种危及生命的紧急情况，如果不进行治疗会导致多种器官衰竭。异物、肠道疾病、肠瘫痪、肠扭结、肠弯折、中毒或者肿瘤都有可能导致肠道阻塞，狗狗会没有胃口、疼痛不堪、不能排便、呕吐、越来越无精打采。大多数情况下只有迅速进行手术才可以挽救狗狗的生命。

肝脏、胰脏和甲状腺

肝脏疾病 急性肝病是紧急情况！肝脏是重要的代谢器官、存储器官和解毒器官。它的功能可能受到急性或者慢性损伤，例如由中毒、寄生虫、肿瘤和发炎（病毒性肝炎）引起的肝脏疾病。患病的初期症状有身体虚弱、无精打采、没有胃口、呕吐、腹泻，以及排尿增多、总是感到口渴。病情继续发展就会出现腹部肿胀、黏膜发黄、白色的巩膜变黄、皮肤变黄、神经性障碍例如痉挛和没有方向感。尽快进行治疗可以挽救狗狗的生命。在医生进行治疗的同时还要让狗狗进行饮食治疗。

糖尿病 胰岛素是由胰腺产生的，负责为身体提供能量。Ⅰ型糖尿病是体内胰岛素绝对不足，Ⅱ型糖尿病是体内胰岛素相对不足，Ⅱ型糖尿病通常是由其他疾病引起的。糖尿病的原因可能是不当的饮食、超重、胰腺炎、肿瘤或者先天性因素。患病的症状有总是口渴、排尿增多、总是感到饥饿、体重变化，也有可能会有白内障、狗毛蓬乱等。可以通过调整饮食进行治疗，根据不同类型的糖尿病还可以使用胰岛素注射进行治疗。

胰腺炎 导致胰腺炎的原因有可能是食物中脂肪含量太多、药物过敏、受伤、麻醉以及肠道疾病或者肝脏疾病。患病的症状有突发的呕吐、没胃口、无精打采、"祷告姿势"（狗狗伸展身体并且以这种姿势僵立在那里），经常还会有腹泻和高烧。胰腺炎可能是急性的，也可能是慢性的，必须进行及时的治疗，因为其他内脏器官有可能会受到非常严重的损伤，会有生命危险。治疗胰腺炎的同时需要进行饮食治疗。

胰腺外分泌机能不全（EPI） 胰腺产生的消化酶太少，结果导致营养不良。尽管狗狗胃口很好，吃得很好，但是它还是越来越瘦、皮毛蓬乱，并且有周期性腹泻。胰腺外分泌机能不全有可能是基因性疾病（常见于德国牧羊犬），也有可能由发炎和肿瘤引起，是无法治愈的。胰腺外分泌机能不全可以通过特殊的饮食以及补充消化酶来进行治疗。

甲状腺功能不全 甲状腺分泌的荷尔蒙太少，这有可能导致身体调节功能差、不喜欢运动、身体状态差、狗毛蓬乱、掉毛、皮肤发生变化、超重、腹泻以及行为异常。导致甲状腺功能不全的原因主要是发炎、自动免疫疾病、遗传因素和阉割手术。需要通过长期服用荷尔蒙药片来进行治疗。

肾脏、尿道和生殖器官

肾脏疾病 急性的肾脏疾病有可能危及生命，是一种紧急情况！肾脏对于新陈代谢、解毒和身体的水分平衡非常重要，有可能患上急性或者慢性疾病。在疾病症状出现之前，肾脏的很大一部分已经受到损坏了。首先出现的患病症状有没有胃口、饮水量增多、小便次数增加，之后会出现呕吐、腹泻、体味改变、无精打采、脱水，也有可能出现没有小便或者腹腔积液。慢性肾病还会出现日渐消瘦、狗毛蓬乱、口臭、口腔溃疡以及贫血。

治疗肾脏疾病的同时需要进行饮食治疗。

膀胱炎和尿路炎 膀胱或者尿路感染，经常是在受凉、淋湿之后出现。这种疾病会引起狗狗排尿时疼痛、排尿次数增多、尿血或者小便失禁。应该迅速带狗狗去看医生，大多数情况下使用抗生素可以使狗狗迅速恢复健康。注意给狗狗保暖。

尿结石 尿结石由感染或者食物中矿物质含量过高导致，也有可能是基因性遗传因素。尿结石会导致小便时疼痛，有时候会出现尿血。结石的大小不同，可以采取不同的治疗方法，例如冲洗、超声波探测仪或者手术。食疗可以阻止新的结石形成。定期检查也非常重要。

化脓性子宫炎（子宫蓄脓症） 子宫发炎会危及生命，紧急情况！子宫感染大多数

尿路疾病体现在排尿困难，经常有排尿欲望

出现在发情期过后的2～10周。患病的初期症状是没有胃口、呕吐、腹泻、总是口渴等，随着病情的发展还会出现无精打采、协调性障碍，还有可能出现休克。开放型子宫蓄脓症会有脓性分泌物从阴部流出。更危险的是没有分泌物的封闭型子宫蓄脓症。治疗这种疾病的方法通常是切除整个子宫。

严重的假孕症　在发情期过后，每一个没有进行交配的母狗都会出现假孕症状。它们的主人大多数时候是察觉不出的。如果病情比较严重，会出现母狗开始建造自己的产房，像照顾孩子那样照顾玩具，还有就是形成乳汁。在这个时候应该把它的玩具收走，并且给它提供一些活动来分散它的注意力。如果狗狗的乳腺变硬以及发热（发炎），狗狗总是疲惫不堪或者发高烧，就必须带它去看医生了。如果狗狗反复出现严重的假孕症，那么就要给它做阉割手术了。

由于前列腺肿大而产生的问题主要出现在年龄比较大的公狗身上

前列腺肿大　公狗的前列腺变大，压迫到直肠和膀胱，在疾病发展到后期的时候会导致疼痛，出现排便困难。大便不成形，阴茎中有含血的或者含脓的分泌物渗出，还有可能出现小便中带血。这种疾病主要出现在年龄比较大的公狗身上，主要的病因是荷尔蒙分泌发生改变。阉割手术是最安全的治疗方法，还可以采取针对荷尔蒙分泌的治疗方法。

其他疾病

过敏　口腔黏膜肿胀，导致呼吸困难，是紧急情况！过敏是身体的免疫系统对某种物质过度敏感的反应，例如食物、灰尘、药物、花粉、跳蚤的唾液或者昆虫叮咬。过敏的症状有瘙痒、皮毛蓬乱、耳朵发炎、结膜炎、腹泻或者呕吐。必须避免接触过敏源，还可以进行脱敏治疗。

皮炎　皮肤发炎，伴有强烈的瘙痒、湿疹、化脓性病灶或者掉毛。通过抓挠和舔舐可能会产生细菌性感染。导致皮炎的原因有可能是寄生虫、真菌、过敏、错误的饮食、荷尔蒙分泌不调、压力过大或者中毒等。要根据不同的原因来进行治疗。

羊痫风　严重的、经常性的、持续时间长的发作或者休克有可能导致死亡，属于紧急情况！羊痫风是一种中枢神经系统疾病，可以导致大脑的功能障碍。患病症状有抽搐、摔倒在地、肌肉痉挛、大小便失禁、蹒跚摇晃、没有方向感。在诊断病情的时候要确定抽风不是由其他疾病引起的。为了搞清楚抽风的原因，需要记录发病情况。一般通过持续使用抗抽搐剂来进行治疗。

恶性肿瘤　恶性肿瘤可能出现在身体的每一处，例如皮肤上、骨头上或者内脏器官上。有些肿瘤可以治疗，而有些则发展得很快，可能危及生命。皮肤出现肿胀、体重急速下降或者身体状况变差都应该去接受检查。治疗方法有手术、放射疗法或者化学疗法。

发情的母狗

大多数母狗是每两年发情一次。请您记录下来，狗狗的发情期是从哪一天开始的、什么时候出血停止，这样您就可以对以后的周期有一个了解。

母狗发情周期的几个阶段：

发情前期：周期的开始。在这个阶段的后期，母狗的阴唇会肿起来，并且阴部有带血的分泌物流出。通常它们的行为都会发生变化，会变得更加易怒。

建议：请您用手绢擦拭母狗的阴部，这样才能看清楚是不是有带血的分泌物。

持续时间：7～11天（最长可达25天）。

发情期：排卵期，母狗做好了怀孕的准备，阴部有浅色清澈的分泌物。更加易怒，而且对其他母狗的攻击性增加。在散步的时候不要放开母狗的遛狗绳，要防止公狗靠近，

 注意事项

狗狗的医药箱

狗狗的医药箱一定要放在随时可以拿到的地方。请定期检查所有药品，替换掉那些已经过期的药物。

○ 定期需要使用的药物

○ 除壁虱的镊子

○ 电子温度计

○ 冷敷包和保温垫

○ 镊子

○ 塑料注射器（没有针头的），用来清洗眼睛和喂药

○ 包扎用的材料，如不同宽度的纱布带和有弹性的绷带、纱布垫、绷带棉、医用橡皮膏、绷带剪刀、不起毛的纸巾、伤口抗感染药物以及伤口软膏

○ 凡士林或者保护爪子的乳液

○ 指甲止血棉

○ 除虫药以及预防跳蚤和壁虱的药物

○ 口络

○ 眼部冲洗溶液

○ 一次性手套

○ 动物医生或者动物治疗医师开的急救药物

实践指南

狗狗的避孕措施

为了防止出现我们不想要的小狗，我们可以采取很多不同的措施。

预防措施：防止"调情"变成轰动的"桃色事件"。

如果一只公狗和一只母狗抓住了机会，并且被我们在"作案现场"抓了个现行，我们能做的也只是等着它们"办完事"自己主动分开了。因为交配时公狗的阴茎在母狗的阴道里是处于膨胀状态的，这种情况有可能会持续半个小时。如果在这个时候强行把它们分开，有可能会导致受伤。在这之后就要去请教动物医生了，及时给母狗注射荷尔蒙针剂还是可以防止它怀孕的。

母狗的避孕措施

注射荷尔蒙针剂可以暂时阻止母狗的发情。它会干扰正常的荷尔蒙平衡，还会提高患乳腺癌和子宫疾病的危险。

绝育手术是阻断或者切断输卵管。荷尔蒙分泌并没有发生改变，母狗还是会有发情期。

阉割手术是摘除卵巢，有些动物医生还会把母狗的整个子宫也摘除。荷尔蒙分泌就会发生改变，母狗不会再发情。

公狗的避孕措施

给狗狗体内注射一种荷尔蒙，也就是"化学阉割"，这使它体内的性器官产生荷尔蒙的过程会有6～12个月受到限制。公狗会表现出好像做过阉割手术一样的行为。

绝育手术是阻断或者切断输精管，荷尔蒙分泌并没有发生改变。

阉割手术是把睾丸从阴囊中移除。这样一来，大部分的性激素当然也就消失了。

像长毛腊肠犬这样具有丝绸般光泽的皮毛，在接受了阉割手术之后会发生改变

做决定：选择适合每个个体的方法。

荷尔蒙 很少会有人建议给母狗注射荷尔蒙针剂。给公狗注射荷尔蒙可以当作在阉割手术前的试验，通过这个方法可以看到公狗做了阉割手术之后行为上可能发生哪些变化。而且当麻醉的危险系数太大的时候，这也是除了阉割手术以外的一个不错的选择。

绝育手术 外科手术的一种，可以达到长时间的避孕效果。

如果您不想得到意料之外的小狗崽，就要看好处于发情期的母狗，或者做好预防措施

阉割手术 由于医学原因或者和行为有关的原因，阉割手术有时是必要的，例如和性激素有关系的疾病、只在发情期才会出现的攻击性、严重的假孕现象、子宫蓄脓症、性欲高涨或者隐睾症。

阉割手术绝对安全吗？在做阉割手术的时候应该注意些什么？

给母狗做阉割手术应该尽量在发情期。针对每个个体是否需要做阉割手术，应该和动物医生或者其他相关人士进行协商讨论。

阉割手术的危险 有一些狗狗，公狗和母狗，会受益于阉割手术，而另外一些则在做了阉割手术以后出现了更严重的行为异常的问题，例如攻击性、恐惧和不安。

皮毛变化明显的是原来有着丝绸般光泽的皮毛的狗狗，例如赛特猎犬和长毛腊肠犬。

可能导致体重增加以及由超重而引发的各种疾病。

公狗还可能有肌肉减少、结缔组织疾病。母狗可能出现尿失禁。

做了阉割手术的狗狗患上其他疾病的概率会增加，以及会引发一系列的后遗症，例如痴呆症、甲状腺疾病、肿瘤以及关节疾病。

这样才不会出现意外怀孕。

持续时间：5～10天（最长可达20天）。

发情后期：如果母狗没有进行交配，在这个时期会出现假孕现象。这是一个与荷尔蒙分泌有关的正常过程，如果没发展到行为异常的程度，大多数是不会被察觉的。母狗有可能会变得更加需要依靠、更加安静、反复无常或者易怒。如果您的狗狗出现严重的症状，就需要带它去看医生。一定要注意是否有子宫化脓的症状。

怀孕时间：57～68天。

假孕时间：57～68天。

假妈妈时间：约20天。

乏情期：安静时期，持续4～10个月。

预备发情期：到下一次发情期的过渡阶段，最长约21天。

年纪大了的狗狗

有一天，您看着您的狗狗，也许会非常吃惊地发现：它已经老了。这个时刻什么时候到来，对于不同的狗狗来说区别很大。体形较大的狗狗6岁的时候可能就已经开始表现出衰老的迹象，体形较小的狗狗12岁才开始衰老。

可能出现的衰老迹象

到了老年，身体会发生变化，脸上会出现第一撮白色的毛发，身体会出现疼痛和疾病。

感觉器官　感觉器官退化，最明显的就是听觉和视觉。有些动物甚至失聪或者失明。狗狗还可以依靠自己的鼻子来辨认方向，但是鼻子的功能也会有所减弱。在室外活动的时候，需要用较长的遛狗绳拴着它们，以保证它们的安全。

如果狗狗眼睛看不到了，您就不要经常变换房间里各种家具的位置。您每次爱抚它之前都要先和它说话，这样就不会吓到它或者被它无意中咬到了。

丧失了听力的狗狗可以用视觉信号来进行引导和控制，有一些狗狗对震动项圈也会有反应。

消化系统　缺乏运动和错误的饮食有可能导致便秘或大小便失禁，但有可能是由内分泌紊乱或者疾病引起的。请您带狗狗去看医生，并且多给它一些机会，让它可以在室外大小便。

行为　通常，狗狗年纪大了以后行为上的改变都是积极的。例如，它们会变得更加安静、更加沉着了。它们会睡得更多，也许会喜欢趴在温暖的炉子前面。年纪大了的狗狗大多非常看重每天的惯例，对于喧闹和压力的承受力大不如前了。有一些狗狗会变得有些固执。如果一只老狗突然变得具有攻击性，那么它可能是身体有了疼痛，您应该带它去看动物医生。

狗狗的痴呆症

患了痴呆症的狗狗会变得有些混乱，辨

不清方向。它们可能会突然有了攻击性，感到没有安全感，晚上会不安，或者无精打采，对什么都不关心。有些狗狗会盯着墙壁发呆或者经常忘事，也有可能变得不爱干净或者特别悲伤。狗狗身上出现的类似痴呆症的行为被称为老年痴呆症。在诊断的时候要排除其他疾病的可能性。通过特殊的饮食以及身体和精神上的训练，是可以减缓这个过程的。

退休计划

适当的活动能让狗狗的身体和精神长期保持健康。请您对它付出更多关心，多关注一下它的状态。

退休食谱　要给它准备适合"老年人"的食物。

身体健康　请您按照狗狗自身的能力来为它安排适合的运动时间和运动类型。如果您经常进行短距离的散步，现在就要多休息几次，而且要注意，尽量避免那些对关节造成很大负担的运动，例如爬楼梯等。

预防性护理　请您每周给狗狗检查一次身体。如果有必要，请您多帮助它进行身体护理。每年带它去看两次动物医生，让医生给它化验血液。请您时刻注意一些可能出现的疾病症状，不要把这些都归因于它变老了。如果狗狗患了非发炎性关节病或者其他慢性疾病，为它量身定制的疼痛治疗或者运动治疗都可以提高它的生活质量。

使用水下跑道进行肌肉锻炼，对所有患有非发炎性关节病以及大多数其他运动器官疼痛疾病的狗狗都有好处，它们可以通过这种训练保持或者提高灵活性

用自然的方式帮助狗狗

自然疗法的核心就是激活自我治疗的能力。已经有很多狗狗都通过这种方法得到了帮助，尤其是那些患有慢性疾病的狗狗。但是，这种治疗方法也不是完全没有副作用的。

物理疗法

主动的练习和被动的治疗，例如按摩和加温，可以保持或者改善狗的运动能力。这种治疗方法经常应用在慢性运动器官疾病的治疗上，例如关节或者脊椎手术后的复原过程以及帮助年纪比较大的狗狗保持身体的灵活性。按摩性的治疗可以消除疼痛的阻塞处，在水下跑道进行训练可以帮助狗狗锻炼肌肉。

自然疗法

并不是所有自然疗法的效果都经过了科

按摩是辅助动物医生进行治疗的一种手段

学的验证，但是只要对狗狗的病情有所帮助，对于狗狗和它的主人来说，原理什么的都无所谓了。

针灸　根据中医的理论，在动物的身体内运行着许多经络。用针刺经络上的某些点可以解除能量阻塞和障碍，这些阻塞和障碍是导致身体出现疼痛和疾病的原因。针灸应用范围很广，尤其对治疗运动器官疾病和疼痛非常有效。

激光针灸　这是传统针灸的一种替代形式，使用激光射线对针灸穴位进行刺激。

指压按摩　使用压力或者按摩的方式对针灸穴位进行刺激。狗狗的主人在接受指导之后也可以自己使用这种方法为狗狗治疗。

磁场疗法　身体的某些部位被放进一个磁场中，这样可以刺激血液循环和新陈代谢。磁场疗法经常应用于治疗椎间盘突出、十字韧带拉伤或者骨折。

植物疗法　植物疗法有几千年的历史。有治疗作用的植物被做成茶、药酒、萃取物、药片、胶囊，或者直接使用新鲜或风干的植物。许多有治疗作用的植物都是传统的家庭常备药物，但是使用它们需要请教动物医生或者动物治疗师，例如使用茴香茶来治疗腹痛、红茶治疗腹泻、滴眼液（小米草）治疗眼结膜发炎、水飞蓟用来解毒和肝脏再生、洋甘菊茶用来治疗尿路感染、牧根草用来减轻疼痛、山楂用来强健心脏等。

顺势疗法　德国医生塞缪尔·哈内曼

（Samuel Hahnemann）提出"以同治同"的治疗理念，以此为基础发展出顺势疗法。例如，从蜜蜂中提取的毒素被用来治疗昆虫叮咬、有毒的马钱子种子可以用来治疗恶心和受到损害的胃部。

舒斯勒盐　一种由威廉·亨利·舒斯勒（Wilhelm Heinrich Sch ü ßler）医生发展的治疗方法，使用顺势疗法提纯的矿物质盐，使患者身体的生物化学成分重新恢复平衡。舒斯勒盐被广泛应用于治疗疼痛以及成长期和老年期的运动器官疾病，还在治疗新陈代谢疾病时起到辅助的作用。

巴赫花精疗法　这种以医生爱德华·巴赫（Edward Bach）的名字命名的治疗方法使用38种花精来治疗失去平衡的精神状态。这种治疗方法可以辅助治疗疼痛和疾病，例如一个动物由于一种疾病患上了抑郁症、对什么都没有兴趣、闷闷不乐或者很容易发怒。

最受欢迎的巴赫花精是混合花精"急救花精"，有液体形式、药丸形式或者糖浆形式。它可以安抚压力过大的狗狗，或者在狗狗感到非常紧张的情况下让它平静下来，在发生紧急情况的时候，急救花精是一种辅助急救的自然疗法的药物。

照顾生病的狗狗

狗狗生病了，主人也会跟着一起受罪。精心护理会帮助我们的小伙伴尽快好起来。

详细地了解相关信息

请您向动物医生请教下列问题。

饮食　您的狗狗需要有一天禁食吗？需要没有任何刺激的保护性饮食吗？或者它需要进行食疗吗？它出现短期性的腹泻或者呕吐的时候您就应该向医生咨询这些问题。它不喜欢吃饭的时候，您可以把食物拿在手里喂它，或者把食物加热一下再喂给它吃。

喝水　允许它喝水吗？那些有呕吐或者腹泻症状的狗狗需要补充充足的水分。牛肉汤可以增加它的口渴感，但前提是牛肉汤和食疗不冲突。

运动　狗狗应该得到照顾，避免做某些运动或者有针对性地进行训练吗？额外的病人体操会对它的治疗有帮助吗？

伤口和包扎

请您让动物医生教您如何处理伤口和更换绷带。为了防止狗狗抓挠或者舔舐伤口或绷带，应该给它带上轮状皱领或者披肩。有不同样式的轮状皱领或者披肩，您可以测试一下，您家的狗狗最喜欢哪种。具体操作方法可以咨询动物医生。

如果狗狗的爪子受伤进行了包扎，那么可以给它穿上一个长筒袜。如果它的身体进行了包扎，可以给它穿上一件儿童T恤或者狗狗紧身衣。如果要带它到室外去，可以在进行了包扎的爪子上穿一只鞋或者套个塑料袋，这些都可以起到保护的作用。

❞ 采访

自然疗法

自然疗法在很久以前就应用到对狗狗的治疗上了。自然医学可以做些什么？局限在哪里？动物医生海蒂·库布勒（Heidi Kübler）博士在采访中做了解释。

医学博士海蒂·库布勒，动物医生

从1996年开始担任全科动物医学协会（GGTM）的主席，会定期做有关自然疗法治疗动物的报告，并且为动物医生们提供自然疗法的培训。在她自己的诊所中，除了现代医疗以外，她还会使用顺势疗法、以舒斯勒盐、巴赫花精疗法或者植物疗法。

自然疗法和现代医学的区别在哪里？

海蒂·库布勒：在治疗一些比较轻的疾病、患有慢性疾病的人和动物时，自然疗法为现代医学提供了另一种可能性，例如这个病人或者动物不能使用某种药物或者对这种药物不耐受。对于我来说，这两者互相配合构成了完整的医学。

这两者可以同时起作用吗？

海蒂·库布勒：这和患者所患的疾病有关。例如，在治疗心脏疾病的时候，山楂制成的药剂可以协助现代医学的药物起到积极的作用。但是，如果给患有急性过敏症的患者使用类似对免疫系统有刺激作用的紫锥菊，就是不可以的。自然疗法和现代医学能不能同时使用，基本上要靠治疗师来做决定。

有没有一些健康问题，尤其适合使用自然疗法？

海蒂·库布勒：我自己在治疗的过程中曾经使用顺势疗法治愈风寒以及简单的肠胃疾病，使用巴赫花精治愈行为异常，这些方法的效果是很好的。针对那些患有慢性疾病的动物或者患有类似肿瘤这种不能治愈的疾

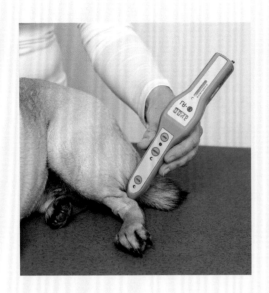

自然疗法对动物医生的治疗是一种补充。在进行治疗之前和动物医生进行详细的商谈非常重要。使用激光的方式进行针灸对于狗狗来说不失为用针进行针灸之外的一种更加舒适的选择

病的年纪比较大的患者，根据个体的不同情况安排不同的自然疗法治疗，尽可能地延长它们的生命，提高它们的生活质量。

自然疗法的局限在哪里？

海蒂·库布勒：自然疗法不能治愈天生的畸形、维生素缺乏、矿物质缺乏或者荷尔蒙分泌不足，以及由于狗狗在小时候缺少和人类的交流而造成的行为问题，也没有办法治愈受损的组织，例如骨折或者肾脏损伤。在进行外科治疗以后，针对骨折的患者，顺势疗法的医师可以开一些帮助伤口愈合的药丸。

狗狗的主人应该注意些什么？

海蒂·库布勒：一个靠谱的治疗师会针对病情的发展、之前所做的检查以及治疗进行详细的询问。在开始治疗之前，他会仔细给患病的动物进行检查，以便做出正确的诊断。他并不会承诺肯定能够治好患有慢性疾病的动物，而是会向您解释，他使用什么样的方法可以达到什么样的结果。而且，他还会在真的无法治愈的时候告诉您，现在到了您该和您的伙伴分别的时候了。

那些起保护作用的措施，不管是绷带还是其他物品，都不能把狗狗的腿勒得太紧，否则会影响到血液流通。如果在室外给狗狗使用了塑料绷带，那么回到室内以后要马上撤下来，以防里面形成湿气和水雾。

给狗狗吃药

请您完全按照医嘱给狗狗吃药。如果食疗允许，狗狗也肯配合，您可以把药片和液体的药物放进香肠、奶酪或者面包里面。如果这样做行不通，就直接把药喂给狗狗吃。如果狗狗不肯配合，您得请一个人来帮助您给狗狗喂药。

药片 请您掰开狗狗的嘴巴，把药片放到它的舌根部。然后合上它的嘴巴，轻轻抚摸狗狗的喉头，直到它把药片咽下去。

药丸 请您把狗狗的下巴向下拉，然后把放在塑料勺子里的药丸倒进它的颊囊中。

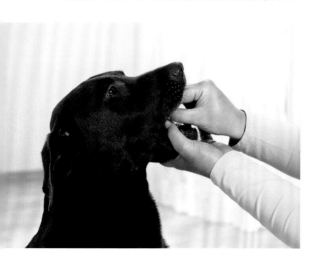

给狗狗吃的药片通常会有肉味，如果它连肉味的药片都不吃，那么就得由您来喂给它

滴液和液体药物 滴液可以滴进它的颊囊中。如果液体药物的剂量比较大，可以使用注射器（去掉针头）打到它的颊囊中。在这个过程中可以停下来休息几次，好让狗狗有时间把药物吞下去。

滴耳液和乳液 首先把耳朵清理干净。把药物在手中或者裤子口袋中焐热。把耳廓向上提拉，小心翼翼地把滴耳液或者乳液滴进耳朵里。接下来要按摩一下耳朵。

滴眼液和眼药膏 让狗狗坐在地上，请您固定住它的头部。您可以用大拇指把它的下眼皮向下拉，然后把滴眼液或者眼药膏滴进去。然后还需要再固定它的头部一会儿。

药膏 为了让药膏起作用，要剪掉需要治疗的部位的毛。请您戴上一次性手套，然后把药膏抹到患处。最后用游戏、亲热或者散步的方式来分散狗狗的注意力，避免它把刚上的药膏舔掉。

体贴入微的关怀

您要告诉您的狗狗，您会一直陪在它的身边，尤其是它身体不舒服的时候，这会让您和它的关系变得更加亲密。许多狗狗甚至会默默地耐心忍受不舒服的治疗过程，因为它们感觉到主人是想帮助它们的。

请您多一些时间和它坐在一起，用关爱的充满信心的语气和它说话，小心翼翼地爱抚它。身体接触会产生好的作用，促进身体产生后叶催产素以及其他有利于身体恢复的物质。

急救

正确的急救措施可以在出现紧急情况的时候拯救狗狗的生命。

出现事故的时候，这些很重要

请您保持镇定和注意力集中。给狗狗系上遛狗绳，并且戴上口络或者口环。即便是平时最可爱的狗狗，在它感到恐慌的时候也会咬人的。请您给它检查一下，测试它是否还有生命体征。请您以最快的速度带它去看医生，在这个过程中尽量不要移动它。如果它体形比较小，您可以一个人小心翼翼地抱着它，如果是大型狗，可以把它放在一张床单上，由两个人抬着它去看医生。如果狗狗骨折，颅骨或者脊椎受伤，就要把它放在一块板子上抬到医院去。请提前告知医生你们马上就到他那里。

正确地安放 如果狗狗失去了意识，要让它的头部舒展开，略向后，身体向右侧卧，并且把它的舌头向前拉出来。

休克

导致休克的原因有很多，例如：事故或者咬伤，没有明显外伤的咬伤也会导致休克，以及严重的疾病、严重的腹泻、严重的呕吐、严重的出血、过敏性反应、胃扭曲、中毒、中暑、温度过低等。休克的先兆是黏膜苍白（见272页血液循环测试）、爪子和皮肤冰凉、脉搏快、急速的浅度呼吸，

实用信息

当狗狗必须做手术的时候

请您在手术前向动物医生咨询以下问题。

- ➡ 手术前狗狗必须空腹。在手术前多久就不可以吃东西和喝水了？
- ➡ 如果狗狗需要定时吃药，在吃药的时候需要注意些什么？
- ➡ 在手术前，动物医生会给狗狗打一针镇静剂。请您一直陪在狗狗身边，直到它睡着为止。
- ➡ 请您向医生询问清楚，当狗狗醒过来的时候，您可以在它身边吗？
- ➡ 在手术后要帮助狗狗保持温暖。
- ➡ 在手术后狗狗会有一段时间迷迷糊糊的。请您看管好它，不要让它摔下来伤到自己。您可以借助狗笼的帮助。
- ➡ 狗狗什么时候才能重新恢复健康？
- ➡ 狗狗什么时候才能开始吃东西喝水，或者吃药？
- ➡ 狗狗最晚什么时候应该开始排便和排尿？什么时候可以去散步？
- ➡ 出现什么症状的时候您需要马上和医生取得联系？

狗狗会越来越无精打采。请您保持狗狗的呼吸道畅通，让它一直处于温暖的环境中。如果狗狗出现疑似休克的症状，请您立刻带它去看医生！

心肺复苏术

如果狗狗没有了呼吸，也没有任何反应，应该立即对它实施心肺复苏术。

运输一只大狗需要两个人用床单来搬运

用医用纱布（在紧急情况下可以使用领带）
在狗狗的嘴巴上系一个口环，轻轻系住

保持呼吸道畅通。如果狗狗的嘴巴或者咽喉中有容易够得着的异物，您就要帮它取出来，如果异物进入得比较深，您无法取出，那么就把它留给动物医生。

人工呼吸。如果狗狗在呼吸道畅通以后还是无法呼吸，请您正确安放它，让它的嘴巴保持闭合的状态，根据它的体形大小往它的鼻子里吹气，直到它的胸腔开始起伏。人工呼吸要按照大约每6秒钟一次的频率进行（见191页右下方图片）。

按压心脏。如果狗狗的脉搏（正常的安静状态下的狗狗的脉搏是每分钟80～120次）和心跳都没有了，配合人工呼吸还要对它进行心脏按压。

紧急情况下的急救措施

紧急情况下的急救措施可以利用从事情发生到看医生之间的时间。

咬伤　请您检查一下狗狗。用临时性的绷带给狗狗止血。

出血　身体上严重出血的伤口用毛巾盖上。如果出血点在腿上，要在出血点的上方用弹性绷带、毛巾或者带子包扎住（最多用30分钟时间），还可以用纱布垫按压在出血点3分钟。然后绑上绷带，直接带它去看动物医生！

骨折　尽量不要移动狗狗。给它的身下铺上软垫，让它躺在上面，然后尽快带到医生那里去。

羊痫风　抽搐。把它周围有可能伤到它的东西都移除，尽量安抚它。如果发病时间超过3分钟，就应该马上带它去看医生。发病过后狗狗需要安静休息，给它盖暖和。

发烧　发烧超过40℃需要使用冷敷，用湿冷的毛巾盖在狗狗身上，然后带它去看医生。

异物　耳朵里进了异物，必须带它去看医生，让医生来处理。如果是眼睛里进了异物，可以先用眼睛清洗液冲洗，然后带它去看医生。

昆虫叮咬　先用冰或者冷水冷敷。如果狗狗的咽喉肿起来了或者呼吸困难，必须马上带它去看医生。如果是过敏症，要把急救药物放在随时可以拿到的地方。

中暑　症状是瞳孔放大，迷迷糊糊，发高烧，呕吐，腹泻，还有可能虚脱。把狗狗快速移到阴凉处。用湿冷的毛巾对它的身体进行降温。立刻带它去看医生！狗狗不能忍受高温，在温度高的时候不能让它们待在汽车里，阴凉处也不行！

烧伤　使用冷水冲洗几分钟后立即带它去看医生。

中毒　大多数中毒的症状是呕吐、发抖、痉挛，还有可能腹泻、出血、呼吸困难、无精打采、黏膜苍白。立刻带狗狗去看医生，并把狗狗吃过的东西的残留物或者包装也一起带上。

感觉它的脉搏：让狗狗躺在地上，把您的两根手指放在它的后腿内侧的动脉处

人工呼吸：让它的嘴巴保持闭合的状态，用嘴唇包围住它的鼻子，然后吹气，直到它的胸腔开始起伏，然后让空气慢慢漏出

❓ 提问和回答

护理 & 健康

我经常带狗狗去散步，尽管如此，它的指甲还是太长了，为什么呢？

指甲大多数是通过在类似柏油马路那样坚硬的路面上行走或奔跑以及刨东西才会磨损的。如果您经常在草地或者柔软的林间小路散步，这对狗狗的指甲没有什么磨损。年纪比较大的狗狗的指甲经常会太长。有一些疾病也会导致指甲生长过快，例如利什曼病和角质化病。

给爪子抹上凡士林可以防止雪在爪子上结成团

为什么不同的动物医生对阉割手术和接种疫苗的收费不同？

动物医生选用哪种收费标准，取决于治疗的费用、他所提供的服务，以及他是否是在正常的上班时间出诊或者是在夜里出诊。除了薪金，还要算上消费品和药物的费用。因此，由于不同的麻醉剂费用不同，阉割手术的收费就会有所不同。同理，如果使用的疫苗不同，接种疫苗的费用也会不同。

如何才能去除狗狗爪子上的雪团？

由于雪和狗狗爪子上的毛发纠缠在一起，所以如果用手来摘除这些雪团会让狗狗感到非常疼痛。您可以在桶里或者塑料盆里放上温水，让狗狗把爪子放进去，这样就可以无痛去除雪球了。

给母狗穿上保护内裤可以预防它怀孕吗？

肯定不可以的！这种裤子不能阻止任何一只公狗和母狗交配。这种裤子只是用来防止母狗在发情期把血滴在房间里，以保持房间的干净卫生。

我的狗狗患有肝病，给它进行麻醉的时候要考虑到这一点吗？

麻醉会对解毒器官肝脏和肾脏造成负担。请您就狗狗的肝脏疾病和动物医生进行交流。在进行麻醉之前，对狗狗肝脏的各项指标进行测量。如果条件允许，动物医生会根据狗狗的情况来调整麻醉剂的量，并同时采取一些预防措施，把发生并发症的可能性降到最小。

我想自己给狗狗剪狗毛，该注意些什么？

最简单的方式就是用手指拔毛。如果操作正确，狗狗只会觉得不太舒服，而不会感觉到疼。请您向专业人士学习如何使用特殊的刀子来给狗狗剪毛。针对不同部位的狗毛，有不同的剪毛工具，使用适合的工具，剪毛会进行得更顺利。

最近，我家的老牧羊犬总是在它的好朋友想要跟它玩耍的时候发出咕噜咕噜的抱怨声，为什么呢？

我没看见它之前无法说出准确原因。但是，由于您家的牧羊犬年纪已经很大了，它出现这种情况有可能是因为它的身体有疼痛。它用咕噜声来拒绝好朋友的玩耍邀请，和它保持一定距离，也许是它在试图避免玩耍时会出现的疼痛。请您带它去看动物医生，让医生给它检查诊断。

我在给我家的贵宾犬修剪毛的时候把它脸上的触须也剪掉了，这会对它有什么影响吗？

狗狗眼睛上和鼻子上的触须和许多神经相连接。它们的主要作用是在短距离内保护狗狗重要的感觉器官，如果触须碰到一个物体或者一只手，它就会自动撤回或者闭上眼睛。如果眼睛上的触须长到了眼睛里，是可以把它剪短一些的。

动物医生诊断我家的伯尔尼兹山地犬患上了"热点病"，这是如何形成的？

热点病是皮肤上有发红潮湿的发炎点，会导致严重的瘙痒。如果狗狗经常舔舐皮肤上的某一个地方，就会产生这种疾病。原因有可能是昆虫叮咬、螨虫、压力过大、局部受伤或者过敏等。除了动物医生的治疗以外，还要阻止狗狗继续舔舐伤口。

5

正确地教育
狗狗

狗狗可以做什么，不能做什么？这一点如果没有明确共识，很可能会出现误解，您和狗狗的关系也会因此受到损害。教育为狗狗提供一个框架，给它一个方向的指引，因此也给了它安全和自由。这里所说的教育和训练、驯兽没有任何关系，而是一种伙伴关系，是一种尊重，会给双方带来乐趣。那些和狗狗一起工作的人，可以发展它的团队能力和可信任感，然后他就会得到一个对他充满信任、可以陪伴他一生的好伙伴。

狗狗与人类的关系

狗狗是人类最好的朋友。友谊的基础是信任，而信任是双方都需要努力才能得到的东西。如果您能给它提供正确的选择，它会非常喜欢跟随您。

那些能够互相理解的人们之间不需要太多的语言。一个眼神、一个眨眼，所有一切尽在不言中。如果您能得到狗狗的这种信任，对狗狗的教育就会很容易了。

这种关系需要双方付出时间来培养。一起经历一些事情、团队工作、分享成功的经历，所有这一切都有助于主人和狗狗之间关系的发展，可以让他们之间的关系变得更加稳固。如果您已经选择了一只狗狗，从一开始你们就非常合得来，那么它很快就会成为您的伙伴。请您和它打成一片，和它一起成长，您所做的一切都是值得的。

新的家庭成员

您把狗狗接回家以后，您的家里就多了一个新的家庭成员。从狗狗的视角来看也是这样的。因为从这个时刻起，您就承担起了一个首领的角色，您成了家长。这是一项相当重大的任务，有些人需要学习才能担当得起这个任务，有些人则更有天赋一些。那么，这项工作究竟是什么样的呢？

无形的纽带

要做一家之长，首先要建立一种关系，一种非常紧密的关系，这种关系不能轻易被取代。请您设想一下下面这种情况：狗狗的女主人带着狗狗在她的朋友那里度过了一个下午。狗狗兴高采烈地和孩子们一起玩耍，虽然主人说不要给它零食，但是朋友还是偷偷给它一些美味的食物，它趴在沙发上，趴在朋友们的旁边，被他们爱抚，和他们依偎在一起，它显然非常享受这一切。这一刻对于它来说，难道不是拿什么都不换的天堂吗？但是就在此时，它的女主人从衣帽架上拿起了自己的衣服，这意味着她要离开朋友家了，狗狗二话不说，站起身来摇晃着尾巴来到它的女主人跟前，想要让主人给它拴上遛狗绳。它想和主人一起走，因为它知道，它是属于她的。和女主人之间的关系比所有那些诱人的美食、朋友们的爱抚和玩耍都要重要。女主人才是无可替代的。正是这一点，让他们之间的关系具有了某种不可替代性。

但仅仅是这种联系并不能让一个人成为好的一家之长，或者让狗狗成为可控的家庭成员。但是，它是所有这些的前提条件。您可以这样和您的狗狗建立联系。

提供亲近的机会　依偎在一起，说一些亲密的话，这对于在人和狗之间建立一种互相信任的关系必不可少。当您坐在沙发上读书或者看电视的时候，您的狗狗在身边或者趴在您的身上，这并不影响您作为一家之长的形象。您应该允许这一切的发生。一只狗紧紧靠在您的身边，安详地睡着，四肢放松地舒展着——它完全相信自己目前处于安全的环境中，还有什么比这种行为能更好地证明狗狗喜欢您呢？

提供一些东西　人类总是喜欢把狗狗看作是没有自我的生物，实际上并不是这样的。它们也关心自己是否能够生活得好。只有当它觉得和您的关系是值得的，它才会坚定不移地追随您。在狗狗的愿望清单上排第一位的当然是对基础需求的满足，例如食物和安全的住所。狗狗所需要的身体上以及精神上的满足，与它们的品种以及每个个体有关。为了变得对狗狗来说更加有吸引力，您需要跟它一起玩耍。尽情地追逐嬉戏尤其有利于人和狗之间关系的发展。在嬉戏打闹的过程中也可以让狗狗占据优势，只要它遵守游戏规则。还有什么能把一个团队牢牢团结在一

信任和尊重是人和狗之间建立友好关系的基础

起呢？当然是取得一定的成绩，大家对成功欣喜若狂：在做一种比较困难的练习时，例如，当您的狗狗不敢马上从一个比较高的台阶上跳下来或者跳过一条沟的时候，鼓励它。请您给它做示范，该如何做，表现出对它的信心，给予它所需要的支持，让它充满自信地生活。这样，您就可以增强它的自信，不久之后，它就会坚信：有您在身边，它什么困难都能克服。

指明道路

作为一家之长，您要给狗狗指引方向。在这个时候，明确的口令和坚定性与耐心和移情能力同样重要：一切都要在正确的时间点，以正确的量。

可靠的伙伴 一家之长最重要的责任就

✖ 小测试：您和狗狗的关系怎么样？

亲密和信任对于您和狗狗之间的关系非常重要。请您测试一下，您和狗狗之间的关系怎么样，它是否信任您。

	是	否
1. 您家的狗狗在散步的时候会注意到您吗？例如，它会转身朝您看，来确认您还在它的视野之内吗？	☐	☐
2. 您在家的时候会时常跟您的狗狗亲密地依偎在一起吗？它很享受，完全放松吗？	☐	☐
3. 当您回到家的时候，您的狗狗会很开心吗？	☐	☐
4. 假设您的狗狗受到另外一个同类的威胁或者被一些东西弄得很不安，它会向您寻求保护吗？	☐	☐
5. 您能从它的眼神中读懂它目前的状态吗？例如，它是否很开心？想到了一些什么主意？很疲惫或者担忧？	☐	☐

答案： 这五道题您都选择的"是"？那么恭喜您了，您和您的狗狗关系非常好。如果有一道题或者多道题您都选择了"否"，那么您就要多花点心思来改善您和狗狗的关系了。

是保护他的家人。狗狗也不例外，虽然不同狗狗的个性不同，但是它们都会守护自己的家园，有陌生人来的时候会通知主人，遇到紧急情况还会斥责陌生人的入侵。但是遇到困难时，站在前面，承担责任，这应该是您的任务，无论是散步时狗狗受到了同类的威胁，还是和孩子们玩耍时让它感觉到不舒服，又或者它陷入了一种自己无法找到出路的境地。如果您把这些难题留给您的狗狗自己去解决，您早晚有一天会失去一家之主的地位，因为它再也不相信您的领导能力了。

老板之道

那些清楚地知道自己可以做什么的狗狗，在这个框架中可以不受约束地自由行动。给狗狗划定界限并不意味着限制它，而是给它指引方向。一只狗狗，如果主人一召唤它回来，它就很听话地回来了，那么，主人就不会给它拴遛狗绳，而是让它自由地去追逐嬉戏。一只狗狗，如果它和同类可以和平相处，那么它就可以和同类一起玩耍并且认识新朋友。一只狗狗，如果在餐厅里可以举止得当，那么它就可以陪自己的主人一起去餐厅。如果您的狗狗不知道界限在哪里，它必然就会越线，表现出一些您不喜欢甚至导致严重的问题的行为。

您的行为要具有可预见性 具有可预见性的行为，也属于清晰框架的一部分。如果以前不允许狗狗做的事现在又允许它做了，三天之后又不允许它做了，这可能是您和狗狗关系的头号杀手。行为具有可预见性，让您变得对狗狗来说更加有吸引力，说变就变会给狗狗带来持续的压力。"前后一致"是一句魔咒，一个快要被用旧了的概念，但是在人和狗的关系中，仍有它的现实意义。狗狗更容易追随的是一条清晰的明确的路线。

做决定的权力

您必须要占据统治地位，才能当好一只狗狗的主人吗？是的。因为这意味着您的狗狗承认这个事实：您具有做决定的权力。但是，一定是在那些对于您来说比较重要的领域。例如，您可以决定散步的时候沿着哪条路线走、您在此时此刻是否想要和狗狗玩耍、什么时候给狗狗梳理皮毛，或者什么时候结束一个行为。您并不是永远都在狗狗身边，也不会因为它想要和您亲近就停下自己手中的事。您把很多时间都奉献给它了，但是在什么时候奉献由您决定。

领导能力 占主导地位并不意味着您要一直控制您的狗狗，对它的每一种行为都进行点评。您没有必要时时刻刻显示您的特权。请您给狗狗一些自由的空间，将它视为伙伴，但是要在必要的时候或者对于您来说比较重要的时候承担起领导的责任。狗狗希望有一个自己可以追随的主人，一个可以给自己提供依靠和限制的主人。如果您能做到这些，那么狗狗会变成您最好的朋友。

轻拍狗狗的头部对于大多数狗狗来说都让它们感到不舒服

放松：这位女士并没有紧贴着她的狗狗坐下，而是用手从下面轻轻爱抚狗狗的胸部

互相理解

为了让您和您的狗狗之间建立起一种联系，让您能够教育它、驾驭它，交流是前提，而且要是一种人和狗都能理解的交流。

给出信号

您可以有多种途径和狗狗进行沟通。

声音信号　和狗狗的有意识的交流大多数时候是通过声音信号。请您给您的狗狗一个声音信号，例如"坐下"，在您说出指令的时候教给它如何做，然后它听到这个指令就知道您想让它干什么了。

视觉信号　视觉信号也是一样的。只不过这些是可以看见的信号，例如举起食指代表让它坐下。

声音信号和视觉信号的原理非常简单，但交流是件复杂的事，您传达给狗狗的信号远远比您想象的要多。

狗狗的能力超出想象

狗狗可以体会到您的感情，具有辨别您情感状态的能力，这属于它们的"基础本领"。通过面部表情、手势、身体姿势、身体的紧张程度以及气味，它们就能对对方的状态进行评估。

字里行间　您的狗狗是最了解您的。当您给它发出一个命令的时候，它完全知道您是有多严肃：

它能马上感觉出您的声音是非常坚定的还是在颤抖。

它可以辨认出不确定的肢体语言，尽管这种肢体语言和听起来很果断的命令根本不搭。

它能立刻感觉到，被它的行为逗乐了，虽然您嘴上是在骂它。

而且当您有压力的时候，它真的可以闻得出来，哪怕您极力想要装得很镇定。

清楚地表达自己的意图

您希望您的狗狗正确理解您的意思，不出现误解，那么您在和它交流的时候就要简单明确，避免误解。

友好和谅解　把您的上身收回，或者转向一边，都可以产生一种距离感，对缓解气氛有帮助。不要直接看着狗狗的眼睛，可以看着它的耳朵。如果您想爱抚它，可以从下面抚摸它的胸部，不要摸它的头。从上方"友好地"摸它的头，会让很多狗狗觉得受到了威胁。

自信　身体保持笔直的状态让您显得非常高大，给人一种自信的感觉。耷拉着肩膀、驼着背、懒洋洋的身体状态会传达出一种不果敢的感觉，甚至给它一种不安感。

坚决果敢　您的狗狗对您的命令没有反应？请您直起身，迈着果断的脚步向它走过去，这会给它留下深刻的印象，强调出您的果敢和坚决。一句短促的"啊"或者"算了"可以强调您深为关切的事情。

威胁性　靠狗狗太近，甚至在它的上方弯腰或者直接看着它的眼睛，会让它感觉到自己受到了威胁，甚至有可能让它觉得您在挑衅它。

如果您不想让狗狗感到不安，那么就尽量避免出现上述情况。例如，当您想要给它系上遛狗绳的时候，您会在它的上方弯腰，这时它会后退，蜷缩起身体，甚至反复地吐舌头，因为它感觉到不舒服。这个时候您最好蹲下。

如果有必要，您可以有目的地使用一些威胁性的行为，告诉您的狗狗："现在不是玩闹的时候了！"有些狗狗，只需严厉地看着它，就可以给它留下一个深刻的印象了；另外一些狗狗，则需要做更多表示。

注意　这些都有可能导致某些狗狗出现一些激烈甚至是危险的反应，只有在您能保证安全的情况下才能使用。

请您不要在狗狗面前假装什么

请您不要试图在狗狗面前假装什么，因为聪明的狗狗很快就能看出您的小把戏。而且这会让它感到混乱，使交流变得更加困难。如果您觉得您不能清晰明确地和狗狗交流，就需要考虑如何改善这种状况。

果断地踩到狗狗的爪子上，显示自己的果断和坚决——狗狗退缩了

让学习变得简单

狗狗喜欢学习，在学习中可以得到乐趣。如果主人能够正确地传达给它们信息，告诉它们什么是重要的事，它们学习起来会很容易。

听到您的命令以后坐到地上，对于狗狗来说是最简单的练习之一。狗狗学习的速度，尤其是学习复杂事情的速度，是不同的，有些需要多一些时间，有些则相当迅速。

影响狗狗学习能力的因素有：与所属品种有关的天赋，早期生长在充满学习刺激的环境中以及狗狗的学习经历。当然，还有其他影响学习的因素，例如狗狗当前的状态、您的心情以及周围环境连同所有分散注意力的因素。

请您按照每只狗狗不同的个体需求来安排训练，这样就不会失望，而且很快就能取得成功。

狗狗总是处于学习状态

小狗仿佛被设定了学习的程序一般。在它们的大脑中，在每个神经细胞之间形成了许多链接，现在学会的东西，会深深刻在它们的脑海里。从青春期开始，它们大脑的一部分会开始重新构建。有些青春期的狗狗好像突然患了失忆症一样，至少是在听话这方面。这一切会过去的，即使它看起来对什么都不感兴趣，您也要一直保持耐心，继续陪它练习。学习是没有年龄界限的，成年狗狗或者老年狗狗还会学习新的东西，或者改学其他东西，只不过需要的时间更长一些，因为在大脑中需要建立新的链接，有时候还会走一些弯路。狗狗终其一生都会因为自己学到了新东西而感到很开心。

按照学习计划进行学习

狗狗随时随地都做好了学习的准备。您会不停地给它一些信号，而且不仅仅是那些您已经教给它的声音和视觉信号（见右侧实用信息）。您想让它在您吃饭的时候不要在餐桌边吠叫，就不要从餐桌上拿任何食物给它。任何您分享给它的食物或者不小心从餐桌上掉下来的食物都会让它觉得，耐心等待就会有回报，它只要坚持不懈地守在餐桌旁就一定会有好吃的。粗心马虎有可能导致狗狗出现不良行为，因此请您注意，不要让狗狗学到一些不该学的东西。

通往学习目标的多条道路

您的狗狗通过不同的方式进行学习。它观察同类，借鉴它们的行为。它试探人类和其他狗狗，在这个过程中通过尝试和犯错学

如果您总是把餐桌上的食物分享给狗狗吃，那么以后每次吃饭的时候它都会在餐桌旁吠叫

实用信息

没有任何意图的信号

您传达给狗狗的信号，远比您想象的要多。

- 您拿起散步时穿的鞋子，给它的信号就是马上要带它出去散步了。
- 您把狗狗的浴巾放到浴室，它就知道它必须要进浴缸了——也许马上就逃跑了。
- 您从冰箱里拿出一盒酸奶，它看到了马上就高兴起来，因为它知道又可以像往常一样在您吃完酸奶之后舔一舔酸奶的盒子了。
- 您的狗狗可以感觉出您对某一个人的厌恶，因而对他表现出敌意。
- 如果您在纠正狗狗不良行为的时候不太严肃认真，狗狗就会以为您实际上是喜欢它的这种行为的，它会一次又一次出现这种不良行为。

习到哪种行为值得保留。还有一些行为则被它们与另外一些刺激联系起来。

通过联系进行学习

联系的意思是把一种刺激和一种行动联系起来，这两者被放到一起就是经典条件反射（见131页巴甫洛夫的狗）。您拿起遛狗绳，狗狗就知道马上要去散步了。您把它的牙刷拿在手上，它就知道您是想给它刷牙了。

经验学习法　也被称为尝试和犯错学习法或者操作制约。如果狗狗的行动导致了一个对于它来说有利的结果，那么它就会想要重复这个行动。相反，如果它的行动导致了一个对于它来说不利的结果，那么它以后就不再做出这样的行动了。

通过发出声音信号或者视觉信号来学习，这意味着要把某种信号和一种行为联系在一起。例如，您和狗狗一起练习，当您对它说"坐下"或者举起您的食指的时候，让它坐下。如果它能正确做出您想要的行动，

使用响片进行学习的基础是经典条件反射：狗狗会把响片的声音和一些积极的事情联系在一起

它就会得到表扬，甚至会得到好吃的零食作为奖励。您的积极的反应告诉它，它的行为是正确的。

假设您的狗狗想要从垃圾桶里掏东西。它成功地掀开了垃圾桶的盖子，但是盖子"啪嗒"一声掉了下来，砸在了它的头上，让它感觉到了疼痛，它就会被吓跑了。它的这种行为会产生一个消极的结果，这种经历将阻止它再去翻垃圾桶。

那些对于狗狗来说非常值得的反应会产生积极的作用，强化它们的行为，而那些消极的反应则会导致它们在将来避免再次做出同样的行为，二者都属于奖励和惩罚的原则。然而，您的狗狗是否会如您所想，做出那样的反应，取决于这个反应是否能够提供给它一个足够充分的理由，让它今后再重复这种行为或者最好是放弃这种行为。简而言之，美味的食物足够吸引它，消极的反应给它留下了一个深刻的印象。为了巩固已经学会的东西，重复练习是必要的。在教育狗狗的过程中，积极的因素应该多一些，但是也有必要告诫它界限在哪里。

榜样　如果您把您的狗狗和受到了良好教育的同类安排到一起，它也会学到很多。最理想的就是，您家里已经有了一只教育得很好的狗狗，新来的狗狗可以把它当作榜样。

每一枚硬币都有两面，您一定要注意，您家的淘气鬼不要向那些行为不良的狗狗学习。请您不要让您的狗狗和那些有不良行为或者有攻击性行为的狗狗待在一起。

日常生活中的训练

　　您刚结束一个日程安排，马上又要赶去参加下一个约会，您的偏头痛发作了，或者孩子在身后哭闹不休……您的压力很大，没有耐心，也没有积极的心情让练习正常进行。那么，请您把狗狗的练习推迟到您能完全放松下来的时候，这样才能保证你们双方都能开心地享受练习的过程。

　　灵活地练习　请您充分利用日常生活中额外的练习机会。例如，您带着狗狗在街上散步，一群骑自行车的人从您身边经过，或者停在一个蔬菜摊前买菜付钱，这时候您就可以跟狗狗练习"坐下"的口令。

　　不要被打扰　在练习的过程中肯定有必要对狗狗的行为进行纠正。如果有路过的行人看着你们，请不要受到影响。如果有人看着您，您的反应出现前后不一致，您的狗狗很快就能发现，而您家聪明的狗狗很有可能就会利用这一点。

正确地安排练习

　　声音信号和视觉信号可以帮助您引导您的狗狗。为了让它对您给出的信号进行正确的联系，练习的结构必须要合理。请您在这之前先考虑清楚，您想要通过这个练习达到什么样的目的。

　　确定目标　例如，您想训练狗狗向您走过来：它应该走到您的面前就停下，还是应该向您走过来然后坐下，还是在您的身边坐下？您的训练目标确定得越细致，练

实用信息

请您为狗狗创造理想的学习条件

练习中很多因素都会左右结果。如果您能注意到这些因素，练习会进行得更加顺利。

- 做好了学习的准备：请您在狗狗具备了练习必需的注意力，而您自己也有心情的时候开始练习。
- 劳逸结合：在训练的过程中，狗狗承受的压力很大，而且在做某些练习的时候，它的注意力只能集中几分钟。请您在练习的过程中安排一些休息时间。
- 过犹不及：如果狗狗成功地完成了一个练习，那么在这次训练中就不要再重复这个练习了。
- 循序渐进：请您把练习过程分成一段一段小的练习。
- 集中注意力：您的狗狗只有在不被其他事物分散注意力的时候才可以专注到训练当中去。每次开始新的练习的时候，请您把练习地点安排在没有什么能分散它的注意力的地方（家里、花园里）。如果它可以成功完成练习，您再把练习的地点转移到有一些分散它注意力的因素的地方（偏僻的草地）。如果它在这里也能成功地完成练习，可以继续增加分散它注意力的因素，例如身后有行人的地方。如果在这里也没有问题，那么还可以继续增加分散它注意力的因素。我们的目标是，狗狗在存在很强烈的刺激的情况下也不被其他因素分散注意力，例如有其他同类在场的情况下。
- 变换练习地点：狗狗会把学到的东西和某一个地点联系起来。为了让狗狗能够在任何地方都能成功地完成练习，您需要变换不同的地点进行练习。
- 不停地重复：有些练习需要一百次甚至更多次重复。

错误：狗狗不是因为它坐下而得到奖励，而是因为它起身

正确：请您在狗狗端正地坐下/触碰到地面的那一刻，对它进行奖励

习的结果就越具有目的性。

一步一步地进行 请您把一个练习分为几个步骤,例如保持一定距离"坐下"的练习。

请您首先在短距离内进行练习，并且只在狗狗做出了您想要的行为时对它进行奖励（见上图）。

请您重复这个练习，直到狗狗在不同的地方和有干扰因素的情况下都能成功完成练习为止。

如果练习进行得比较顺利，您可以一步一步地扩大距离。

如果您的狗狗没有能正确完成练习，您也没有必要一直纠正它，而是在它稍微取得成绩的时候就对它进行表扬。

增加分散它的注意力的因素 请您在最开始的时候选择一些干扰少的地点开始一项新的训练，这样可以让训练变得简单一些。

有目的性地进行奖励 只有当狗狗做出了您想要的行为时才能得到奖励。例如，在"坐下"的练习中，不要在狗狗站起身来的时候奖励它（见左上方图片）。请您在狗狗端正地坐下，触碰到地面的那一刻对它进行奖励（见右上方图片）。这样，就不会产生误解了。

积极的结束 狗狗可以集中注意力做一件事情的时间有多长，练习就应该有多长。如果在几次重复练习之后，它的注意力开始变得不集中了，那就用一个简单的练习结束这次训练，并给它一些奖励。这样，它就会对下一次练习充满期望了。

结束信号 每次训练结束的时候，您可以给出一个结束性的信号，例如"跑"，这可以告诉狗狗，训练结束了。

关于学习

狗狗知道自己的主人是否在看它，许多狗狗都会利用这一点。

狗狗知道它的主人可以看到什么、看不到什么。有些狗狗只有在它的主人看着它的时候才对主人言听计从。只要主人一转身看不到它们了，它们马上就变成了不听话的狗狗。

狗狗在解决问题的时候信任主人的帮助。

如果一只狗在解决问题的过程中没有什么进展，例如寻找被藏起来的食物，它也会坚持不懈地继续努力。尤其是牧羊犬和寻回猎犬，在自己努力了很短的时间以后就开始看着自己的主人，向他们发出求救信号，它们非常信任主人的支持。如果主人要求它们继续寻找，它们的毅力会大幅增加。科学家认为，这种人和狗之间的交流是驯化的结果，已经成为狗狗基因中的一部分了。

狗狗会通过观察和经验来判断，主人和同类会做出什么样的反应。

有些狗狗会有目的性地冲着家门大声吠叫，好像有外人来了，其实它是想用这种方式分散其他同类的注意力，保护自己的骨头。还有一些狗狗会在主人允许的范围内往前跑一段距离，但是一直看着主人，它们是想确认主人是否还在看着它们，会叫它们回来。这样，它们就能在主人一叫它们回来的时候马上"乖乖地"跑到主人跟前，因而得到额外的美食作为奖励。有些狗狗在思考的时候非常有策略，还会骗人——请您不要被它们骗。但是狗狗没有"坏心眼儿"，它们的行为是针对它们预料到的主人的责骂而做出的相应的反应，并不证明这种行为是一种恶行，也并不是它们认识到了这种行为是一种恶行而故意为之。

用适合的方式告诉狗狗什么是对的

要融入一个社会群体之中需要一些必要的行为，狗狗在小的时候就应该开始学习这些行为。通过观察大狗，它们已经学习到了很多。小狗的父母和群体里的其他成员领导小狗，在必要的时候对它们的行为进行纠正。小狗们必须学习，如何让行为更加有教养，以及经得起挫折的考验——不是所有它们想要的都能得到，也不是所有事都是可以做的。这一切的进行大多是以游戏的形式，而且要有足够的耐心。但是，如果有必要，大狗们也会使用身体向小狗们指明界限在哪里。

行为的练习　成年的狗狗通过有目的性的练习教它们的孩子，它们在孩子面前示范如何玩一个物体，当孩子理解了，它们才让孩子自己开始练习。观察大狗给小狗上课，会给人留下非常深刻的印象，大狗们特别镇定，目的性很强。

啃咬的克制　小狗们在和兄弟姐妹疯狂地玩耍中学到一点，如果它们毫无顾忌地使用自己尖尖的牙齿，会出现不好的结果。如果一只小狗咬得劲儿太大了，它的兄弟姐妹会马上停止游戏或者它们会回咬——这是很疼的。不久之后，小狗们就知道了，它们可以做的事情的界限在哪里。

找对时间点

狗狗来到您的家里了，从这一刻开始，告诉它什么是允许做的，什么是不允许做的，就成了您的工作。为了让它准确地理解您对它的期望，您可以对它正确的行为进行表扬和奖励，或者明确向它指出，它的某种行为您是无法容忍的。只有在时机正确的时候，您的反应和它的行为几乎同时发生的时候，您所做的一切工作才能有效果。如果在它的行为之后两秒或者三秒钟您才做出反应，它有可能就不能像您希望的那样把您的反应和它的行为联系起来了。

表扬让它心情很好

表扬是一件非常棒的事，不需要任何辅助措施，可以直接改善您和狗狗的关系。您可以在狗狗做了让您喜欢的事情以后对它进行表扬。您可以选择一些友好的词汇，传达给它一种肯定它的行为的信息。在这里，真实性也是非常重要的，如果狗狗能够感觉到您是真的对它的成绩感到很高兴，表扬的效果会很好。

避免误解　请您注意，不要让狗狗认为，您一表扬它就意味着练习结束了。只有当您给出一个结束的信号或者另外一个命令的时候，才代表练习结束了，它一看到或者听到这个结束的信号就知道现在它可以走了。

因狗而异　表扬的程度应该因狗而异。一只容易兴奋的狗狗，如果主人给它的表扬特别热情，很容易让它忘乎所以，注意力变得不集中。因此，对待这样的狗狗，表扬的程度可以下降一两个级别。相反，如果您家的狗狗比较害羞或者没有安全感，那么通常来说您对它的表扬可以明显一些、热情一些。

奖励可以作为强化手段

如果狗狗看到您将要奖励它，它会更加努力。正确使用奖励，可以让狗狗更快地理解新的练习。

有目的性地奖励　在刚开始进行练习的时候，对狗狗的每一个正确的行为都要进行表扬和奖励。练习进行得越顺利，奖励越少，最后发展到只有狗狗做出了特殊的成绩才给它奖励。

因狗而异　奖励大多数时候会和美食划等号。实际上充满爱意的抚摸或者一个小游戏也可以作为奖励，对于某些狗狗来说，这种奖励形式比美食更有效果。一只狗狗是否会因为看到主人将要奖励它一个小游戏、爱抚或者美食就斗志满满，是因狗而异的。并不是每一只狗狗都是吃货，有些狗狗对玩具也不感兴趣。请您注意以下几点。

食物应该比较小，容易咽下，一定是狗狗非常喜欢吃的东西。而且要把这些作为奖励给狗狗吃的食物算入到每天的食物量之中。

狗狗不能轻易接触到的玩具最能激发它们的斗志。

爱抚要能表达出明显的爱意，尤其是在对待那些没有安全感的狗狗时。不要在它们

注意事项

正确地纠正错误

当您的狗狗行为不得体的时候，请您纠正它的错误，要表达得明确并且具有目的性。

○ 请您在"案发现场"指出它的错误。秋后算账的话，狗狗会不明白您指的是什么，并且会伤害您和狗狗之间的关系。

○ 不要对它的错误耿耿于怀。

○ 请您在纠正错误的时候注意适度，还要考虑狗狗的个性。太不严肃认真是没有效果的，而过分的严厉可能会有相反的效果。

○ 请您保持冷静和镇定。

○ 纠正要及时，这样才能有效果。

的上方弯腰，因为这种行为会吓到它们。您最好是在狗狗身前蹲下，轻轻地挠一挠它的胸部或者耳朵。

可以惩罚狗狗吗？

您的目的是终止您不希望看到的行为，并且在今后尽量避免再出现这样的行为。要达到这个目的，必须使用一些您的狗狗能够理解的方式。但是这些方式不能被认为是惩罚，因为您是在纠正狗狗的错误，而不是想要报复它。纠正错误这个行为必须适度，而且要给它留下深刻的印象。您要为它设定一

些界限，只有当狗狗接受了这些界限，才能享受自由空间。

中断的信号 可以是一个声音信号、一个手势或者一种身体上的影响。信号的强度要根据狗狗的个性来定。

对于某些狗狗来说，一个严厉的眼神、一句敦促它的话或者一声轻咳就足够了。

或者，让狗狗知道主人已经做好了采取措施的准备了。如何给狗狗这样一种印象呢？例如，您可以果断地朝它走去，以这种方式来限制它的活动范围，如果有必要的话，可以在它的上方弯下腰来，盯着它看。

如果它还是不改变自己的行为，那么就有必要按照狗狗的方式适度地掐它一下或者碰它一下。在合适的情况下使用这种方法，也是非常有效的。

以合适的方式打断它、纠正它的行为

责罚和暴力在对狗狗的教育中毫无价值。尽管如此，也有可能会出现必须在身体上对狗狗施加影响的情况。在这种情况下请您要保持公正，根据实际情况来处理。

请您不要匆匆忙忙，也不要把自己的怒气撒到狗狗身上！请根据狗狗的个性来选择方法。而且您要在狗狗犯错的当时给它纠正，不要等事情都过去了才纠正。

请您给狗狗另外一种行动的指令，例如，让它到您面前来，卧倒或者让它执行另外一个命令。这样它就明白自己做错了，而且也不会伤害到您和它之间的关系。

有意义的教育辅助措施

美食 作为奖励，给狗狗一点好吃的食物，可以强化它的正确行为。

零食袋 袋子应该有一个腰带圈和一个夹子，可以锁起来，也可以清洗。

食物包 在训练狗狗往回叼东西的时候是理想的工具。拉链要结实耐用，不会伤到狗狗。食物包上的绳子是用来把它扔向远处的。

哨子 每一只狗都可以学习对哨声做出反应。已经具有一定水平的狗狗可以把不同的哨声和不同的命令联系起来，例如，一种哨声代表"到这儿来"，另一种代表"坐下"。

响片 可以发出声音的玩具是对狗狗进行积极的教育的一种方式。

牵引绳 它对于训练狗狗听到主人召唤就返回来或者纠正狗狗的错误行为是一种有用的辅助工具。

让教育变得简单起来

　　宠物用品商店中很多不同的辅助工具都可以让狗狗的学习变得简单起来或者在狗狗的日常生活中非常实用，例如零食袋和哨子。

零食袋　把零食袋挂在腰带上、裤子上或者外套上，这样就能迅速拿到零食。

美食　作为奖励给狗狗吃。有了美食，一些狗狗学习起来就简单了。

食物包　如果狗狗把食物包从远处叼回来，那么就允许它吃一些里面的食物。

响片　响片发出声音，告诉狗狗，它做对了。

哨子　可以在比较远的距离以外传达给狗狗清晰的声音信号。

牵引绳　5～10米长的遛狗绳，没有手环，可以用于自由奔跑的训练。

必要的基础教育

学习属于狗狗生活的一部分。狗狗在游戏中通过同类的引导学习到哪些行为是可以的、哪些会让别人生气或者给自己带来好处。现在，它来到您的家里，在您这里学习。

一只狗狗因为会"坐下""趴下"，就是一只合格的让人感到舒服的陪伴者了吗？这些对于它成为优秀的陪伴者是有帮助的，但是一只会根据主人的命令坐下或者躺下的狗狗，也有可能是一个粗野得不让同类喜欢的家伙。

因此，学习基础口令只是"狗狗教育"的一部分，更重要的是社交能力。在狗狗小的时候就要为它的社交能力奠定基础，然后在今后的日常生活中继续努力。当然，狗狗还要懂得，它并不能永远处于利益的中心点，如果有必要，它是必须后退的。对狗狗的教育是个"一揽子计划"，包含所有与人相处时应该注意的事宜。当您的狗狗成了一个榜样性的伴侣时，您会感到非常自豪。

针对日常生活

　　请您在对狗狗进行教育的时候把注意力集中到那些对于您和它的共同生活比较重要和有意义的事情上。如果以后事情变多了，您还是要练习这些事情。现在重要的是：您的狗狗要多学习一些可以让它尽可能多地参与到您生活当中来的知识。

　　如何对待挫折也是它要学习的一件事。愿望或者期待得不到满足是生活的一部分，对于狗狗来说也是如此。您没有时间总是陪它玩耍，它必须要有独处的时候，偶尔要在篮子里或者狗笼里安静地待着。并不是所有东西它都能碰，也不是所有它想要的东西您都会给它。这一切都会导致它的挫败感。您的狗狗会因此而受挫还是会接受现实，取决于它对挫折的接受能力。当它学习了如何去战胜挫折，找到摆脱失望境地的方法，它就能变得更加满足、更加平和。

　　教育要因材施教，什么对于它来说是正确的，取决于每个个体。您将会在接下来的文章中找到一些建议。

训练狗狗不随地大小便

　　当狗狗来到您家，您的第一件事肯定是怎么训练它不随地大小便。当您注意到这一点时，就能很快成功。

　　方便的地点　请您在狗狗来到您家的第一天就指给它看，它可以在花园里或者您家门前的哪个地点大小便。

篮子里的休息时间——小狗崽必须要学习享受这一时间。当然，它在这里休息的时候是不能被打扰的

小贴士

清晰的信号：声音信号和视觉信号

请您从一开始就让狗狗练习识别声音信号和视觉信号，当狗狗老了以后，感觉器官退化的时候，这些会非常有用。

- 声音信号：使用听觉信号对狗狗进行引导。可以是话语，也就是命令，例如"到这儿来""坐下"，也可以是用哨子吹出的哨音。

- 视觉信号：狗狗能够看懂人类的肢体语言，您可以使用手势和身体语言。

- 清晰明确没有歧义：在选择声音信号和视觉信号的时候，请您选择一些简单明了、不容易混淆的信号。请您注意发音清晰、姿势明确。

- 结束的信号：请您想一个信号，专门用来结束一项练习。

每次它到固定地点去大小便的时候,您都要开心地表扬它,以此来加深它对这件事的印象。

如果您能把狗狗上厕所这件事和一个口令联系起来,那么它以后一听到这个口令就会上厕所。

请快点 当一只小狗想要大小便的时候,情况就比较紧急了。小狗膀胱的括约肌还需要训练,不会长时间忍耐。最开始的时候请您每一个小时或者每两个小时带狗狗到固定地点大小便一次,然后可以逐步延长时间。

除此之外,每次它睡醒觉、吃完东西、做完游戏或者刚刚经历了让它激动的事,您也要带它出去大小便。

当您的狗狗变得不安,闻地板,转圈圈,向门跑过去或者发出诉苦的叫声时,说明情况已经很紧急了。

请您迅速把它带到大小便的地点。如果它并没有大小便,那么请您重新回到房间里,但是要在房间里一直看着它。每当狗狗出现了想要大小便的征兆,就要迅速带它去固定的地点。

晚上 晚上小狗应该睡在您身边的狗笼里。一般来说,健康的狗狗是不会弄脏自己的卧榻的,所以如果它内急必须上厕所了,就会变得躁动不安起来。对于您来说这意味着要立刻起床,把小狗带到外面去!

狗狗学习的方式多种多样。满足狗狗的要求,对它来说是对它的行为的一种肯定,例如图片上的狗狗把自己的遛狗绳叼了过来。这样,狗狗的行为就能得到巩固

小灾小祸 在训练狗狗不随地大小便的过程中，偶尔出现狗狗在室内大小便的情况是很正常的。请您不要惩罚它，也不要向它当面指出，这只会导致它选择今后在家里的某个角落方便，把脏东西打扫干净就行了。突然出现的这种行为可能是因为狗狗患了尿路感染，应该带它去看医生，让医生检查确认。此外，一只成年狗狗如果经常随地大小便，就要像小狗一样重新开始学习在哪里大小便。

请到外面去 很少有狗狗在内急的时候会向主人报告。训练的目的是让狗狗学会先忍耐一会儿，然后到外面去解决。如果在室内使用"小狗厕所"，那么狗狗该学的就是相反的东西了。

中断信号

如果您的狗狗能够在得到您给的信号之后放弃一些事情或者停止一个行为，对于日常生活会非常有用，而且还可以在遇到危险的时候保护它。因此声音信号中的中断信号非常重要。

"不要"：这是一个预防性的信号，可以阻止狗狗把它的意图付诸实践，例如在它想要吃掉地上的饼干或者朝着散步的人跑过去的时候。狗狗的父母也会这样教给它们的孩子，它们会在孩子们面前玩一个物品。当孩子们凑过来想要拿这个物品的时候，就会用威胁的方式告诉孩子们，这是不允许的。您可以按照下列方式和您的狗狗练习这个

用球交换美味食物的方式让小狗学习"吐出来"这个声音信号

实用信息

响片训练——温柔的方式

使用响片是一种以积极强化为基础的训练方式。

→ 首先要训练狗狗对响片的声音产生条件反射。它要知道，这个声响代表食物。响声要和积极的事物联系起来。

→ 如果狗狗已经把响声和食物联系起来了，那么它的行为就基本成形了。

→ 如果它做出了您所希望的行为，那么就要伴随着响声，给它食物作为奖励。

→ 起关键作用的是响片发出响声的时机。

→ 狗狗是通过尝试和犯错来学习的。

→ 响片训练可以用来练习简单的指令，但是也可以用来练习复杂的任务和小把戏。

信号：

请您在狗狗面前蹲下，把一块狗狗饼干放在您平伸的手掌上。当狗狗想要闻饼干的时候，请您快速合上手掌，并且说"不要"。

基础训练：请您首先和狗狗在一个比较短的距离内进行练习。当这个练习成功了，再逐渐扩大距离

距离训练：请您站在距离狗狗一米远的地方向它发出信号。如果狗狗站起来了，就要重新开始；如果狗狗成功完成了练习，那么您可以继续逐步扩大距离

奖励：距离训练需要狗狗有足够的耐心。如果它乖乖地卧在那里不动，就可以得到一些好吃的零食和热情的表扬

如果您家的狗狗很固执，听到您说"不要"了以后还是想要吃饼干，那么您可以严肃地说"喂"，然后轻咳一声或者把它推开。

请您一直重复这个过程，直到它不再尝试闻饼干，而是停下来等待着并且看您。然后您应该表扬它，可以用一个邀请的手势和"现在"的信号告诉它，现在它可以吃饼干了。这样，它就能学会遇到事情征求您的允许了。

"停下" 这个信号应该可以让狗狗中断它的行为。您可以把这个信号和吠叫练习放在一起。

请您让您的狗狗开始叫。在它吠叫的间隙，您可以发出"停下"的信号，然后给它奖励。重复几次之后，狗狗就知道这个信号是什么意思了。请您在不同的情景中练习这个信号，例如游戏或者它闻东西的时候。

"吐出来" 经常也会用"呸"来代替。听到这个信号以后，狗狗应该把它嘴巴里的东西吐出来。不管是被嚼碎了的面包，还是您的袜子、路边的垃圾、玩具。如果您的狗狗对食物或者玩具有很强的保护欲，那么您就不要用食物或者玩具来做这个练习了，而是要咨询狗狗训练师。

请您给狗狗一个玩具。然后拿出另外一个更有吸引力的玩具或者它喜欢吃的食物，让它拿手中的玩具跟您交换。

请您和您的狗狗一起玩耍，然后向它展示用来交换的物品。如果它松口让嘴里的玩具掉下来了，您就在这个时候说"吐出来"，然后把用来交换的物品给它。请您在时机合适的时候练习，并且使用不同的物品，也可以用食物和用来啃咬的骨头，但是练习不要太过频繁。这样，您的狗狗就能学习到：放弃一些东西是有回报的。

在狗笼里也可以很快乐

狗笼不是储藏室或者惩罚手段！它应该是狗狗的一个舒适的避风港。当周围环境对于它来说比较危险或者需要休息时，它可以短时间地待在那里。它在那里可以不被任何人打扰。请您让它习惯这个小小的狗笼，让它能够舒适地待在里面。

请您在狗笼里铺上柔软温暖的垫子，放些装有饮用水的水盆和玩具。

请您先带狗狗到室外去散散步，让它在外面上完厕所，也许还能让它感到有些疲倦——然后再训练它熟悉狗笼就轻松多了。

请您让它待在狗笼里，给它喂食，且只有它在那里的时候才喂。做这些的时候要保持狗笼的门打开。

如果您的狗狗趴在笼子里啃骨头或者睡着了，您可以把笼子的门先虚掩着，几次之后，可以短暂地锁上。

如果小狗没有对您锁门的行为做出反抗，那么您可以让锁门的时间变得越来越长。

如果小狗看到您把门锁上就非常绝望地发出叫声，请您先让它慢慢安静下来，然后再把它放出来，否则它就会产生这样的联想：我一发出悲惨的叫声就能被放出去了。

请您耐心一些，不久之后您的狗狗肯定就能自己钻进狗笼里去了。

狗狗自己在家

您的狗狗必须要学着自己在家，这样它才能放松地等着您回来。请您不要在晚上让小狗独处，这对于它来说会是噩梦般的经历。

开始这个训练时，您可以离开房间几秒钟，关上门，然后马上回到房间里来。

如果您的狗狗可以接受您的做法，您可以把离开房间的时间逐步延长，并且随机选择离开的时间。

如果这样的练习狗狗也能接受，那么您就可以短时间地离开家，然后逐步延长离家的时间，直到您在外面待半个小时以上。

当狗狗发出诉苦的叫声时，请您不要马上回来，而是要等它安静下来的时候再回来。不能让它产生这样的联想：您是听到了它的诉苦才回来的。

耐心　这个训练需要时间。请您在开始训练之前带它上街散步，等它感到疲惫了，并且上完厕所再带它回家。把它单独留在家里的时间不要长于它在接受不随地大小便的训练时两次上厕所之间的时间。

在您离开之前，不要对狗狗表示怜悯和同情，这会让它的独处变得更困难。但是您跟它分别的时候要遵循一定的程序。这样，它就可以明白，您还是会回到它的身边的。

"看这里"

如果您的狗狗听到您的这个命令朝您看

在室外活动时，狭路相逢毫无压力

受到良好教育的狗狗会一直待在汽车里，直到它听到主人给它信号，才会跳下来

过来，您就成功了。集中注意力的训练非常简单，而且还很有趣：

请您把一块好吃的东西藏在手里，然后把手放到背后。

对狗狗说"看这里"，如果您的狗狗向您看过来，那么就在这时迅速将您手中的美食给它。请您经常做这个练习，让它快速熟悉这个口令。当然，您也可以选择其他的声音信号。

"到这儿来"

请您把喂食和声音信号联系起来：小狗正开心地等待吃饭，这时您喊一声"到这儿来"，然后吹哨子。如果它到您这里来了，就能马上得到食盆，并且得到您的表扬。

请您在室外练习这个口令，但是开始时要在干扰少的地方。您需要蹲下，叫狗狗的名字来吸引它的注意力。拍拍自己的肚子或

者伸出胳膊做出邀请的姿势，示意它来到您的身边。

如果您的狗狗向您走了过来，这个时候要开心地说"到这儿来"，然后吹响哨子。请您鼓励它，让它更快地到您的身边来。

当它来到您身边的时候，您就把好吃的食物给它，并且热情地表扬它，让它知道您有多开心。

在周围环境比较安全的地方，您可以稍微变换一下练习的形式，您可以在它的前面跑或者藏到一棵树后面，然后再叫它过来。

牵引绳训练。只有当狗狗能够完成"到这儿来"的练习以后，才能允许它自由活动。如果它对这个练习掌握得不好，那么可以使用牵引绳，帮助您在训练中更好地控制它。

"坐下"

对于狗狗来说，听到信号后坐下是一项

简单的训练。

请您把一块食物拿在手里，抬起食指，然后把它拿到狗狗的鼻子前面并举过它的头顶。

狗狗为了能够继续观察您手中的食物，有可能会坐下。如果它坐下了，您就说"坐下"，同时把食物给它，并且表扬它。

在这个练习结束以后，您可以给它一个结束的信号。

"趴下"

这个练习的目的是让您的狗狗听到信号就趴下，在练习的高级阶段还可以做到在一定距离以外完成这个练习。

请您用大拇指和手掌夹住一块食物。让您的狗狗闻一闻食物，然后慢慢地把手从狗狗的鼻子前面移动到地面上。在这个过程中您的手掌向下翻转。

狗狗为了追寻食物，很有可能会趴下。如果狗狗趴下了，您马上要说出"趴下"，把食物给它，对它进行表扬。请您从容不迫地完成这个练习，不要着急，这样它就不会被您误导而站起来了。

如果您的狗狗并没有趴下，您可以把食物在地上向着远离它的方向移动。您还可以在椅子下面移动食物。这样，狗狗如果想继续追寻食物，就必须趴下了。

练习结束的时候请您发出结束的指令。

如果这个练习进行得很顺利，那么您可以继续练习一定距离以外的"趴下"口令（见

注意事项

狗狗在汽车里

有了汽车，您就可以想去哪就去哪，您的狗狗也是。如果您能注意到以下几点，那么您和狗狗就都能从旅行中获得乐趣了。

○ 您给狗狗采取了安全保护措施吗？狗狗的安全保护做好了，对同车其他乘客的安全也是有好处的。

○ 长时间开车，您有安排中途休息吗？

○ 汽车停靠得安全吗？在太阳直射下，汽车内的高温对狗狗来说非常危险，即使打开车窗也没有用。

○ 狗狗可以在车里喝水吗？

○ 在开车期间不会因为开着窗户或者空调而产生穿堂风吗？

216页图片）。

"不要动"

您的狗狗听到这个信号前应该一直保持不动，直到您让它动为止。请您在开始训练前让狗狗先趴下，这样练习对于它来说会容易多。

狗狗趴在那儿。然后您发出指令"不要动"，手掌竖直放在它面前，像一个禁止前进的牌子。

请您后退一步。如果它还是没有动，您就向它走过去，给它一些食物并且表扬它。

如果它成功完成了这个练习，那么您可以扩大距离继续进行练习，每一次成功都要给它奖励和表扬。请您变换方向和距离，绕着它走，继续重复这个练习。之后再练习，您可以在周围比较安全的地方从狗狗的视野中消失一段时间。

如果在这个过程中，您的狗狗站起来了，那么请您让它安静下来，重新回到训练的原点，重复短距离或者短时间的趴着不动的练习。

最后给狗狗一个结束训练的信号。

遛狗绳的妙用

当您去见朋友并且聊天的时候，不想被狗狗干扰，您可以使用遛狗绳，您的狗狗就有一个半径为一米的活动范围。还可以保证它的安全，以防止它做坏事。

"跳"

这个练习的目的是让您的狗狗乖顺地在您的身边跑。假设您想让它在您的左边跑，请您把狗狗带到您的左边来，用右手抓住遛狗绳。遛狗绳应该松弛地下垂。

您的左手拿着一些非常小块的柔软的食物，凑近狗狗的鼻子让它闻一闻。当您开始走的时候，它会追寻着您手中的食物。当它达到您想要的高度时，您要说"跳"，然后给它一块食物，并且表扬它。

每次训练时间不要太长，因为狗狗很快就会失去练习的兴趣。

在森林、田野以及城市中

不管在乡下还是城里，路上都会有许多可能发生的意外。只有那些会为他人着想的人，才能体现出好的礼貌和家庭教育。

拴着遛狗绳的狗狗之间的见面　两个人在路上相遇，手里都牵着遛狗绳。接下来的情况并不少见：要把这两只被同类互相吸引的狗狗分开，必须费好大劲。其实解决办法很简单，请您把狗狗领到同类躲开的一边。如果它还是试图朝另一只狗狗冲过去，您可以用膝盖挡在它前面。向它明确地表示，您可以控制局面，您是它的后盾，它可以放松地继续向前走。

没有拴着遛狗绳的狗狗之间的见面　请您不要让您的狗狗径直跑向同类。把它用遛狗绳拴起来，并且明确地告诉它，您是否希望它和同类有交流。如果您的狗狗并没有跑向另一只狗狗，那么就不用管它，继续向前走。

遇到跑步和骑自行车的人等　如果您在路上遇到行人，您可以把狗狗叫过来，让它坐下或者给它拴上遛狗绳。不要让它向路人走过去，也不要让它跳起来扑向路人。

遇见第三类物种　当然不能让狗狗冲进牲畜群或者打扰纠缠其他动物。树林里的低矮灌木丛中生活着许多野生动物，不能让狗狗到那里翻来翻去。应该让它待在您的身边，这样您就可以随时控制它的动向。

适应街道　请您带狗狗练习在人行道旁

等待，直到您给它信号才能过马路。

不该留下的东西　要随身携带粪便袋，当然还得防止狗狗在别人的店铺前尿尿做标记。

在汽车里

请您先通过比较短的旅程让狗狗习惯坐汽车。如果它在旅途的目的地玩得很开心，之后就会愿意跟您坐车出去（见264页）。

狗狗在汽车里时，如果没有采取安全保护措施，就会分散司机的注意力。而且，如果遇到事故，狗狗会被弹到前面去，这对于人和狗狗来说都是有生命危险的。可以为狗狗提供安全保障的有：固定在后座或者汽车尾部的狗笼，有机动车技术监察协会或者德国安全认证标志的狗狗用安全带，在汽车尾部连接到车身上的保护栏杆等。

没有您的要求，狗狗不能下车。您需要首先确认一下周围环境是否安全。您可以对狗狗说："不要动！"让它等着，直到您给它下车的信号。而小狗需要您把它抱下车，这样对它的背和关节不会造成压力。

实践指南

合适的狗狗学校

请您认真选择狗狗学校或者狗狗训练师，因为这些必须适合您和您的狗狗。

当然，训练师必须具备多方面的资格。请您尽可能了解他的培训经历，他曾经参加过哪些专题研讨会和专题研究班，以及他曾经旁听过哪些同事的课。

好感 您喜欢训练师和您以及您的狗狗相处的方式吗？这两点都很重要。因为您的狗狗和您都要在训练中感到舒服才行。如果您和训练师不合，那么他给您的建议就会让您难以接受。

目标 训练师想要更多地了解您和您的狗狗吗？只有这样他才能对您和您的狗狗进行正确的评价，制订合理的目标。

易懂的 训练师对他的工作方式解释得清楚吗？他的做法他都能给出理由吗？除了实践性的工作，他还会向您传授一些理论。

在装满小球的池子里玩耍能给狗狗带来很多乐趣，让它感觉到周围环境的吸引力，也能促进它运动机能的发展

您必须能理解您收到的信息。

开放的 一个好的训练师不会推卸责任，他会客观地分析问题。您会有这种感觉：他认真对待您和您关心的事，并且努力去理解您的心理。

不依赖于训练场 训练师不仅仅把训练局限于训练场，也可以在空旷的田野、城市、动物园。如果有必要，还可以在狗狗的家里进行训练。

有没有适用于每一只狗狗的训练方法？

没有！许多狗狗学校做广告的时候都说自己拥有特殊的教学方法。这个学校有注册登记了的商标、版权、听起来非常好的训练理念或者很高的媒体曝光率，但这并不能保证他们会为狗狗提供量身定制的训练方案。

因狗而异 对于每一个成功的狗狗学校来说，最重要的是训练师能为狗狗和它的主人量身定制一套训练计划。这个计划中不仅会考虑到狗狗所属品种的特点，还会考虑到主人和狗狗的性格以及他们的日常生活。

灵活的 如果训练并不像设想的那样顺利进行，一个好的训练师会对训练计划重新考虑。

还有什么需要注意的吗？

让人信服 请您在决定是否参加这个学校之前先预约一次试听课程。您觉得在这里受到

狗狗学校会在所有可以训练的地方进行训练：训练场、公园或者城市

很好的照顾了吗?

一目了然 小组训练中，每一名训练师带领的狗狗不能超过6只。只有这样才能保证他能够安全地掌控全局。

控制全局 只要所有参加者都能从中得到乐趣，训练师会允许它们做一些非常激烈的游戏。但是，如果在游戏中有一只狗狗开始刁难其他狗狗，或者一只狗狗成为另一只比较强壮的狗狗的"玩具"，训练师要及时进行干预。

适当性原则 他会教给您如何用适合狗狗的方式告诫您的狗狗收敛一些。但是，他不会采取体罚或者使用强迫性措施，例如勒紧脖子上的项圈或者有硬刺的项圈、电子项圈（见275页电子项圈）。

小狗要有自己的小组 和同年龄的狗狗玩耍、交流练习以及和主人一起认识周围世界是非常重要的。小狗（16周及以上）应该有自己的小组。

什么使得狗狗训练师没有资格做这个工作?

您的切身感受 请相信您的直觉。如果您在训练的过程中感觉到不舒服，请和训练师直说。如果在跟他说过以后，他还是没有任何改变，那么最好是换一位训练师。

空洞的言辞 如果狗狗的行为受到了限制，训练师还说出类似"这样的行为我们已经让它改正了""我们一直是这样做的"，或者"这样的事它们必须自己协商解决"这样的话，你就有合理的理由质疑训练师的能力了。

出现问题怎么办

当年那只可爱的小狗变成了一只咬着你的小腿纠缠不休的讨厌鬼或者远近闻名的悍犬，整天开嗥叫演唱会或者吃邻居家的鸡……出现不同的问题，就有不同的解决办法。

导致狗狗出现问题行为的因素有很多。推卸责任没有任何帮助，客观地分析问题有利于找到问题的原因。

比"为什么"更重要的是："何时何地"狗狗有什么样的问题行为？它的主人想要达到什么目标？要做些什么，才能让这种问题行为不再出现或者减少出现？请您选择一个好的训练师为您提供支持，和您一起解决问题。在面对问题的时候，没有可供执行的标准答案，因为狗狗、它的主人以及他们的生活环境各有不同，所以，解决问题的方法也不一样。

作为一个团队来克服问题行为

如果您选择了适合自己的狗狗，对它进

行教育，让它参加合适的活动，正确地给它喂食，细心地照料它，它很少会出现问题。但是如果生活环境发生变化或者有其他原因，还是有可能导致狗狗表现出一种给主人带来负担的行为。而且狗狗自己也因此而受苦，因为它一直处于压力之下，感觉到主人对它的喜爱不再是无条件的了。

您可以做出改变

狗狗出现行为问题，很多时候是它对您的行为和它的生活环境做出的反应。您要做出一些改变：如果它很不听话，就给它设置更多的限制；如果它的精力和能力没有得到充分发挥，就为它提供更多适合它的活动；如果它感到不安，就多给它一些安全感；如果狗狗的问题行为是因为生病，那么您就应该带它去看动物医生。

这些最终都取决于您。有些时候一个小小的改变就能扭转事情的发展方向，让它朝着积极的方向发展，有时候则需要时间才能有所改善。

完成任务

遇到问题的时候，您不要把它看作负担，而是应该把它看作一项任务。完成这个任务，需要您和狗狗的共同努力。

猎犬有着灵敏的鼻子。想让它不要跟踪每一个痕迹，通常是一个有难度的挑战

实用信息

请您思考一下您和狗狗的关系以及您自己的行为

日常生活中的小事有可能会成为影响您和狗狗关系的负担。请您自检一下，有没有什么可以改善的地方。

➜ 您曾无意识地认可狗狗的不良行为吗？例如当邮递员来给您送邮件的时候，它冲着人家狂吠不止，而您在一边大笑。

➜ 您曾让狗狗自己面对困境而不帮它吗？例如它被同类粗暴地威胁的时候。

➜ 您对狗狗容忍太多，对命令的实施没有坚持一贯的原则吗？例如，您因为狗狗是来自动物收容所，所以非常同情它。

出现问题时的解决办法

狗狗出现问题，就要重新审视教育方式，更加坚定地遵守规则。还要检查一下您和狗狗的关系，这样才能确定是哪里不对。

因狗而异　在出现问题的时候用什么方法解决，要具体情况具体分析。而这个具体情况要联系相关当事人和环境进行评估。

"忽视"不是解决的办法　狗狗出现我们不希望出现的行为，这个时候忽视它、不理会它，问题不会得到解决。最好的解决办法是在合适的时机向它发出中断的信号。如果狗狗因它的行为导致自己陷入危险，和狗狗出现攻击性行为或者受到其他人和其他同类的骚扰一样，属于需要我们插手的情况。忽视也可以理解为默许，例如狗狗在您的眼皮底下偷东西——您喜欢它这种行为吗？需要引起您注意的事，您是否可以忽略它们，取决于它们是否打扰到了您。如果您想用长时间的忽视来让狗狗意识到自己做错了，是不可行的。因为以长时间的忽视作为惩罚手段会损害到您和它之间的关系。而且狗狗根本不懂这一层意思，会慢慢失去对您的信任。

狗狗不喜欢独处

狗狗狂吠、吼叫，拆卸家具或者把家具、地毯、门等挠坏，是压力大的表现。

可能的原因　狗狗还没有学习如何独处。分离的恐慌经常是由不安全或者混乱的关系引起的，例如狗狗曾经有过不堪回首的经历，或者变换主人或者主人的行为对它产生了一些无法估量的影响。

如果狗狗挣扎着拉扯遛狗绳的时候，您采取了纵容的态度，以后出现其他问题的时候，您也就无须吃惊了

解决办法　和狗狗之间的关系需要确定下来，这样它才能对您产生信任。

在让狗狗独处之前需要进行一个和它分离的仪式，以这种方式使狗狗对所处情境进行评估。

如果有一个同类陪伴它，有些狗狗会放松很多。

如果在您和狗狗分开的时候，它出现了严重的恐慌症状，伴有颤抖、喘息、流口水等，那么就需要给它吃药了（要在专业医生的指导下进行）。药物可以帮助狗狗缓解压力。

狗狗不停地狂吠

狗狗的主人可能不了解狗狗经常性或者长时间持续的吠叫是什么原因。

可能的原因　您的狗狗也许是喜欢吠叫的品种，被同类刺激到了开始吠叫，或者它只是无聊，想要引起主人的注意。

解决办法　吠叫是一种正常的行为，但是也有可能变成我们的困扰。我们的目标是把它的吠叫控制在一个合适的范围内。

不要用责骂、嘲笑，甚至表扬来认可狗狗的吠叫。

设置一个停止的信号，然后教给狗狗学会听到信号开始吠叫，听到停止的信号就停止吠叫。

可以为狗狗提供一些其他活动的机会。

喷水枪可以在狗狗吠叫的时候让它害怕，把它的注意力转移到接下来给它的指令上或者其他活动上。

实用信息

狗狗出现问题行为的可能原因

- ➲ 疾病以及 / 或者疼痛（见 162 页）
- ➲ 与品种有关的行为被低估了
- ➲ 社会化不完善
- ➲ 和同类的交流不够
- ➲ 没有得到独立自主的领导——狗狗在行动，而不是人
- ➲ 活动不适合它
- ➲ 出现问题行为的征兆时没有得到主人的足够重视
- ➲ 主人没有和狗狗进行适合它的交流
- ➲ 主人把狗狗拟人化了，不考虑它的需求
- ➲ 错误的、太迟的或者太严厉的惩罚
- ➲ 生活环境发生了变化，例如一只新来的狗狗、搬家、长时间独处

狗狗随地大小便

在问候别人的时候，狗狗随地大小便。

可能的原因　首先应该让动物医生给狗狗做检查，确定是否因为疾病或者内分泌紊乱。又或者狗狗在问候别人的时候感到不安。

解决办法　重新训练狗狗不要随地大小便。问候应该友好，但是不要太热情。避免威胁性的姿势以及大声地说话。

狗狗挣扎着拖拽遛狗绳

用遛狗绳牵着狗狗去散步变成了一场让人疲惫、神经紧张的比赛。

❞ 采访

问题狗狗

问题行为给狗狗和它的主人都造成了负担。但问题行为是如何产生的？什么时候该向专业人员寻求帮助？狗狗训练师苏珊娜·布兰克（Susanne Blank）针对一些常见的问题给出了解答。

苏珊娜·布兰克

狗狗训练师苏珊娜·布兰克最关心的事是：让狗狗在家庭中健康生活，帮助狗狗和它的主人建立一种互相信任的关系。她通过一对一的训练和团体训练传授给狗狗和它的主人一些必要的知识。2005年，她在陶努斯山区建立了一所狗狗学校，她和她的三只狗狗也生活在那里。她还通过做报告、出版专业书籍和文章的形式向更多的人传播她的知识。

导致问题行为最常见的原因有哪些？

苏珊娜·布兰克：如果狗狗不适应您为它提供的生活环境或者不适合您，那么其实在您养狗之初就已经埋下了问题的种子。狗狗主人的情绪经常也会来捣乱，他会把狗狗拟人化。最容易出现的问题是教育没有主线，缺少对行为的限制和基础教育。

问题大都出现在什么时候？

苏珊娜·布兰克：在狗狗出生后的最初两年中，尤其是从青春期开始。来自动物保护协会的狗狗大多在4～6个月大的时候问题较多，之后才可以适应新生活，这个时候也是比较困难的时期。当狗狗的一些遗传性行为暴露出来的时候，例如狩猎行为或者领地保护行为，它们无法适应日常生活，或者您的狗狗达到了精神上的成熟，变得比较严肃了，许多狗狗的主人便都无计可施了。

如何预防问题的发生？

苏珊娜·布兰克：充分发挥狗狗的能力，让它和同类有足够的交流，为它提供社会性学习的机会。狗狗不能仅仅受到批评，而且还要创造机会，要去经历一些事情，也要允

（右图）如果狗狗出现越来越强烈的攻击性行为，一定要向专业的狗狗训练师寻求帮助

（左图）如果狗狗过分胆小，很多主人都不知道如何处理，也需要向专业人士寻求支持

许它犯错。您和狗狗的关系必须建立在尊重和信任的基础上。

哪些征兆预示着有可能出现问题了？

苏珊娜·布兰克：当狗狗的主人在某些情况下感觉不舒服；当他认为自己无法控制局面，无法对狗狗产生影响；当他试图改变局势，但是不起作用，或者甚至让局势变得更糟了；当他不能确定自己能否正确地评价狗狗的行为的时候。

在哪些情况下有必要向狗狗训练师寻求帮助？

苏珊娜·布兰克：最晚要在狗狗的主人不知道怎么处理它的行为的时候，他就应该向狗狗训练师寻求帮助了，而狗狗出现攻击性行为的时候，您一定要向狗狗训练师寻求帮助。如果您是第一次养狗，或者您刚养的狗狗以前出现过问题行为，例如捕猎、对食物过分保护、和主人分开时恐慌等，那么您也要向狗狗训练师寻求帮助。有了狗狗训练师的帮助，也可以预防一些问题的发生。

狗狗训练师可以做些什么？

苏珊娜·布兰克：狗狗的主人遇到任何问题都可以和他商量，也可以和他一起针对所有与日常生活有关的事情做出努力。他会向您解释狗狗的行为、优点和缺点，对狗狗主人的身体语言做出反馈——他做的是狗狗和它们的主人之间"翻译"的工作。针对某个问题，通常有很多解释和解决问题的方法。训练师可以为狗狗的主人提出一些解决方法，但是否采用他的建议，还是取决于狗狗的主人。

可能的原因 狗狗没有进行足够的适应遛狗绳的训练、它多余的精力没有被消耗掉，又或者对自己的主人没有敬意。通常，狗狗不想被遛狗绳拴着，可以解释为它和主人之间的关系出了问题。

解决办法 让狗狗参加更多的运动以及脑力劳动，这样它就不会精力过剩了。

重新训练狗狗适应遛狗绳。

当狗狗拖拽遛狗绳的时候，请您站着不动，当它不再拖拽、绳子变松弛的时候，您再继续向前走。

可以使用短一些的遛狗绳或者牵引绳，在行进的过程中频繁变换方向，以这种方式训练狗狗更多地按照主人的方向行动。

可以在训练中使用狗笼头，这样可以更好地控制狗狗，把它的注意力吸引到主人的身上。

狗狗扑向他人

狗狗出现这种行为绝对不能容忍。被狗狗扑向的人会感到受到了威胁，会受伤或者摔倒。

可能的原因 很多时候狗狗的这种行为是它们表达开心的一种方式。通常它们的这种行为通过主人开心的反应或者美食得到认可。有些狗狗利用这种行为向主人索取美食或者主人的关心，另外一些则利用这种行为来限制对方的行动自由。

解决办法 通常，给狗狗另外一种行动的指令，可以让它放弃这种行为，例如"坐下"。

练习中断指令。

径直走向狗狗，阻止它扑向他人。

使用牵引绳练习唤回指令。

狗狗捕猎

狗狗跟踪每一种痕迹，猎捕野生动物或者跟踪跑步者、骑自行车的人等。

可能的原因 狩猎是一种自然的行为，或多或少是由狗狗的天性决定的。只是跟踪猎物就已经可以给狗狗带来乐趣了，是它们的一种自我奖励的行为。每一次的狩猎经历，不管最终有没有成功地收获猎物，都会增加狗狗的狩猎热情。精力过剩或者自给自足的狗狗更倾向于让自己独立。唤回训练不足也会增加狗狗的猎捕行为。

解决办法 狩猎的热情是戒不掉的，只能受到控制。对于猎犬来说，这是非常困难的，让它们在受到控制的情况下自由行动并不是每次都能成功。

给狗狗提供更多的和主人一起进行的户外活动，首推要求很高的脑力劳动。

把狗狗用遛狗绳拴住，练习有距离的指令，使用哨子练习唤回指令，以及进行中断信号的训练。

严密控制狗狗不要再有狩猎经历。

攻击性行为

针对人类和犬类的不合适的、与情景不符的攻击性行为。

可能的原因 攻击性行为的原因多种多

样。通常起因是一些资源，例如食物、玩具或者和主人的亲密，或者狗狗的主人太过娇纵它了。攻击性行为通常是狗狗表达不安的方式，狗狗把它视为预防性措施或者最后的出路。狗狗也有可能因为接收到的要求太多或者压力过大而变得具有攻击性，例如它们从主人那里得不到足够的关怀。对狗狗的要求太低、社交太少或者教育缺失，都有可能导致狗狗出现攻击性行为。有些狗狗也可能是由于天性使然而出现攻击性行为。

解决办法　如果狗狗出现攻击性行为，您一定要咨询专业的狗狗训练师。如果狗狗的行为会对他人造成危险，那么就要给它佩戴口笼了。

恐慌和害怕

恐慌是不确定的，害怕则是有对象的，例如害怕人、害怕狗、害怕某种物体或者某种声音。

可能的原因　最常见的原因肯定是缺少社交。不安、恐慌和害怕也有可能是由于狗狗曾经经历过一些可怕的事情。通常，安慰会认可和增强它们的恐慌和害怕。

解决办法　不要同情您的狗狗，而是要给它一种冷静、信任的感觉，并且试着用其他事来分散它的注意力，让它开心起来。

对于那些胆小的狗狗来说，重建它们的性格很重要。

慢慢地引导（敏感训练）狗狗适应引起它恐慌的因素，但是不要强迫它，给它太大的压力。

实用信息

帮助狗狗建立安全感和改正不良行为的辅助教育手段

辅助手段不是解决狗狗不良行为问题的有效方法。但如果能够正确地使用，它们是可以对训练起到支持的作用的。初学者应该向狗狗训练师咨询如何操作。

- 室内狗绳：最长为 2 米的绳子，在室内使用，用于对狗狗的控制。适合那些感到不安的狗狗，也适合用于基础教育阶段，让狗狗不能逃避或者摆脱自己的主人。

- 狗笼头：可以帮助那些喜欢拖拽遛狗绳或者喜欢吠叫的狗狗把注意力转移到主人的身上。一定要向训练师咨询使用方法！

- 喷水器：用水枪或者矿泉水瓶子向狗狗喷水，以此来中断它的行为，让它重新开始接受主人发出的指令。请您不要直接向狗狗的面部喷水，而是向它的耳朵或者脖子喷水。正确的时间点是喷水起作用的关键。

- 可以发出丁零零的声音的罐子、手摇小铃铛：通过声音来打断狗狗的行为，并不适合所有的狗狗。经典条件反射一定要由有经验的狗狗训练师来进行训练。在公共场合要谨慎使用，否则会影响到其他狗狗。

- 口络：如果狗狗的攻击性行为对人、狗或者其他动物造成危险，帮助狗狗的主人更加冷静地引导它。只能使用有栅栏的口络，这样不会影响狗狗呼吸和喝水。首先要通过口络给狗狗喂食，让它慢慢适应这个东西，这样它才会慢慢开始愿意佩戴口络。

? 提问和回答

教育和问题

美味的食物对人和狗之间的关系有促进作用吗?

美味的食物可以引导狗狗配合主人,也可以当作对它做出特殊成绩的奖励,但是您不能靠食物来和狗狗建立关系。如果您的狗狗仅仅是因为您口袋里的零食才跟随您的,那么,只要它一发现更好吃的东西,就会马上离开您。您和狗狗之间的关系要通过建立信任的方式才能得到巩固,例如亲密、游戏以及积极的经历。

我家的梗犬使用手摇小铃铛进行了经典条件反射的训练,开始的时候效果不错。为什么现在它对手摇小铃铛没有任何反应了呢?

手摇小铃铛、可以发出丁零零声音的

想要让狗狗听到您叫它就来到您的身边,最好使用牵引绳来进行练习

罐子、喷水器和其他用来中断行为的辅助手段,如果使用过于频繁的话,有可能就会让狗狗对它们慢慢习惯。减少使用这些辅助手段,并且在能给它们留下深刻印象的时机使用,才能发挥最好的效果。这些方法只是对行为训练起到一种辅助的作用,帮助狗狗的主人来控制狗狗,最终目的是在没有这些辅助手段的情况下也能安全地引导狗狗。

我家的狗狗总是千方百计从项圈中挣脱出来,针对这种情况有什么建议吗?

请您使用项圈和挽具,遛狗绳要固定在这两个东西上,例如有两个弹簧钩的皮带。这样,狗狗就不会挣脱出来了。

当我在室外叫我家狗狗的名字的时候,它总是先环顾四周,这种情况正常吗?

您的狗狗已经在脑袋中形成了这样的联想:您叫它的名字肯定是有事发生,它环顾四周就是在寻找这件事。请您试着在没什么原因的情况下也叫它的名字,然后表扬它,让它在没有遛狗绳拴着的情况下自由奔跑一段时间。

如何进行牵引绳的训练？

狗狗处于您的控制之下。如果在唤回训练中狗狗对您的呼唤没有任何反应，那么您可以轻轻拉一下绳子，让它注意到您。这样，它就明白了：它刚才忽略了您。请您多变换几次方向，这样可以让它更好地以您为目标。请您向狗狗训练师学习训练的方法。佩戴挽具很重要。

我们开始养第二只狗狗了。在教育的时候应该注意些什么？

您要做到的是：第二只狗要听您的话，而不是听第一只狗的话。请您多一些时间单独和第二只狗在一起，这样才能建立起和它的关系，要和它单独训练一些指令，还要让两只狗一起练习这些指令。如果第二只狗对第一只狗做出了威胁的行为，那么您就要给它立规矩了。请您注意不要忽视了第一只狗。

我们家的哈士奇真是让我们抓狂了。我们已经换了五位训练师了，根本不起作用。我们还能做些什么？

请您向有训练哈士奇经验的训练师寻求帮助。如果这样还是不行，那么您就要考虑一下您的哈士奇和您是否合适了。虽然做这个决断非常困难，但是有时候，分开对大家来说都是最好的选择，您可以为它寻找一个能够满足它需求的主人。

为什么我家的拳师犬在训练场上表现很好，也很听话，但是在散步的时候就完全变了个样？

您的狗狗很有可能把这些指令和训练场联系起来了。这是有可能的，因此，您有必要在不同的地点对它进行训练，这样它才能明白，这些指令不是仅仅局限于训练场的。还有可能是训练师的出席给您更多的安全感，让您显得更加让狗狗信服，或者在散步的时候分散狗狗注意力的因素更多一些。

当我们用遛狗绳带着我们的蝴蝶犬去散步的时候，它总是会受到其他狗狗的威胁，这个时候我们该做些什么呢？

请您把遛狗绳缩短，然后让狗狗藏在您的身后。您站在它的身前保护它。请您用您的身体语言表达出您的坚决和果敢：请您站直身体，驱赶开其他的狗。请您只在这种情况下把它抱起来。但是尽可能不要在它首先挑衅其他狗狗的时候抱它。

6

狗狗
的游戏和乐趣

一起经历一些事，玩得精疲力尽，高度集中注意力去工作，一起分享成功的喜悦——所有这些一起度过的时光对于狗狗和人之间的关系来说非常有价值。不管是快速的体育运动、要求很高的寻找工作、令人吃惊的小把戏，还是欢乐的小游戏——发现共同的兴趣爱好，然后一起充满热情地去做这些事，会给您和狗狗带来乐趣。那些考虑到狗狗的天性和能力的主人，会对狗狗保持健康起到积极的作用，提高狗狗的生活质量。

游戏的好处

那些兴高采烈地玩耍着的人会忘记周围的世界，没有烦恼，只有快乐。玩耍对于狗狗来说非常重要——包括和同类的玩耍以及和人类的玩耍。

请您每天都为狗狗提供玩耍游戏的机会。请您利用散步和其他机会为狗狗寻找合适的玩伴，但是最重要的是，请您自己也要和狗狗玩耍。您要从日常生活中抽出时间，尽情享受和狗狗的玩耍游戏。当狗狗用"鞠躬"、活泼大方的笑容或者引诱性的玩具来邀请您跟它一起做游戏的时候，请您不要总是忽视它。当然，并不是每次狗狗需要娱乐的时候，您都要回应。但是，如果您从来都不接受它的邀请，慢慢地它就不会再邀请您了。这不仅仅对于狗狗来说是一种失望，对您来说也是极大的损失。

游戏——许多额外设备带来的乐趣

做游戏的目的就是玩，没有什么更高的目标。尽管如此，游戏也有很多益处，小狗在它们很小的时候就已经能够从中受益了。

游戏让狗狗身心健康

和同伴一起玩耍能让小狗各个方面都保持健康：游戏可以促进运动技能的发展、肌肉的形成和身体的灵敏度。大多数狗狗在出生后的第三周就开始有玩耍行为了。虽然小家伙还没有长牙，但它还是会笨拙地去咬阻挡了它去路的兄弟姐妹的小爪子。随着年龄的增长，对身体的控制能力提高了，它们开始扭打在一起，互相追逐，一起探索周围环境为它们提供了哪些玩具。

不同的游戏偏好

狗狗在小的时候就已经表现出对游戏的偏好：矮而结实的品种，例如拳师犬和拉布拉多寻回犬喜欢激烈一些的游戏，在游戏中喜欢用身体阻挡同伴；健壮的猎犬，例如梗犬和腊肠犬对挖东西特别有热情，会非常兴奋地摇晃它们的兄弟姐妹或者玩具（把猎物"摇死"）；牧羊犬通常更喜欢潜近和凝视；视觉猎犬则喜欢奔跑类的游戏。这也适用于不同种类的纯种犬的杂交后代。狗狗成年以后也会保留自己的游戏偏好。如果它们在小的时候就学习了各种不同的游戏类型，那么它们以后在游戏方面表现得也会更好一些。学习游戏最好的方式就是和不同品种的纯种狗及杂种狗进行小组游戏。

针对社会化行为的游戏

游戏是不可缺少的，这样，小狗才能学习社会化行为。因为，在游戏过程中不仅训练了小狗的灵活性、反应能力和类似狩猎技巧等能力，还训练了它们之间的相处能力。啃咬的克制、给充满冲突的情况降温、战略性的行动以及懂得品种特有的表达方式等都属于相处的能力。同一窝小狗中最喜欢玩耍的那些，以后会变成性格开朗的类型，适应能力通常也会比较好。

不仅是针对小狗　成年狗狗也需要玩耍游戏，不同品种的狗狗游戏时间也不同。一起玩耍的狗狗可以相互认识，一起分享快乐。有些狗狗必须要（重新）学习，接受和别人的游戏。当它们完成这一转变之后，狗狗之间的信任也随之增加。

实用信息

只有在这些时候才是真正的游戏：

➡ 狗狗在游戏的环境中感到安全和舒适。

➡ 它相信自己的玩伴，不用担心对方会侵犯自己。

➡ 游戏可以由任何一个参与者在任何时候叫停。

➡ 身体上比较强壮的一方会顾及其他游戏参与者，并且懂得适度原则。

➡ 玩伴会在游戏中交换角色——每一方都有机会做主导者，也要做被支配者。实力比较强的一方懂得进退有度。

➡ 游戏没有特定的目的，更不是为了要震慑某一方。

➡ 在游戏结束的时候，没有所谓的赢家和输家。

在和小狗的游戏中，成年狗狗一般会比较克制，但不是每一只成年的狗狗都会宽容地允许小狗把它嘴里的棍子抢走

物以类聚：狗狗对游戏的偏好和它们的品种有关，例如视觉猎犬喜欢奔跑类的游戏，杂种狗对游戏的偏好取决于它的父辈所属的品种

纵情玩耍的过程中，会出现非常夸张的面部表情和姿势。只要两只狗狗在游戏中可以得到乐趣，就不必阻止它们的打闹嬉戏

当游戏不再有趣

不是所有看起来像游戏的活动都是没有危害的。游戏只有在一定的框架下进行才能起作用。那些想要在游戏中证明自己更强壮或者更快的狗狗，并不是真想玩耍，而是想要证明自己的能力。如果比较强壮的一方根本不给比较弱的一方行动的机会，那么游戏也就没有什么乐趣了。当一只狗狗被迫成为玩具或者猎物，必须要抵御强者或者一群狗的进攻，那么事情的性质就变得非常恶劣了。处于这种糟糕境地中的狗狗会惊慌失措地想要逃脱施虐者的进攻，如果施虐者是一群狗，那么情况就真的是非常糟糕了。请您注意观察事情的发展，不要成为冷漠的旁观者。如果一只狗狗没有受到其他狗狗的逼迫，但自己也不能停止"游戏"，那么它也需要您的帮助。

和人类玩耍

多数狗狗的主人会在游戏中使用玩具。但即使没有玩具，您也要和狗狗一起玩耍，这对您和狗狗之间的关系有很好的促进作用。

在一个平面上　所有能够给您和狗狗带来乐趣的事情都是可以做的：克制地捏一捏狗狗，抓住它，扭打和欢闹着跑。只要它的体形大小允许，您可以平躺在地上，让狗狗从您的身上跳过去或者在您的身体上玩耍地做体操。如果它感觉压力太大了，您可以让游戏更安静一些，然后用和它依偎在一起的方式结束游戏。这种类型的游戏只有在您对狗狗有足够的信任、能够预测它的反应的情况下才可以进行。

过度兴奋的狗狗　您家的狗狗属于那种很容易就兴奋起来，甚至过分兴奋的类型吗？太激烈的游戏有可能导致它变得过分兴奋，不受控制。请您不要让事情发展到这种地步，及时把游戏引导到正确的道路上去，例如您可以让它停下游戏去寻找一些东西。

无规矩不游戏　最高的游戏规则很简单：不要容忍任何让您感到不舒服或者给您带来疼痛的行为。如果狗狗变得疯狂起来，甚至咬您的衣服、胳膊，请您给它一个中断信号，中场休息一下或者结束游戏。

给狗狗适合它的玩具

请您根据狗狗的爱好为它选择适合的玩具，但也要时不时地为它提供不同的乐趣。

最爱的玩具

这样可以具有吸引力　请您先自己玩这个玩具，把它抛向空中然后再接住它，让它在地板上滚动，您可以用这种方式向狗狗演示这个玩具有多好玩。不久以后狗狗就会非常想要得到这个玩具了。

这样可以保持吸引力　如果您的狗狗随时都能玩它所有的玩具，那么过不了多久这

当您和您的狗狗玩耍的时候，不要像图中所示保持一种被动的状态，要积极参与到游戏中，例如您可以和狗狗互相追逐

拔河比赛并不适合每一只狗狗，因为这种看起来没有什么害处的游戏有可能会成为一种力量的角逐

捡回东西这种游戏对于狗狗来说更像是工作。如果您能正确地引导狗狗，这种游戏会成为非常有意义的活动；如果引导不当，会导致狗狗过分依赖玩具

些玩具对于它来说就没有意思了。它可以拥有一个或者两个玩具，但其余的玩具只有在您和它一起玩耍的时候才拿出来，这样它会很开心。您还应该将一个玩具作为奖励——只有在训练的时候才用。

一起玩耍

一起玩耍会有更多的乐趣，除此之外，不同的玩具可以带来不同的乐趣。

拔河游戏　几乎所有玩具都能用来拔河。必备的拔河工具是上面有结、把手或者球的绳子。

不是每一只狗狗都适合玩拔河游戏。如果它咬您的衣服或者胳膊，或者它的反应太强烈，那么您最好是选择另外一种更安静的游戏。遇到具有攻击性的狗狗，不要把您的手指置于它能够得到的位置。

只有在狗狗表现良好的时候才能玩拔河游戏，而且应该允许它也赢一次。

在拔河游戏中很实用的命令是"吐出来"，这个口令可以让狗狗松开绳子。

把东西叼回来的游戏　把东西叼回来的游戏不止"把球扔出去，把球叼回来"那么简单。这个游戏可以促进主人和狗狗之间的配合，巩固狗狗对主人命令的听从，为狗狗提供一项需要集中注意力的工作。如何练习"拿来"这个口令，请参见254页内容。

所有狗狗可以叼得起来的物品都可以用于这个游戏，例如旧袜子、毛绒玩具、球类、食物包等。

玩具上的绳子不能有拎环，否则狗狗有可能会被绊倒。

请您更换游戏的地点和形式。不要总是把玩具扔出去让狗狗叼回来，还可以把玩具藏起来让它找出来。

如果您的狗狗眼里除了它的球就没有别的东西了，那么就要限制它玩球的次数了，因为经常玩球类游戏或者其他扔东西的游戏会上瘾。快速激烈的游戏会刺激到它们。最好是改成寻找和叼回东西的游戏，因为这种游戏需要集中注意力。

智力游戏　针对聪明狗狗的智力游戏有各种不同的难度和模式，例如使用木头或者塑料制成的玩具。

自己玩耍

您的狗狗有时候必须自己玩耍？针对这种情况也有很多玩具选择。

食物游戏　在玩具中装上食物。为了得到其中的食物，狗狗必须滚动玩具、咬它或者按压它。

啃咬　啃咬可以让狗狗安静下来，给它们带来很多乐趣，还可以清洁牙齿。用来啃咬的玩具会在狗狗啃咬的时候发出声音，或者有一些狗狗喜欢的味道，或者表面物质可以清洁牙齿。重要的是，这个玩具可以刺激狗狗啃咬的欲望，但是不能让它咬下玩具上的小零件，以防它吞下去。

适合所有狗狗的玩具

　　适合各种不同情况的玩具，也有各种不同的规格。请您在购买的时候选择那些制作精良、结实耐用、容易清洗、大小合适的玩具。

可以浮在水上的玩具对于喜欢水的狗狗来说非常理想，可以在玩耍的同时泡个舒舒服服的澡。

食物球　灵活的狗狗可以从中获得食物。

智力游戏　有不同难度的玩具。

毛绒玩具　很受小狗的喜爱，尤其是可以发出声音的毛绒玩具。

球　球上面的线可以帮助它飞很远，也适合用来玩拔河比赛。

牙齿护理　这种玩具由于特殊的构造，可以让狗狗在啃咬的时候清洁牙齿。

绳子类玩具　是拔河的好工具，啃咬这类玩具也可以达到清洁牙齿的功效。

积极主动地和狗狗在一起

几乎所有品种的狗狗都曾被要求完成一些难度很高的任务。尽管很少有狗狗还活跃在职场，但是想要享受工作的乐趣和做出一定成绩的需求却还保留着。

有些狗狗经过长距离的散步就能消耗掉多余的精力，有些狗狗则必须做一些体育运动或者完成一些有难度的寻找工作才能保持一个良好的状态。

为狗狗找到适合的活动以及掌握恰当的运动量，对于狗狗的生活至关重要，这也决定了人和狗狗共同生活的质量与和谐度：只有能力得到充分发挥、多余精力被消耗掉了的狗狗才是幸福的狗狗。请您找到一个共同的爱好，这个爱好既适合它，又能给您和狗狗都带来乐趣，并且花费在这个爱好上的时间和消耗不会影响您的正常生活。这样就有了最好的前提条件，您和狗狗就可以一起享受生活的乐趣了。这些只为您的狗狗预留的时间将会大大改善您和它之间的关系。

您的狗狗会些什么？

您可以在狗狗学校和俱乐部找到很多可

以和狗狗一起参加的活动。请您在做选择的时候注意以下几点。

健康方面

鼻子的工作（见253页）适合每一只狗狗，可以根据不同的狗狗来调整难度。这一点反映在体育运动方面就不同了——参加体育运动的狗狗必须具备某些前提条件。在让狗狗参加体育运动之前，先让动物医生为它检查一下，看看它的耐力、身体素质和健康状况是否适合参加体育运动。

成长中的狗狗　小狗和年轻的狗狗是不能参加竞技运动的，它们的运动量和所承受的压力必须要控制在一定范围内。狗狗至少要到15个月大才能参加竞技运动。

负荷　如果狗狗患有关节疾病或者脊柱疾病，那么就要禁止它参加一些会对关节和脊柱造成负担的运动。这一点也适用于超重的狗狗。这类运动有：经常性或者有一定高度的跳跃、急转弯或者紧急制动，例如跳起接球、飞盘游戏、灵敏度游戏或者飞球游戏等。

适合　运动的强度和时间要适合小狗、年龄比较大的狗狗、生病的狗狗以及超重的狗狗的能力。不要忘记安排中场休息！鼻子较短的狗狗有可能在高温或者负荷过大的时候虚脱！

适量　每天都日程满满，会让狗狗感到紧张。中途休息非常重要，只有这样狗狗才可以放松，降低压力的水平。尤其是对于那些很快就兴奋起来的狗狗来说，休息非常重要。

牧羊犬以及很多由牧羊犬杂交而来的杂种狗在灵活性运动中表现非常突出

小贴士

和狗狗做运动

➡ 请您为狗狗提供最优的训练条件。要注意室外温度、设置中场休息时间，并且时刻为狗狗准备一些饮用水。

➡ 请您慢慢开始训练，并且设置一些小的短期目标。

➡ 在狗狗完成高难度动作之前，必须要热身，例如可以先小跑一段，然后做一些跨越障碍跑，或是一些比较高度低的跳跃。

➡ 一定要休息了：当狗狗开始急促喘息、停止不前或者看起来很疲惫的时候。

➡ 请您不要给自己和狗狗施加压力。过分的好胜心会把狗狗变成体育运动的机器。

实践指南

和散步相关的事

散步之于狗就像水之于鱼。没有散步是不行的！

狗狗是善于奔跑的动物——运动是"深藏在它们血液中的习惯"。适量运动有助于狗狗保持健康的身体状态。

另外，散步可以刺激狗狗的所有感觉器官，也是生活的一种调剂：在散步的路上有很多可以看可以闻的东西。鼻子周围的气流以及地上不同的东西，例如草、沥青、鹅卵石和树林里的地面为皮肤和触觉提供各种不同的感受。它们还经常能找到一些可以啃咬或者吃的东西，这些东西可以刺激狗狗的味觉。一只没有机会经历这些的狗狗会慢慢变得迟钝。

散步让这一切成为可能：在自由奔跑中消耗精力、和同类一起玩耍、较量谁的力气大、在草丛里或者"闻起来好闻的"东西里打滚儿——所有这一切都是一只狗应该做的事。

带狗狗去散步其实是一件简单的事，但还是有一些需要注意的事项。

正确的度　一只狗需要散步多久？这取决于它的品种、年龄、健康状况以及个体的运动需求。

每天散步两小时是满足一只身体健康的成年狗狗的平均运动需求的标准值。许多狗狗需要比这个标准值多的运动量，还有一些狗狗每天运动比这少就已经足够了。请您把总的散步量至少分为三个单元，其中有一次要比其他的两次都要长。

还在成长期的小狗不能走太多路，运动量必须控制在一定范围之内。过度运动会损害它们还没有成熟的骨骼和关节。9周大的狗狗每天走5～7分钟就够了，散步的时间可以慢慢增加。

年纪比较大的狗狗和生病的狗狗要按照自己的能力运动。不要带它们走太长时间，可以每次少走一些，增加散步次数，在散步途中要经常休息。

注意天气变化　在太阳直射、气温很高的时候出去散步，对于本来身体很健康的狗狗来说都是一种负担。最好是有阴凉的林间小路，或者沿着小溪散步，这样还可以让狗狗在小溪里来一次清爽的沐浴。

鼻子比较短的狗狗对温度非常敏感。如果有必要，请您在天气潮湿或者寒冷的时候用大衣保护年纪比较大或者生病的狗狗。在散步回来以后把湿了的狗狗用干毛巾擦干。

在散步中添加额外的能带来乐趣的因素。以下建议可以让一切都变得简单。

让散步变得有趣一些，狗狗就不会在散

请您为每天的日常生活带来一些乐趣：就像这幅图中一样，和狗狗一起在草地上纵情奔跑，这对于您和狗狗之间的关系有非常积极的作用

步的过程中做出一些愚蠢的事了。但是不要把整个散步过程都为它计划好：对于狗狗来说，有自己的时间很重要。

走一些新路 每次散步都走同一条路？请您发掘一些附近新的散步路线。

有玩耍的时间 在散步过程中和狗狗玩一些球类和找东西的游戏（见253页）或者从水里叼回一些东西（见254页），让散步变得更加有趣。

给它一些任务 让狗狗在某一段路上为您搬一些东西，例如装有大便袋的包。

安排一些小戏法 可以在散步的过程中教狗狗一些小戏法。

勇敢 请您和狗狗一起跳过一个坑，在一截树干上保持平衡走过去，或者跨越一些其他的障碍。

顺便教育狗狗 在田间小道让狗狗练习"跳"，遇到跑步的人让狗狗练习"坐下"，让狗狗"不要动"，直到您检查了转弯处没有行人车辆——在散步的过程中有很多可以训练的机会。

约定 请您和您养狗的朋友们一起带狗狗去散步。还有什么比朋友们凑到一起讨论自己的狗狗更有趣的事吗？但是，您在和朋友聊得火热的同时，不要让狗狗从您的视野中消失——它们凑到一起就喜欢做坏事。

林间小路适合夏天散步和骑行。请您在清早和傍晚稍晚一些的时候再进行较长时间的散步

清爽的沐浴可以让喜欢水的狗狗非常快乐。但是不能让狗狗着凉，在洗澡之后要一直处于运动之中

选择的路线必须适合狗狗的能力。一般在自然保护区需要给狗狗拴上遛狗绳

体育运动以及其他

每一只狗狗都可以参加活动，关键在于找到适合它的活动。在选择活动的时候，除了健康状况和能力，以及品种典型的和个体特有的特点以外，还要考虑它是否听话以及和同类的相处是否和谐。

耐力和大自然

带狗狗漫游　一起踏上旅途，感受大自然，舒适地野餐或者在小饭馆休息，在这之后继续行进直至精疲力尽——理想的漫游应该是这样的。在选择路线的时候请注意，要让所有参加的伙伴都能享受这次漫游。要把休息时间计划进去，不要忘记为狗狗带上水和食盆。路线要尽量避开有柏油马路或者铺有碎石的路面，因为这些会对狗狗的爪子和关节造成巨大的负担，最好是在草地和林间小路漫游。喜欢狩猎或者服从能力差的狗狗，需要用遛狗绳拴着。

身材矮而壮实的健康的狗狗，例如拳师犬、罗特魏尔犬或者伯尔尼山地犬可以自己驮着自己的食物——要使用狗狗专用的背包。

狗狗学校和俱乐部会组织团体漫游活动。这些活动中还可以训练狗狗的社交行为。

当下，"狗狗徒步"很时髦。这些路线比普通的漫游要求更高一些，可能持续几个小时或者几天。个人带狗狗徒步需要自己计划路线，可以按照自己的速度完成行程。徒步比赛则要求在一定的时间内完成规定的路线。

如果狗狗参加的是比较长且比较艰难的路线，那么给它穿上合适的鞋子就非常重要了，鞋子可以防止它的爪子受伤。

带狗狗骑自行车　骑自行车可以让主人维持一个适合狗狗的速度。单是走路太无聊了，也不适合作为唯一一种让狗狗消耗精力的活动。因为狗狗陪着主人骑自行车虽然可以锻炼狗狗的协调性，但只是提高了它身体上的能力，并没有在精神上有所改善。

请您让狗狗习惯陪您骑自行车：您推着车子，它在您身旁走。先走直线，之后可以走一些拐弯的路，然后您再骑到车子上，让它重复之前的练习。

注意要根据狗狗的速度调整骑车子的速度。

如果狗狗训练得当，听从口令，就让它自由地跟在您身边跑。此外您在骑车的时候不要把遛狗绳拿在手里，宠物用品商店卖一种可以把遛狗绳固定在自行车上的装置。

行程中要给狗狗大小便的机会，允许它随时停下来闻一闻它感兴趣的地方。注意在中途多安排几次休息。

带狗狗去跑步和溜冰　和带狗狗骑自行车的注意事项差不多：要多休息几次，让狗狗有机会大小便和闻它感兴趣的东西。

只有狗狗听从口令，您可以唤回它的时候，才能不拴遛狗绳让它自由奔跑。有为跑步者设计的专用腰带，您可以把遛狗绳的一端固定在这上面，这样您的双手就可以解放出来了。

游泳　尤其是在夏天，没有什么比清凉的游泳更美好的事了。在水中的运动可以保护关节，对肌肉的锻炼也有好处。重要的是：不要着凉！

不要强迫您的狗狗下水。您要向它传达一种信息：在水里玩非常开心。也可以借助一只喜欢水的狗狗的帮助。

可以把一些小的好吃的东西扔到水面上，诱导狗狗下水去抓食物。

一定要注意，水里面不能有强烈的水流或者漩涡，这样狗狗才不会被水冲走。

在诱导狗狗下水之前还要了解一下，这片水域允许狗狗在里面游泳吗？

许多狗狗都对从水里叼东西回来的事特别有热情。可以准备一些合适的玩具或者能够漂在水面上的食物包。

纽芬兰犬和兰西尔犬之类的狗狗以及它们的杂交犬类尤其喜欢"水下作业"。这些狗狗大多数都对水有很强的亲和性，可以学习如何救助落水者，例如给他们带去救生圈或者把船拖过去。您可以从纯种狗协会了解相关信息。

速度、力量和杂技艺术

所有要求高速、突然转弯、蹦跳和快速

停止的运动都不适合关节和脊柱有问题的狗狗，背部较长、腿短、鼻子短（短头的品种）以及超重也不适合这些运动。体重适当、身强体壮的狗狗比较适合参加这些运动，例如腿比较长的梗犬、牧羊犬、贵宾犬、蝴蝶犬和相应的杂交犬类。具体情况请您咨询宠物医生。

如果您的狗狗性格特别外向，那么最好让它参加一些比较安静的活动，这样的活动不会给它额外的刺激，并让它过于兴奋。

灵活性 在主人的引导下，狗狗以惊人的速度跑完了一段障碍物跑道。障碍物包括栏架、跷跷板、用木板搭起来的狭长走道、斜的墙面和隧道。评判标准是跨越障碍时的失误以及用时长短。灵活性练习的内容大多数时候被当作比赛项目，要根据狗狗体形大小选择不同级别的练习。

机动性 灵活性运动的一种变形。在这种运动中，狗狗和它们的主人可以不用着急，并不用承担时间和竞争的压力去完成什么障碍跑，主要目标是跨越固定数目的障碍物。狗狗和它们的主人只要尽自己最大的努力去完成比赛就可以了。这种运动可供身体有残疾的狗狗选择。

竞技性运动（THS） 竞技性运动包括不同规则的运动类型，重点是轻竞技运动或者群众性体育运动。

铁人四项 1 包括服从命令的练习，使用遛狗绳和不用遛狗绳，让狗狗跟随主人坐下和趴下；60 米跨栏跑，有 4 个 30 厘米高的栏架；55 米障碍滑雪和 75 米障碍跑道，障碍包括有栏架、斜的墙面、隧道、用木板搭起来的狭长走道、桶、跑跳装置等。铁人四项 2 和 3 对团队的要求比较高。

场地赛跑有 1000 米、2000 米和 5000 米，要沿着有标记的跑道跑。要求狗狗必须拴着遛狗绳。

组合速度杯（CSC）是一种接力赛跑，由障碍滑雪、跨栏和跨越障碍物组成。

群众性体育运动也有障碍赛跑。"小矮人"是适合在室内进行的短距离的 CSC，铁人三项包括跨栏、障碍滑雪和跨越障碍物，K.O. 杯是两个队在平行的短距离障碍跑道上进行比赛。

狗狗舞蹈 狗狗和主人练习舞蹈动作，然后跟着音乐跳舞。可以自由选择舞蹈动作，例如弯腰、后退、打滚、回转或者从背上跳过去。这些舞蹈动作大多可以使用响片进行练习。请注意如果过度练习，可能会让狗狗上瘾。

品种典型的以及类型典型的活动

对于很多品种的狗狗来说，它们喜欢做和它们传统的任务相关的工作。包括：

针对许多猎犬的不同的狩猎性活动，例如搜寻、寻找受伤的野生动物并把它们叼回来等。

针对北方的雪橇犬以及它们的杂交品种的雪橇犬运动，拉雪橇或者小车。

体形较大、身体强壮的狗狗，例如瑞士

山地犬，可以做一些拉车的工作。

喜欢工作的牧羊犬和牧牛犬可以参加障碍赛（放牧比赛），还可以参加一些具有放牧性质的训练。

视觉猎犬可以在跑道上追踪假兔子或者开展猎捕比赛。两只猎犬追踪一只假兔子，还可以让假兔子模仿真兔子在逃跑时突然改变方向。

能力测试和比赛大多由纯种狗饲养协会或者专门的俱乐部进行组织。您可以从那里了解到是可以自由参加还是需要满足一定的前提条件（例如协会的成员、品种、家谱、资格证明等）才可以参加。通常是可以选择只参加它们的训练活动的。

✖ 小测试：您的狗狗热爱运动吗？

您的狗狗身体状态极佳，但它适合每一种运动吗？下面的小测试可以为您提供依据，您可以通过它来辨别狗狗是否适合所有运动。尽管如此，让动物医生为您的狗狗检查，看它是否适合运动，这是必不可少的。

	是	否
1. 您的狗狗很喜欢运动吗？在自由活动的时候会多跑一段路吗？它不会表现出想要避免某种运动吗？例如跳跃等。	☐	☐
2. 您的狗狗属于身强力壮的类型吗？它没有身体构造上的特点吗？例如背部很长、腿很短、鼻子很短、体重较重或者身高极高等。	☐	☐
3. 您的狗狗对炎热是不是很敏感？	☐	☐
4. 您的狗狗有没有什么疾病，例如关节病或者脊柱疾病、内脏疾病、新陈代谢疾病、内分泌系统疾病或者神经系统疾病？	☐	☐
5. 您的狗狗的体重是理想体重吗？	☐	☐

答案：如果上面的五个问题您的回答都是"是"，那么您的狗狗看起来像是一个全能选手，它可以选择的运动类型非常多。如果有一个或者多个问题您的回答是"否"，那么不是每一种运动都适合您的狗狗，请您为它选择适合的运动项目。

实践指南

流行的运动项目

许多受欢迎的运动项目在最初的时候都是极具异域风情的活动，其中也包括今天已成为固定项目的狗狗舞蹈和灵活性训练。新兴的运动项目通常是我们已经熟知的经典运动项目的变形。还有一些项目是借鉴了某个品种的狗狗最原始的任务，然后根据现在日常生活的需要进行改良。这些改良有的时候是好的，有的时候却不太能行得通。

从发展趋势中形成的运动　为狗狗的业余时间准备了哪些新的活动？稍加了解，您会发现一些很有趣的事。也许某种运动项目可以给您和狗狗带来很多乐趣，但您也不要粗心大意：狗狗的关节会在这项运动中负重过度吗？这项运动适合它吗？这项运动花费的金钱和时间有多少？这项运动依赖于地点、供货人或者大量的设备吗？这些信息您可以从俱乐部或者狗狗学校获得。

飞盘

飞盘已经不是什么新鲜的运动了。但是，在接飞盘游戏中加入音乐、戏法、惊人的跳跃以及引人注意的舞蹈动作，就形成了"自由式飞盘"，这种运动形式已经发展为一项赛事。在这种高速度的飞盘游戏中，狗狗和它们的主人需要高度集中的注意力、灵活性、运动技能以及身体控制能力。

"短距离"的飞盘游戏的目标是尽可能多地得分。狗狗要在规定的游戏场地中，在有限的时间内接到尽可能多的飞盘。此外，飞盘飞的距离越远，得到的分数越高。每队有60秒或者90秒的时间。

"长距离"的飞盘游戏有三次投掷飞盘的机会。取狗狗接到的最远的飞盘的距离来进行评分。

健康　在接飞盘的游戏中狗狗会做一些非常危险的跳跃，这种跳跃对狗狗的关节压力很大，因此，飞盘游戏只适合那些身体非常健康的狗狗！这种游戏也有可能会使狗狗上瘾，它不适合每一只狗狗。就这一点而言，短距离接飞盘游戏尤其具有争议性。

飞盘玩具　您当然可以和您的狗狗仅仅出于玩耍的心态来玩飞盘游戏，但是请您选择合适的飞盘，因为它有可能会伤到狗狗。飞盘要不容易碎裂、折断，不能有尖利的棱角和镂空。比较合适的飞盘应该是由可以轻微弯折的塑料、乳胶或者织物制成的。

狗狗潜水运动

新兴的运动大多是从美国跨过大西洋传播到欧洲来的。这项新兴的运动"狗狗潜水"是围绕着凉爽的水进行的。参加这项运动需

狗狗经过助跑，纵身一跃，追向玩具，跳进了大水池。潜水运动是近几年美国狗狗的新兴运动项目

要一只热爱水的狗狗，一个斜坡以及一个大水池。

飞翔的身姿　狗狗在助跑之后，跳起来追随着一个玩具落入水中，随之发出一声"扑通"的落水声，对于狗狗和旁观者来说都是一种巨大的乐趣。水中会有专人帮助狗狗重新回到岸上。

健康　跳入水中并不会对关节造成负担，但尽管如此，还是需要狗狗完全健康才能参加这项运动。最重要的是：狗狗要自愿参加！

狗拉自行车

狗拉自行车是让狗狗陪同主人骑自行车（见247页）的一个变形，它和雪橇犬的运动有很多相似之处。这种运动适合肩部高度超过50厘米、喜欢运动和拉车的狗狗。狗狗要佩戴一种特制的拉车挽具，使用可以缓解拉力的绳子和传动杆（自行车天线）和山地车连接起来。狗狗要一直跑在自行车的前面，听着主人给出的声音信号来行动。狗拉自行车是一种拉车运动，但是人必须要有规律地蹬车配合狗狗的节奏。狗狗和主人要想配合默契，就要双方高度集中注意力。

健康　狗狗必须身体健康、状态良好，才能持续保持前进速度。

教育和表演

伴侣犬考试　顺利通过结业考试是许多狗主人参加犬类运动的目标之一。在训练期间，除了训练狗狗服从命令，还要训练它们在日常生活情景以及道路交通中的可靠性。狗狗的主人也要在考试中检验自己相关的知识。所有人都可以参加考试取得VDH养狗资格证。取得这个资格证的前提是主人的专业知识、狗狗服从命令以及社会交往的能力。

服从　服从训练的目标是让狗狗完美地掌握听从命令的能力。能够激励狗狗积极参加到合作中，可以从根本上改善主人和狗狗的关系。这个训练包括远距离听从命令、听从命令叼回物品以及识别气味。

服从拉力赛把服从训练放到障碍物跑道上进行，这样可以获得更多的乐趣。

用缰绳训练奔跑　用帐篷桩和隔离带围出一个直径为10米的圆圈。主人站在圈内，不允许狗狗进入圈内。这个训练的目的是在一定距离以外使用肢体语言对狗狗进行指挥。其中包括改变方向、坐下、卧倒以及其他顺从训练。还可以设置一些障碍物增加难度。狗狗在这个过程中学习如何更好地注意到主人的言行，并且以主人的行动为导向。这个训练要求狗狗高度集中注意力，可以让狗狗身体上和精神上的能力都得到充分发挥。

展览　参加展览可以评判狗狗距离品种

寻找工作是一项非常理想的犬类活动，不论是沿着痕迹寻找美食还是把猎物叼回来，都很适合狗狗。这种游戏也适合生病和年纪比较大的狗狗，因为游戏的难度可以根据狗狗个体的情况进行调整

标准有多远，其前提条件是狗狗拥有举办展览的协会所认可的家谱。许多饲养协会会为纯种狗展览提供专门的圆圈训练。请注意，参加这些活动的前提，是能给狗狗和它的主人带来乐趣。

鼻子的工作

没有什么比集中注意力使用鼻子工作更能消耗狗狗的精力了。这项活动的优点是：可以根据个体的不同情况调整工作难度，狗狗可以寻找玩具、食物、食物包、人或者日常生活中的物品。它不太受场地限制，既可以在室外也可以在家里进行。

学习基础　比较简单的寻找东西、叼回东西的游戏，您可以和狗狗自己进行练习。如果您想让狗狗学习一些更高级的游戏，可以参加狗狗学校或者俱乐部举办的相关课程，学习完成高级任务的基础部分。

没有礼貌是不行的　寻找东西、叼回东西的游戏可以提高狗狗和主人的合作默契，用游戏的方式为狗狗提供教育。在开始游戏之前，狗狗需要坐在那里等待主人给它发出声音信号或者视觉信号。

追寻踪迹：闻一闻带来的乐趣

寻找东西的游戏　散步和日常生活为狗狗提供了很多使用鼻子的机会。

您可以用一些美食，比如小块的奶酪或

 注意事项

寻找、找到、带回来——是这样进行的

狗狗的鼻子很灵敏，但是寻找物品还是需要训练的。慢慢地练习，会见到成效的。

○ 请您从简单的寻找物品然后把东西带回来的游戏开始，逐步增加游戏的难度。

○ 在最初练习的时候要保证周围环境分散狗狗注意力的因素很少。

○ 对于狗狗的每一次成功，您都要表扬。如果它没有成功，您也不要骂它，而是重新做一遍。

○ 请您一定每次都要记着物品放置的位置，以防狗狗找不到它。

者香肠开始这个游戏。大约每隔50厘米放置一小块食物，把它们摆成一条直线，或者用一根线拴着一块奶酪或者香肠在地上拉动。狗狗可以在目的地找到很多好吃的食物。第一次游戏时可以允许狗狗观看整个摆放过程，之后的游戏中就不允许它再看了。您可以把它带到这条线的开端处，让它先坐好，然后发出开始搜寻的命令，只有当它偏离路线的时候您才能帮它。如果它找到了目标，那么它不仅可以吃到放在那里的所有美食，还应该得到您的表扬。能够听从主人命令的狗狗可以在游戏中不拴遛狗绳。

特别喜欢叼东西回来的狗狗可以学习把卷成卷的报纸叼给主人

令人吃惊的小技巧：在把手上拴根绳子，狗狗就可以听从主人的信号把抽屉或者门打开

您还可以通过设置曲线，用一根线拴着旧衣服在地板上拖动等方式来增加游戏的乐趣。

您也可以把玩具、好吃的东西藏在草丛里或者树叶堆下面，让狗狗去寻找。

跟踪寻人游戏　狗狗在这个游戏中学习如何依据一个人特有的气味去寻找他。在开始寻找之前，先给狗狗闻一闻需要寻找的人的气味样品，例如他穿过的衣服或使用过的手绢。

许多救援犬都拥有这项能力。在寻人的过程中，大多数时候要用一条长长的绳子拴着狗狗。

让狗狗去取东西或者把东西叼回来

在取东西的游戏中，狗狗要学习的不是自己叼着东西一溜烟儿跑走。请您用牵引绳拴着狗狗或者把玩具固定在上面，然后您可以抱起它亲吻它，碰一碰玩具，然后让它继续玩。之后您可以顺带把玩具拿走，最后直接还给它。狗狗因此知道，和您一起玩游戏是很有乐趣的。

等到它非常乐意叼着玩具来找您时，您再说出这个信号"吐出来"（见216页）。

如果它叼着玩具来找您了，您可以把这个行为和"拿来"这个信号联系起来。当狗狗叼着玩具向您走来的时候，您可以说出这个信号，但是要等它到您的跟前了，再表扬它。这样它就会愿意把玩具带给您了，因为它知道，这样做会让快乐延续。

把东西带回来的游戏也可以使用食物包来进行。食物包就是一个袋子，里面装上各种食物。如果狗狗把它带回来给您，它就可以吃到里面的食物。

注意　单调的扔球、捡球游戏有可能导致狗狗出现上瘾行为、攻击性行为和其他问题行为。请您按照规则进行游戏，不要只是把目标物体扔出去，而是应该经常地把它们藏起来让狗狗去寻找。这对狗狗的关节不会造成太大的负担，而且需要它集中注意力去寻找。

把东西叼回来　难度比较高的寻找和带回食物包的游戏是可以满足狗狗的需求的。寻回犬天生喜欢这类游戏，其他品种的狗狗也觉得这种游戏很好玩。

寻找的过程可以通过一些特殊的信号进行控制。能力比较强的狗狗可以按照一定的顺序寻找几种物品。针对水中寻物游戏，有一些可以漂浮在水面上的食物包。

饼干在哪个匣子里？食物游戏和小帽子游戏一样，需要狗狗使用自己的鼻子，还要求它们足够灵活，才能吃到食物

食物游戏可以自己动手制作，很简单：如果您把食物包裹在一条旧毛巾里，狗狗就可以很快乐地刨开层层包裹，得到里面的食物

简单的乐趣：好心情游戏

小小的乐趣可以让这一天都变得美好。这不仅适用于人类，还适用于我们四条腿的朋友们。狗狗的活动不一定非要花钱多，一些小小的游戏也可以给它们带来好心情。

腿的小技能

像人类一样直立行走、和主人握手、在地上打滚或者装死之类的游戏，学习这些小技能不是为了恶作剧，其过程和练习基础的听从命令是一样的。要一步一步进行练习，对狗狗取得的成就进行肯定，强化它的正确行为。最好是利用它已经学会的行为，在这个基础上继续教给它其他行为。当然您也可以用响片（见215页实用信息）训练狗狗的技巧。而且，达到目标的方法有很多种，您肯定还能想起更多的小技能，让狗狗根据自己的能力进行学习。

"站起来直立行走" 您的狗狗坐在地上，您手里拿着食物在它的鼻子前面晃。如果它想要获得食物，前腿就会离开地面，这个时候您就可以说出这个声音信号，然后表扬它。在接下来的练习中，它必须更加努力才能得到奖赏，直到它可以只用后腿站在地上并且保持平衡。

"握个手" 狗狗坐在地上或者站在地上。请您在它身前蹲下来，拿起它的一只前爪并且热情洋溢地表扬它。请您把这个动作重复几次，然后把手伸到它的胸前。狗狗每次抬起前爪伸向您，您都要表扬它，给它奖励。如果它把自己的前爪放到了您的手上，您就要表现出特别开心，给它更多的奖励，让狗狗将这个姿势和要握手的命令联系起来。

"打个滚" 狗狗躺在地上，您手里拿着美味的食物在它的鼻子前面绕着它的头转圈。如果它跟随着食物的运动轨迹，您就要表扬它给它奖励。如果它最终完成了一次翻身，就要在这个时候把口令和它的动作联系起来。

"装死" 练习方法和打滚的练习方法类似，但是要把狗狗躺在地上一动不动的行为和这个口令联系起来。

踢和轻碰：食物球必须在地板上滚动，里面的食物才会掉出来

真有本事，真能干

只是懒洋洋地趴在笼子里？其实您的狗狗非常乐意帮您做一些小家务。您可以像练习小技能一样训练狗狗干家务活儿，当然要以它的能力为基础。

"取报纸" 叼东西回来是您家狗狗最爱的事？那么它就可以帮您取报纸。不要用玩具，而是用卷成卷的报纸来进行练习。

"拉" 您的狗狗特别喜欢拔河游戏？请您把拔河游戏和一个声音信号联系起来，让它听到命令就拉绳子。您可以把绳子固定到抽屉或者门把手上，这样狗狗就可以打开抽屉和门了。

"收拾房间" 狗狗对您的袜子很感兴趣，叼着它在房间里到处跑？这样，它也可以帮您把袜子扔到洗衣篮中。练习的时候，您可以把一个低一些的洗衣篮放在地板上，让狗狗去取一只袜子。当狗狗来到洗衣篮上方的时候，您说"吐出来"的口令，让它把袜子放在篮子里。当狗狗理解了整个过程，您就可以把这个动作和一个新的口令联系起来了。当然，也可以训练狗狗把其他能拿得动的东西都放到洗衣篮里。

美味又有趣：有关食物的游戏

食物和小块的零食不一定永远都靠主人准备好，狗狗坐在那里饭来张口。您可以让它为吃饭这件事也做些事情，这样，食物吃起来也许会更有滋味。在智力游戏和灵活性

 注意事项

安全地游戏

在小游戏中，您要注意狗狗的健康，不要对它要求太高。

○ 在比较滑的地面上、地毯上、楼梯前、楼梯平台前或者开放式的阳台上都会有摔倒的危险！

○ 要注意在游戏中多休息几次。

○ 容易患胃扭曲的狗狗最好不要学类似"打滚"的小技能。

○ 要设置安全的障碍。

○ 不要让狗狗跳超过它肘部的高度。

游戏中，狗狗必须证明自己的聪明才智，有能力地使用自己的鼻子和爪子——对于那些喜欢苦苦思索的狗狗来说更是如此。

您可以在动物用品商店找到合适的道具。请您预先准备好一些小块的食物，让狗狗必须打开小门、拉开抽屉、推掉盖子或者做更多的努力，才能吃到这些食物。开始这种游戏的时候要从比较简单的开始，第一次您可以带领狗狗完成，然后鼓励它自己去寻找食物。一旦狗狗理解了这个游戏，它就会以闪电般的速度吃掉所有食物。

食物球有很多小洞，里面填上小块的食物，狗狗用爪子或者鼻子推动球在地上滚动，球里面的食物就会掉出来。这个玩具有各种

不同的样式，比如球形或者鸡蛋形，材质以塑料或橡胶为主。

建议选择橡胶制成的球，滚在地上的时候声音会小一些。

您也可以自己手工制作食物游戏，例如把食物包裹在毛巾或纸里、藏在纸筒里并在纸筒的末端弯折一下或者把它们整齐地摆放在装披萨的盒子里。

使用三只塑料杯子可以玩小帽子游戏，只有一只下面有美味的食物。

还有一种简单的游戏，把食物藏在房间的某个角落，或者把干燥型狗粮大面积地撒在地面上——狗狗可以去寻找食物，找到后就可以吃掉它们。

跨越棍子和扫帚

您可以把房子或者花园改造成狗狗的游乐场。临时障碍滑雪或者障碍赛跑所需要的设备您家里都有，也可以去动物专用品商店购买游戏装置。但是永远都要记得：把可能对狗狗造成伤害的危险降到最低，例如障碍赛跑的栏架就很容易掉下来。请您按照自家狗狗的能力来设置游戏的难度，让年纪比较大或身体有残疾、缺陷的狗狗也能从游戏中得到乐趣。

松散地平放在地上的棒子可以当作栏架，塑料瓶、凳子或者垃圾桶可以当作障碍滑雪的障碍物。针对年龄比较大的或者背部有疾病的狗狗，可以调整它们与障碍物之间的间距，保证它们在跑的时候不会遇到急转弯的情况。

在扫帚柄上放上罩子或者大的纸箱子，就可以变成一个隧道了。放在地上的罩子、报纸或者塑料布就成了交流区域，狗狗可以在这里停留休息。

您还可以在地板上纵横交错地放置一些棍子和扫帚，它们之间要保留一些可以插脚的空间。您带着狗狗慢慢走过这片地面。这个游戏要求狗狗集中注意力，保持平衡，控制身体的协调性。

捉迷藏

屋子和花园可以为狗狗提供无忧无虑做游戏的最好的条件，也是捉迷藏的理想场所。您可以自己藏起来让狗狗去找，也可以把玩具藏起来让它去找。如果它找到了，就要表扬它。狗狗的玩具们都有名字吗？请您藏起来一些玩具，让它去找其中的某一个。

帮助他人不仅仅是快乐

对社会的贡献以及和狗狗一起工作的快乐是可以共存的。如果您的狗狗身体非常健康，也受到了良好的教育，能够很好地进行社会交往，那么您就可以和它一起作为一个团队进行活动。狗狗和主人会从这项工作中获得许多美好的经历，但不要忘记，也会有一些让人感到有情感负担的时刻。如果您有兴趣，可以向慈善机构、狗狗学校和您附近的救援犬队咨询有关培训和上岗的事宜。

作为慰问犬给别人带来欢乐

您的狗狗性格安静、友好，并且有生活经验，也许您和它都对这些工作感兴趣：您和狗狗组成慰问团队，到养老院、残疾人机构、幼儿园、学校、基督教会下设机构或者其他机构去，为那里的人们提供娱乐，给他们带来快乐，抑或教给小朋友们如何与狗狗相处。您和狗狗是否能够胜任这份工作，还是需要经过测试的以及岗前培训。不能让狗狗做超出它的能力范围内的事情，而且保证所有参与者的安全是最高原则。

如果狗狗的工作是在幼儿园、学校、养老院或者医院，和那些免疫力差的人群打交道，那么要尤其注意它的饮食。如果狗狗吃了新鲜的肉类或啃了骨头，而这些食物又没有进行充分加热，就会增加狗狗排出沙门氏菌的风险，即使它并没有表现出患病的症状。因此，给这类狗狗的食物进行加热，或给它们吃有信誉的厂商生产的骨头，都是非常有必要的。

全职救援犬

这类救援犬的工作要求狗狗付出很多。除了全面的培训，还有每年的考试，以及每周至少一次的训练。除此之外，要时刻准备去寻找失踪的人。寻找的重点根据梯队的不同也有所差别，例如，有在平地上寻找的任务，也有在废墟中寻找的任务。严肃的救援工作对于猎犬来说可以作为一种消耗多余体力的活动，这需要它动用所有的感觉器官，有很高的体力要求，还要求它必须可靠。

》 采访

活动要适量

狗狗需要活动，但找到合适的度并不是一件容易的事。因为除了要考虑和狗狗所属品种有关的特殊的需求外，还要考虑到个体的综合因素。

卡特琳娜·施莱格尔–考夫勒（Katharina Schlegel–Kofler），育犬专家

她是一名经验丰富的狗狗训练师、著名的犬类饲养专家，也是一名出色的作家。长久以来，她致力于研究狗狗及它们的行为，并且不断地钻研狗狗教育、培训和行为模式。同时，她经营了多年的狗狗学校为狗狗和主人提供热情专业的帮助。她自己也养了只拉布拉多寻回犬，并且带领它成功地通过寻回犬测试。

狗狗的主人从哪里可以看得出来他的狗狗的能力得到充分发挥，多余的精力得到了消耗？

卡特琳娜·施莱格尔–考夫勒：如果一只狗狗的能力得到充分发挥、多余的精力得到了消耗，那么它在家里的时候会表现得比较平和，与它的年龄和性格相适应，或者说"不那么引人注目"。而且它会自己主动趴到小篮子里去，或者卧到垫子上去，时不时地打个盹儿或者自己玩玩具。

如果一只狗狗多余的精力没有被消耗掉，它会有什么表现？

卡特琳娜·施莱格尔–考夫勒：多余的精力会让狗狗自己寻找发泄的途径，不同年龄和性格的狗狗会有不同表现。例如，在家里待不住，非常不安分，经常把某些东西弄坏，不停地在花园里挖坑，表现出极高的警惕性或者出现狩猎行为等。

有些狗狗的日程排得很满，哪些征兆说明狗狗过于劳累了？

卡特琳娜·施莱格尔–考夫勒：如果狗狗的活动太多，它就会感到压力。压力表现有过度积极、紧张不安易激动、没有做什么事就急促地喘息、替代活动（例如经常挠痒、打呵欠）、破坏癖或者过分的身体护理（例如不停地舔舐身体或者啃咬爪子）等。

（右图）足够的休息也非常重要，这样，狗狗才不会太忙碌

（左图）活动的类型和持续时间的长短应该根据狗狗的个体特点进行调整

休息时间有多重要？不同年龄的狗狗对休息时间的需求有所不同吗？

卡特琳娜·施莱格尔-考夫勒：一般来说，一天中很大一部分时间狗狗都是在睡觉的。小狗和年龄比较大的狗狗睡得尤其多。因此，休息时间对于狗狗来说很重要。那些容易被喧闹"传染"或者不能自己平静下来的狗狗必须学会休息，这需要让它们消耗多余的能量。最好是在房间的一个安静的角落里放置一个舒适的狗笼，狗狗可以在那里进行休息。

游戏有可能会上瘾，例如接球游戏，那么一个游戏在什么时候就成瘾了呢？

卡特琳娜·施莱格尔-考夫勒：当狗狗经常追逐飞行的球或者类似物品时，那些狩猎本能比较强烈或容易兴奋的狗狗就容易对某一种游戏上瘾。这会导致它们压力过大，对某个物品过度依赖。和真正的叼回东西的游戏不同，这种游戏成瘾与消耗狗狗多余精力没有关系。

狗狗的主人怎样才能为自己的狗狗找到适合它的活动呢？

卡特琳娜·施莱格尔-考夫勒：最好是以狗狗所属品种为导向，还要看自己的狗狗属于比较懒散的类型还是比较活泼的类型。对于这一只狗狗来说，散步就足够了，但是对于另一只狗狗来说，灵活性游戏或者叼东西回来的游戏才是正确的选择。

更重要的是精神上的精力消耗，而不仅仅是身体上的。因此，半个小时叼回猎物的工作比跟着主人的自行车跑一个小时要有效得多。

和狗狗去度假

不同国家有不同的风俗——这也适用于用四只爪子征服世界的狗狗以及它们的主人。狗狗是跟随主人去旅行还是待在家里，是需要好好计划一下的。

终于又看到大海了——能够给人类带来"对远方的憧憬"的地方，也会让狗狗喜欢。在几小时车程之后就能够闻到海风的味道、在沙滩上奔跑、冲进海浪中，许多狗狗都会满脸洋溢着幸福。如果男主人和女主人在享受着美妙的沙滩生活的同时，让狗狗独自一人待在宾馆里，不让它到沙滩上来，它会感到非常难过。

只有当狗狗可以参与主人的活动，或者大多数时间可以和主人一起参加活动时，度假对于狗狗来说才是一件美好的事。此外要让狗狗从旅行中获益，您还应反复斟酌旅行对它的负担以及可能造成的健康方面的危害。如果有疑虑，那么最好让它待在家里。假如在家可以受到良好的照料和安全的保护，它就可以放松身心等待着主人度假归来。

做好计划很重要

不管狗狗是跟您一起去度假还是让它留在家里，好的计划都是度假成功的关键。

适合狗狗的度假

海边度假、徒步旅行，或者是简单地一起在度假别墅中度过一段美好的时光，每天散散步，这些都能让狗狗很开心。但是，时间仓促的参观或者另外一些它只能陪跑的活动就不适合狗狗了。

剧烈的天气变化以及长时间的旅行会对年龄大和生病的狗狗造成负担。在一些南欧国家，狗狗的身体健康也会受到很大的威胁。即使采取很好的预防措施，狗狗还是有可能感染威胁生命健康的利什曼病或者心丝虫病。

请您在旅行之前让动物医生给狗狗进行健康检查，并向他咨询旅行中可能出现的有损狗狗健康的情况，旅行携带的药箱中的内容以及必要的健康预防措施。

法律规定

在旅行之前要向过境国家以及目的地国家的领事馆咨询狗狗入境的相关规定，在欧盟（EU）成员国范围内旅行也要这样。

您想要去度假的国家允许您的狗狗跟您一起入境吗？在有些国家，是不允许特定品种的狗狗入境的，或者只有在某些前提条件下才被允许入境。

这个国家针对遛狗绳和口络有什么规定？例如，在公共场合或者公共交通工具上对养狗人有什么法律规定的义务吗？

在欧盟成员国范围内旅行，需要一个欧盟宠物护照，而且狗狗必须要在身体内植入一个标识它身份的微芯片。此外，那些身上有很明显刺青的狗狗，这些刺青必须是在2011年7月3日之前文上去的。狗狗的身份号码要完整地写入欧盟宠物护照。

从2012年1月1日开始，在欧盟国家内部有了统一的针对防疫的入境规定。狗狗需要注射有效的狂犬疫苗，这至少要在入境21天之前完成，还需要在欧盟宠物护照上进行登记。对其他的防疫措施则不做规定。

进入英国、芬兰、马耳他或者爱尔兰，

实用信息

请您为您的狗狗做标记登记注册!

➡ 请您去寻找收留走失狗狗的机构登记您的狗狗微芯片上的身份号码或者皮肤上的刺青。如果它走丢了，找回它的可能性就大大提高了。

➡ 狗狗应该在项圈上佩戴登记机构发的吊牌以及写有主人联系方式和重要信息的吊牌：姓名、地址、座机号码以及狗狗的疾病史。

➡ 在度假期间还要在吊牌上写上度假地址以及旅行社的相关信息。狗笼也要做标记。

➡ 在度假期间要一直随身携带狗狗的近期照片和身份号码。

需要动物医生对狗狗进行去除带绦虫的治疗。这个治疗最早在入境前120小时、最晚在入境前24小时进行，也要在欧盟宠物护照上进行登记。

度假的感觉

越来越多的旅行社为那些在一年中最美的时光中也不想放弃自己的狗狗的主人提供量身定制的度假计划。您可以找到适合您和狗狗一起度过梦想中的假期的地点。

欢迎狗狗　如果您想自由行，自己预订宾馆，那么一定要提前咨询，并且以书面的形式确定您的狗狗在宾馆、度假别墅或者野营地是否受欢迎。宾馆的餐厅呢？是否允许它跟您一起进入餐厅呢？

适合狗狗的度假地点　您度假的地区是

不是每一家餐馆都欢迎狗狗进入。请您在此之前询问清楚，可以带狗狗去的餐馆都有哪些

否对狗狗友好？请您向旅游局和游客咨询处咨询可以和狗狗一起参加的度假活动。

有没有已经规划好的徒步路线？活动的难度可以让所有参加者都能胜任吗？您的狗狗允许和您一起在沙滩上吗？还是有单独给狗狗使用的沙滩？

许多露天博物馆、野生动物苑囿、动物园和公园是允许狗狗进入的，但您还是需要确认一下。

狗狗在路上

出发之前，狗狗的最后一餐饭应该提前一个小时或者两个小时吃。请您不要在天气热的时候出发（中暑，见191页）。旅途中要保证它时刻可以喝到新鲜的水，根据旅程长短，也可以安排一次加餐。在汽车里（见219页）要给狗狗做好安全措施，汽车的车窗上装上防晒网。最长每隔两个小时要休息一次，带狗狗下车散步。下车散步的时候要给狗狗拴好遛狗绳。

请您提前咨询带狗狗坐火车和乘飞机（见271页）的相关事宜。乘飞机之前需要提前给狗狗申请。乘飞机对于狗狗来说是很有负担的一件事，对于生病的狗狗来说甚至是有生命危险的，例如患有癫痫、糖尿病或者心脏疾病的狗狗。而长时间待在狗笼里对于患有关节炎的狗狗来说是非常痛苦的。您真的想让您的狗狗经历这些吗？

狗狗的临时保姆

请您把狗狗交给您信任的人，他会非常可靠地执行您的命令，并且充满爱心地对待您的狗狗。

让认识您的狗狗的朋友和亲戚互相做临时的狗狗保姆，例如通过当地的动物收容所或者德国动物保护协会组织的。

有一些狗狗的饲养者会在狗狗的主人度假期间代替他们照顾自己曾经饲养过的狗狗。

专业从事看家工作的人也会帮忙照顾留在家中的狗狗。

您在考虑把您的狗狗送到宠物寄养店吗？在此之前您必须要用心寻找可靠的宠物寄养店：这个店是只接收那些注射过疫苗的狗狗吗？这个店会为狗狗提供各种活动以及动物医生吗？狗狗住宿的地方怎么样？照顾狗狗的人专业可靠吗？德国动物保护协会有一份注意事项清单以及寄养合同的范例。

如果选择了临时保姆，请您给狗狗的临时保姆写一份清单，上面要写上所有您觉得有必要告诉他的事，有助于更好地照顾您的狗狗。注意事项应包括饮食计划、有关食物不消化和过敏的提示，如果有必要还要写上给狗狗吃药的注意事项及其他行为方面的建议，比如散步和活动的提示。当然，他还需要知道您、动物医生以及动物登记机构的联系方式。

实用信息

您在旅行期间应准备这些随时都能取用的东西，包括在汽车里。

➔ **项圈和遛狗绳：** 旅行期间狗狗应该一直佩戴有地址牌的项圈。如果是开车旅行，在中途休息的区域要一直给狗狗拴着遛狗绳。

➔ **地址牌：** 要时刻注意，它是否固定在了狗狗的项圈上。

➔ **各种文件：** 欧盟宠物护照、动物赔偿保险的相关材料以及保险号。根据不同国家的不同要求，可能需要您携带狗狗的纯种证明或者杂交狗证明材料以及健康证明材料。

➔ **旅行中携带的口粮：** 足够的新鲜饮用水、食盆，如果有必要要安排一次加餐。

➔ **健康设备：** 旅行药箱，如果有必要还要携带足量的狗狗需要的药品。

➔ **大便袋。**

➔ **口络：** 根据不同国家的不同规定准备。

➔ **下列物品是您在度假期间照顾狗狗以及给它做护理所需要的：**

储备粮： 足量的狗狗吃习惯了的食物。不要在度假期间对狗狗进行饮食实验！

卧榻： 铺盖、抱枕。

皮毛护理： 梳子、刷子、剪刀、擦干身体用的旧毛巾。

健康护理： 镊子、除壁虱的钳子、预防寄生虫的药物，如果有必要还要带防晒霜。

玩具： 狗狗喜欢的东西。

啃咬的骨头： 让狗狗可以独处。

辅助装备： 如果有必要要带上哨子、头部护具等。

? 提问和回答

游戏 & 业余时间

1　我家的狗狗经常在自由活动的场地被一群狗追，这有问题吗？

经常可以在自由活动的场地或者组织得不好的游戏中看到这种情形：几只狗狗合伙找出最弱的那一只，然后开始一场疯狂的狩猎行动。这场活动的受害者并不觉得有趣，而那些"猎人"觉得游戏很有趣，因为这让它们觉得自己很强大。它们得逞的次数越多，就越有可能成为爱打架的"小流氓"。这种情况必须加以制止。

2　"钓鱼游戏"是一种很好的反狩猎训练吗？

"钓鱼游戏"指的是用一根棍子拴着一

不是在所有地方都能随心所欲自由地奔跑，
自由活动场地会为狗狗提供一个这样的空间

根绳子，绳子上绑着像猎物一样的玩具。在训练猎犬的过程中经常使用这种方式来增强狗狗狩猎的欲望，提高它们的自控能力，例如在猎犬发现猎物的时候警觉地立定，等待主人。如果能够正确操作，是可以成功的，但是很有可能会刺激那些已经有狩猎倾向的狗狗发展它们的狩猎热情。对于那些用于狩猎的猎犬来说，这是一件好事。但是对于那些普通的家庭犬来说，这就有可能会导致一些问题的出现，因为狗狗在疯狂追捕过程中会找到乐趣，然后变得很难控制。

3　我家的狗狗追踪猎物留下来的痕迹时，总是会去闻旁边的东西，为什么会这样呢？

气味分子会被风吹散。您的狗狗的工作方法是正确的，它闻的地方是有留下气味痕迹的地方。尽管如此，它还是可以准确地找到目标。

4　我家的巨型雪纳瑞会把每一个玩具都咬坏，我们还能给它什么呢？

实心的橡胶球和棉花制成的绳子非常结实，也许可以成为您的选择。还可以选择树根和鹿角制成的玩具，您可以在动物用品商店购买适合的玩具。

棍子游戏很危险吗?

几乎所有狗狗都喜欢玩棍子。但是,如果狗狗接棍子的方式错了,棍子就有可能插入狗狗的口腔和咽喉内,这会导致非常严重的出血性伤口。如果投掷棍子的方式不对,也有可能会砸到狗狗,这也会导致狗狗受伤。安全起见,您可以去动物专用品商店购买投掷玩具。

和发出叫声的玩具一起玩,会妨碍狗狗学习在咬东西的时候保持克制吗?

一般来说是不会的。狗狗在和社交伙伴一起玩耍的时候,如果它听到对方发出表示疼痛的叫声,就会不那么使劲咬它或者放开它,这是它学到的在咬东西的时候要保持克制。发出叫声的玩具让狗狗想起老鼠的叫声。一般来说,已经社会化的狗狗是可以区分开人类感到疼痛时发出的叫声和老鼠的叫声的。

我们家年轻的法国斗牛犬在乘汽车的时候经常会变得焦躁不安甚至呕吐,我们应该怎么办?

年龄较小的狗狗恰恰是必须学会适应汽车的,缓慢的短途旅程最理想。在旅途的目的地应该有一些让狗狗产生期待、让它开心的东西。如果狗狗还是有晕车的现象,您可以咨询动物医生,通常可以使用顺势疗法的药物。

狗狗自由活动的场地上有什么需要注意的地方吗?

链条式的项圈或者挽具存在导致狗狗受伤的危险,在自由活动的时候不应该让狗狗佩戴这些,在此之前请您带它出去散步、大小便。请您不要和其他狗狗的主人站成一堆围观它们,而是应该时刻处于活动之中,这样可以降低它们发生冲突的可能性。请您不要在这个时候给狗狗吃东西,也不要用玩具跟它追逐打闹。请您不要爱抚或者喂其他狗狗。

我们很喜欢和家里年轻的拉布拉多追逐打闹,但是现在这种游戏变得有点失控了,我们该怎么办?

这种情况就属于"自作孽"了。和小狗这样玩耍还挺有趣的,因为咱们可以随时控制住它们。当狗狗的力气变得越来越大,事情就很容易超出我们可控的范围了。在和小狗玩的时候,也要告诉它们界限在哪里,这一点很重要。请您在今后的游戏中告诉您的拉布拉多,什么是可以做的,什么是不允许做的。

7

附录

词汇表

➡ 鳗鱼纹

动物背部一条深色的斑纹，从前背部隆起的部分一直延伸到尾巴根部。

➡ 斑纹

在皮毛主要的基色上出现的小范围局部不同于基色的其他颜色，例如眼睛上、爪子上、胸部或者腿上。

➡ 后趾甲

后爪的五个脚趾上的趾甲。

➡ 族谱

狗狗的血统证明。由纯种狗饲养协会出具，由狗狗的饲养者签字，交给狗狗的购买者。在上面写有狗狗的上几代，以及在展览会和能力考试中取得的成绩。

➡ 肛门腺

位于肛门左侧和右侧，包含有腺体。它会分泌一种分泌物，这种分泌物的气味主要用来标记领地，向同类传递一些重要的信息。

狗狗在大便的时候，肛门腺就会分泌这种物质，肛门腺通过这种方式清空自己。柔软的大便或者浓稠的分泌物会导致肛门腺堵塞，这会引起瘙痒或者疼痛。典型的症状是"滑雪"。一旦出现"滑雪"。请您尽快带狗狗去看动物医生，医生会用专业的手法为狗狗清理肛门腺，防止发炎。

➡ 自动免疫疾病

免疫系统障碍。身体自己的细胞或组织受到攻击，导致发炎。

➡ 人工呼吸

当狗狗不能呼吸、失去意识时采取的急救措施。用手包住它的嘴和舌头，向它的鼻子里吹气（如果可能，可以用一块手绢进行隔离），直到它的胸腔开始起伏，大约每6秒钟重复一次，直到狗狗重新开始自主呼吸。在这之后还要一直测试它的呼吸和血液循环。如果感觉不到它的心跳和脉搏，就有必要给它做心脏按压了。

➡ 血象

血象是对血液检查结果的总结。血液中各种成分如果偏离正常值太多，就表示机体患病，例如发炎、感染或者过敏。老年病学的造影是一种扩展的血液分析，它的各种值体现的是肾脏、肝脏和甲状腺的功能。许多其他的实验室检查可以用来诊断疾病。定期检查血象可以及早发现疾病。

公务犬

指的是警察和海关使用的犬类。传统的、得到认可的公务犬有万能梗（见右下图）、波兰德斯布比野犬、杜宾犬、德国拳师犬、德国牧羊犬、荷兰牧羊犬、霍夫瓦尔特犬、马里努阿犬，以及比利时牧羊犬、罗威纳犬和巨型雪纳瑞。

世界畜犬联盟

世界畜犬联盟（FCI）是国际性养狗学组织，总部位于比利时。比利时国家纯种狗饲养协会控股公司也属于世界畜犬联盟。FCI认可的犬类品种有三百四十多种。

带狗狗乘坐飞机

对于小型犬（体重在5公斤或者8公斤以内的）有些航空公司允许把它们装在狗笼里，放在乘客区。体形较大的犬类要放在货舱进行运输，这对于狗狗们来说会是噩梦般的一段经历。不同的航空公司对是否允许犬类搭乘飞机以及犬类搭乘飞机的条件有不同的要求。

按压心脏

当您感觉不到狗狗的心跳和脉搏时采取的急救措施。让狗狗向右侧卧，左侧心脏的位置朝上。把左手掌放在狗狗胸腔心脏的区域，然后快速连续用力按压5～10次。如果是大型犬，要用右手握拳进行按压；如果是中型犬，使用右手手掌；小型犬则使用右手拇指。人工呼吸和心脏按压交替使用5～10次。请您在急救课程中学习正确的急救方法。

➜ 性激素分泌过量

公狗和母狗都会出现与荷尔蒙分泌有关的、过度的性行为。公狗的表现有过分积极的交配行为，或者邻居家的母狗在发情期给它造成的超出正常范围的痛苦，这有可能会导致它持续的压力。

➜ 免疫反应

免疫反应是与接种疫苗相关的副作用。严重的并发症很少见，但是对于患病的狗狗和它们的主人来说会造成沉重的负担。有可能会在疫苗接种点出现局部性的皮肤反应，例如敏感、肿胀、掉毛、脓肿和神经系统损伤。还会出现过敏性反应（最严重的可导致过敏性休克）和自动免疫反应。如果注射的是减毒性病毒，有些个例可能会出现疾病症状，这种疾病正是注射疫苗想要预防的疾病，或者没有接种疫苗的狗狗通过和已经接种了疫苗的狗狗接触而患病。接种疫苗与痉挛和其他病症是否有关联，还在讨论之中。因此，只给健康的狗狗接种疫苗，这一点很重要。

➜ 阉割手术

阉割手术是切除公狗的睾丸和母狗的卵巢，偶尔也会切除子宫。在手术之后，狗狗就没有了生育能力。

➜ 血液循环测试

通过测定口腔黏膜内毛细血管（最细的血管）的回流时间来测试狗狗的血液循环状况。如果狗狗的血液循环系统没有问题，那么它牙齿上的黏膜就应该是红润的。测试需要用手指按压在黏膜上2秒钟。如果被按压的位置在2秒钟之后还没有恢复到以前的颜色，那么说明狗狗的血液循环系统有问题，甚至会出现威胁狗狗生命的休克。

➔ 隐睾症

公狗的一个或者两个睾丸并没有完全位于阴囊中，而是在腹腔或者腹股沟内。如果周围环境温度过高，有可能导致荷尔蒙分泌障碍。在狗狗年龄稍微大一些的时候，有可能会在没有在阴囊内的那个睾丸里面长出良性或者恶性的肿瘤。没有长在阴囊里的睾丸要在狗狗12～18个月的时候通过手术切除。这种疾病大多数是遗传性的。

➔ 生命体征

生命体征指的是呼吸、心跳、血液循环系统和反应能力。

狗狗是否在呼吸，可以通过胸腔的起伏判断出来，还可以通过观察放在狗狗鼻子前面的镜子上是否有雾气，又或者一块薄薄的毛巾是否运动来判断。可以把手掌放在狗狗左腿肘部后方去感觉它的心跳。在狗狗前腿内侧可以感觉到它的脉搏。毛细血管的回流可以体现狗狗的血液循环功能。反应能力是不能控制的反射，例如光线变强时瞳孔缩小、掐两个脚趾之间的皮肤爪子会颤抖或者抽回、触碰眼皮的时候眼皮会颤抖或者闭上。即使狗狗没有了生命体征，有时候还是可以通过人工呼吸或者心脏按压挽救狗狗的生命。

➔ MDR1缺陷

对于那些有这种基因缺陷的狗狗来说，吃某些药物会致命，原因是某种特定的药物成分可以通过心脑血管进入中枢神经系统造成的结果是颤抖、严重流口水、呕吐、协调障碍、昏迷以及死亡。这种对药物过分敏感的反应会出现在使用伊维菌素、多拉菌素、莫西菌素、杀螨菌素和洛哌丁胺的时候。这些物质存在于许多除寄生虫和蠕虫的药物中，以及治疗腹泻、恶心呕吐的药物和一些麻醉剂中。犬类中有这种基因疾病的品种有：短毛柯利牧羊犬、长毛柯利牧羊犬、长毛惠比特犬、迷你澳大利亚牧羊犬、英国牧羊犬、苏格兰牧羊犬、丝毛猎风犬、澳大利亚牧羊犬、麦克纳博、德国牧羊犬、白色牧羊犬、短尾狗、边境牧羊犬和它们的杂交品种。这些品种的狗狗以及它们的杂交品种应该做早期的血液检查。如果一些动物使用了药物除虫，它们的粪便中就会含有这些药物成分，患有这种疾病的狗狗在吃了这些动物（绵羊、马等）粪便以后，也可能有生命危险。

➔ 微芯片

微芯片是一个长约12毫米的应答器，用来标记动物的信息，使用针头把它植入动物的皮肤下面。写在每一个微芯片上的独一无二的用来标识狗狗身份的信息，要通过一种特殊的阅读器来读取。

➡ 自然疗法

自然疗法是医学的一部分。自然疗法大部分是通过刺激身体的自我治愈能力来进行治疗，许多治疗方法也会应用到狗狗身上。并不是所有治疗方法都得到了科学的证明，得到科学认证的有光照疗法：太阳光或者有相似光谱的灯光会影响身体的荷尔蒙形成；缺乏光照则会导致没有活力，免疫力下降。"灯光浴"可以增加身体的舒适感，消除萎靡不振。

➡ 品种标准

在品种标准中对一个品种的狗狗的外形和行为习惯进行描述。制定这些品种标准的是一些国际性的专业组织，它们把这些标准和它们的发源国家联系起来，并且对这些标准进行管理。在狗狗展览会上，裁判可以根据这些品种标准给参赛的狗狗打分，这些标准还可以帮助饲养者定义自己的饲养目标。

➡ 咬住嘴

狗妈妈使用这种方法管理自己的后代：它们用它们的牙齿包围住小狗的嘴（见右下图）。这个概念就是从此得来的：狗狗的主人可以用相似的方式用手指包围住狗狗的嘴部。在实践中还有其他肢体语言方面的教育狗狗的方法，它们更有效，也更容易实施。

➡ 保护行为

这个指的是狗狗诸如保护人类、其他动物、房子和土地的本能行为。有些品种的狗狗的保护行为更严重一些。

➡ 肿胀

肿胀是因为细胞增加，多出现在皮肤、组织、器官和骨骼中。有可能是受伤或者发炎的结果，也有可能包含有血液、脓和其他液体（囊肿）。其他导致肿胀的原因还有无法控制的细胞增长（肿瘤），其中有良性的肿瘤，例如某些脂肪瘤，只要它不给狗狗带来痛苦，就不需要特别的治疗；而恶性的肿瘤会扩散到其他器官，形成肿瘤的转移。肿胀的原因应该让动物医生来诊断。

➡ 外用药剂

这些药物大多是用来预防寄生虫或者去

除寄生虫的，抹在狗狗的颈背处，如果有需要，还可以抹在身体的其他部位——凡狗狗舔不到的部位都可以。

强迫症

这是一种行为障碍，表现是重复做同一种动作或者发出同一种声音，而这种反应和情景没有任何联系。这种情况通常是狗狗当前或者过去承受的压力过大的结果。

直毛

直毛是由被毛和浓密的底毛构成，例如德国牧羊犬身上的毛。

电子项圈

也称为远程训练仪、电子仪器、电流刺激仪或者电子脉冲仪。它包括一个有发射装置的遥控器和一个有接收装置的项圈。通过按遥控器上的按键，会产生电流。使用电子项圈有可能会导致狗狗出现问题行为。

动物葬礼

如果不违反法律规定，狗狗的主人可以把狗狗的尸体埋葬在自己家的花园里。但是如果您家的花园位于水资源保护区或者公共道路或广场的附近，又或者您的狗狗是由于患了某种疾病死去，而这种疾病属于必须向当地防疫部门报告的疾病，您就不能把它埋葬在自己家的花园里了。除了把狗狗埋葬在自己的花园里，还可以把它埋葬在动物墓地或者火葬。

替代行为

这是一种与眼前情景看起来没有关系的行为。这种行为起源于一个冲突场景，这个情景让狗狗很难做出选择，例如，在训练中是听从主人的命令还是追求自己的利益。常见的替代行为有吃草、抖动身体、抓挠自己、用爪子刨、打呵欠、发出吧嗒吧嗒的声音或者舔自己的嘴巴。这种行为很难评估，因为这种行为也可能是有其他意思的信号，或者根本没有信号的性质。

震动项圈

针对聋哑狗狗的教育辅助设备，可以在远处给它传递信号。它包括一个有发射装置的遥控器和一个有接收装置的项圈。通过按遥控器上的按键可以让接收装置开始震动，和手机震动相似。使用时重要的是，让狗狗把震动信号和一些积极的事情联系起来。并不是所有狗狗都能明白这种信号，在个案中应该请专业人士教给您使用的方法。

➜ 性格测试

性格测试用来评估在某些情景中狗狗的行为，但是这种测试的说服力受到很多专业人士的批评。有些饲养者为了对小狗行为发展趋势和性格进行评估，会让小狗参加性格测试。

➜ 前背部隆起部分

就是肩部的高度，测量时选择肩部最高的点。狗狗的高度也是测量这里。

➜ 饲养路线

有计划的饲养，以狗狗的祖先父辈为基础，目标是获得人们想要的特性，并且强化这种特性。但是，"紧密的"饲养以及与此相关的近交繁殖，都存在着遗传疾病扎堆出现的危险，还有基因多样性的丢失。

➜ 饲养数值

饲养数值是关于狗狗的一个统计学的数值，这个数值是与狗狗所属品种的平均值进行对比得出的。它还对某些特征的遗传性进行评估。这个数值在评估遗传病方面非常有意义，数值越高，遗传性越强。

图书在版编目（CIP）数据

育狗全书 /（德）海克·施密特 – 罗格著；魏萍译
. -- 成都：四川人民出版社，2019.4
　ISBN 978-7-220-11225-6

　Ⅰ.①育… Ⅱ.①海… ②魏… Ⅲ.①犬—驯养—基
本知识 Ⅳ.① S829.2

中国版本图书馆 CIP 数据核字 (2019) 第 015058 号

Published originally under the title Hunde,das große Praxishandbuch by Heike Schmidt-Röger
ISBN978-3-8338-2874-4, ©2013 by GRÄFE UND UNZER VERLAG GmbH, München
Chinese translation (simplified characters) copyright :©2019 by Ginkgo(Beijing) Book
Co., Ltd.
本书中文简体版权归属于银杏树下（北京）图书有限责任公司

YUGOU QUANSHU

育狗全书

著　　者	［德］海克·施密特 – 罗格
译　　者	魏　萍
选题策划	后浪出版公司
出版统筹	吴兴元
编辑统筹	王　頔
特约编辑	李志丹
责任编辑	梁　明　薛玉茹
装帧制造	墨白空间
营销推广	ONEBOOK

出版发行	四川人民出版社（成都槐树街 2 号）
网　　址	http://www.scpph.com
E – mail	scrmcbs@sina.com
印　　刷	北京盛通印刷股份有限公司
成品尺寸	172mm × 240mm
印　　张	17.5
字　　数	320 千
版　　次	2019 年 4 月第 1 版
印　　次	2019 年 4 月第 1 次
书　　号	ISBN 978-7-220-11225-6
定　　价	78.00 元

育猫全书

著　　者：[德]格尔德·路德维希

译　　者：黄宇丽

出版时间：2017.6

定　　价：78.00

▶　作者简介

　　格尔德·路德维希博士，现居于德国，是一位动物学家和自由撰稿人。迄今为止，他已经编写和出版了数本有关宠物饲养的著作，致力于为想要饲养宠物还在迷茫中的家庭提供实用而具有实践意义的指导，帮助宠物尽快地适应新的家人、融入新的环境。

▶　内容简介

　　猫咪神秘莫测、难以捉摸，尽管它们从不迎合，总是保持自己的独立性，却仍能让我们沉迷于它。了解猫咪的血统、习性与行为，才能知道它们真正的需要，并在此基础上与猫咪建立一段和谐的伙伴关系。本书介绍人类和猫咪共同生活所需的各方面技巧——从挑选最合适的猫咪品种，与不同年龄段猫咪的交流方式，到为猫咪提供健康饮食，猫咪最感兴趣的游戏等，让爱猫的您能够为自家猫咪打造一个舒适的生活环境，健康快乐地与猫咪长久相伴。